산을 오르며 생각하며

기계공학박사의 산사랑 이야기

백 인 환 지음

수문출판사

... 책머리에

나는 일생 동안 교직에 몸바쳤고 지금은 정년퇴임 문턱에 서 있다. 지난 30여 년의 공직생활을 마무리하면서 나 자신을 돌아보고 다시 새로운 인생을 시작하는 마음으로 이 글을 쓴다. 일반적으로 퇴임 교수의 문집=논문집이라는 인식이 통용되지만 아마 그 논문집을 읽어 보는 사람은 그리 많지 않을 것이다. 나는 내 문집을 통해 많은 사람들을 만나고 싶다. 그래서 이 책은 주로 연구실 밖에서 펼쳐졌던 취미생활의 기록들로 채워졌다.

내 취미는 등산이다. 사실 산(山) 이야기를 빼면 할 말이 별로 없다. 산이 있어 산에 가고 산이 좋아 산에 미친다라는 말로 항상 내 마음을 표현한다. 처음에는 '걸으며 생각하며' 라는 다소 고답적인 제목으로 글을 쓰기 시작했다. 그러나 산 그 자체가 좋아 산행 기록을 한 것인데 너무 거창하게 사색적인 제목을 붙이는 게 부끄러웠고, 문학성도 없으니 수필집이라 하기에도 문인들에게 미안했다. 그래서 이 책을 그저 산행을 하면서 보고 느낀 것들을 큰 꾸밈없이 기록한 수상록으로 가닥 잡으면서 마음이 무척 편해졌다.

산에 가면 우리가 살아가는 인생의 섭리를 깨치게 된다. 산은 그 무한한 품속으로 지친 우리를 안아 들인다. 각박하고 복잡한 생활에서 쌓인 스트레스가 한꺼번에 풀리기에 나는 등산이 몸의 건강보다 정신의 건강에 더 큰 도움이 된다고 생각한다. 혼자서 걸을 때가 더 좋다. 하지만 친구와 함께 오르거나 초보자를 이끌어 주는 것은 또 다른 의미가 있다고 생각한다. 더불어 살아가는 이치가 바로 거기 있기 때문이다.

우리 세대는 한국 현대사의 과도기를 살아왔다. 피지배 민족의 아픔,

좌우익의 갈등, 피비린내 나는 전쟁, 허리띠를 졸라매던 보릿고개를 지나 새마을운동과 경제 근대화 과정에서 우리 세대는 중추였다. 내 개인사 역시 그 궤를 따라 지나왔음은 물론이다. 그러므로 내 이야기는 개인의 삶의 기록인 동시에 우리 세대의 보통 사람들의 삶과 생각을 증언하는 가치도 있다고 나름의 생각을 한다.

1994년에 썼다가 잠자고 있던 원고의 일부를 정리해서 함께 넣었다. 그리고 초등학생의 일기장 같은 산행일지(백두대간, 낙동정맥, 낙남정맥 종주일지)를 부록으로 덧붙였으니 앞으로 이곳을 종주하려는 이들에게 자그마한 안내서가 되길 바란다.

이 책에 나의 한 가지 소망을 더 담았다. 이 책의 출판 판권을 복지재단에 헌납하며 많은 책이 팔려 수익이 어려운 분들께 도움이 되기를 바란다.

이제 마음을 비우고 책을 마무리하면서 그리고 인생을 정리하면서, 지금껏 나를 이끌어 주고 도와주고 함께 걸어 주었던 모든 분들의 은혜를 되새긴다. 내 취미생활과 집필작업에 큰 힘이 되었던 아내 한화자에게 고개를 숙인다. 내 생각에 공감하고 책 교정을 도와 준 아이들에게 고마움을 전하며, 또한 책 출판에 크게 실질적인 도움을 준 백석회 제자들에게 감사 드린다. 끝으로 좋은 책이 되도록 심혈을 다 하신 출판사 가족들에게도 감사 드린다.

2003년 12월
금정산 발치에서 일봉 씀

... 목차

제1장_
취미 등산

제2장_
산 사랑 가족사랑

제3장 _
잊지 못할 산행기록

제4장_
나를 돌아보는 시간

제5장 _
더불어 살아가는 마음

제6장 _
태백산맥 단독 구간종주기

제7장_

부 록

제1장
취미 등산

나의 취미, 등산

나는 산에 자주 오른다. 예전에는 간혹 틈이 나면 산에 갔지만 요즘은 애써 틈을 내어 산을 찾아 나선다. 이제는 내가 산에 다니는 행위를 등산이라고 말할 수 있고, 등산을 취미로 갖게 된 것을 무척 자랑스럽게 생각한다.

최근 들어 나는 산에 중독된 사람이라는 평을 듣고 있다. 친구들이 그렇게 제쳐두고 가족이 인정하여 내 산행에 손뼉을 쳐주고 나 자신도 그 평이 싫지 않고 오히려 기뻐한다. 하지만 아직 일상생활에 지장을 받을 정도로 등산에 빠지지는 않는다. 일 주일 일곱 날 중 하루는 꼭 산을 찾아 산과 더불어 호흡을 한다. 이 산행에서 얻은 활력으로 일상과 업무에 더 많은 일을 할 수 있으니 등산을 취미로 자랑할 만 하다고 자부한다.

내가 본격적으로 산에 다닌 것은 2년여 밖에 되지 않는다. 산악회 안내를 받거나 혼자 산행한 것이 아직 100회를 넘기지 않았다. 하지만 부분 종주 산행이라도 한 번 나서면 6~14 시간씩 걸어 끝장을 보고 돌아온다. 힘은 빠져도 다리가 아프지 않으니 정말 다행이다. 농촌에서 자랄 때 산으로 들로 다니며 많이 노동한 덕분이리라. 오늘날 도시에서 나약하게 자란 사람들보다 건강하게 자랄 수 있었던 것에 감사한다.

나는 혼자 산에 다니는 습관이 있다. 굳이 혼자 있고 싶어서는 아니고 산과 더불어 오붓한 시간을 갖고 싶기 때문이다. 아무도 다니지 않는 산길이 그러려니와 등산객이 붐비는 산에서도 지도를 꺼내 들고 혼자서 걷는다. 간혹 산악회를 따라 가더라도 단독산행하는 기분으로 여유롭게 산을 마음껏 즐긴다.

우리네 일상이란 타인과 어울려 살아가는 것이기에, 공동체 내에서는 이해에 따라 협력하기도 하고 경쟁하기도 하면서 복잡하게 얽힌 많은 관계와 문제들이 생기니 늘 스트레스를 안고 살아간다. 이런 복잡한 마음을 잠시나마 완전히 놓아버리고 산에 몰두한다.

산에서 어려움을 겪고 기쁨도 체험하며 산과 더불어 생각하고 호흡하다보면, 이런 산행 과정에서 일상의 에너지가 충전된다. 때문에 등산은 이제 내게 포기할 수 없는 큰 즐거움이 되었다. 사람과 어울리기

억새천국 영남알프스가 나를 혼자 오라고 부른다

산길을 걸으면 오르고 내리기를 계속한다

위해 산에 가는 것이 아니라, 산과 더불어 하나로 호흡하기 위해 산에
간다.

나는 등산의 목적이 정상 등정이라고만 생각하지 않는다. 정상으로
올라가고 다시 내려오는 과정 자체를 우리 인생의 축소판으로 체험할
수 있다는 데 의미를 둔다. 산행은 우리 인생 행로와 가장 잘 대응되는
스포츠이자 활동이다. 계곡이 있고, 능선이 있고, 절벽이 있으며 샘과
숲이 있다. 성취감을 안겨주는 크고 작은 봉우리가 있다.

땀 흘리며 오르막을 향해 올라가야 하는 괴로움이 있는가 하면 세상
모든 것을 다 가진 것 같은 정상의 만족감이 있다. 힘차게 뻗은 능선
길의 여유로움도 있고 쉽게만 생각하다가는 예기치 않게 발목을 잡히
는 내리막에서의 신중함도 배운다. 하루 산행에서 이 모든 과정을 겪
고 느낄 수 있기 때문에 나는 자꾸 산으로 가고 싶고 산을 사랑하게 되
었다.

등산과 건강이라는 주제를 다룬 책을 읽고 내가 평소에 생각해 왔던 것을 그 책이 잘 대변하고 있어 크게 공감한 적이 있다. 등산은 심폐 지구력과 근 지구력을 키워서 몸을 건강하게 해 주고, 성인병과 노화 방지에 최고의 보약이라는 예찬, 성인병과 심장병을 고쳤다는 체험 수기 등 여러 가지 글이 있었지만, 그 중 가장 좋았던 것은 등산이 내면적 성숙의 바탕이 된다는 말이었다. 평소의 내 생각과 일맥상통하여 그 요점을 소개한다.

등산은 생체리듬을 조화롭게 하며, 우리의 정서 상태를 안정시키고 기분을 좋게 하며, 비경쟁적인 운동이기 때문에 스트레스를 가장 잘 해소시킨다. 그리고 대자연 속에서 작디작은 자신의 존재나 힘을 인식하여 인간 존재의 한계성을 실감하게 하며, 산 정상에 올랐다 내려오면 나도 오를 수 있다는 성취감과 자신감을 맛보게 한다.

또 자신이 땀 흘린 것만큼 전진할 수 있다는 지극히 보편적이면서도 정직한 교훈을 가르쳐 주어 우리를 겸허하게 만든다. 결국 산에 오르면서 겪는 정신적 변화는 미숙한 우리를 성숙하게 만들고, 성숙한 내면적 발달은 자아의 영역을 넓혀 건강한 상황적응을 할 수 있는 힘을 주는 것이다.

단독산행

10월 초 추석 연휴에 비박을 포함한 3박4일간의 산행을 무사히 마치고 나서 드디어 단독으로 산행할 수 있다는 확신이 섰다. 달 밝은 보름 무렵에는 야간산행도 크게 무리는 아니라는 것을 확인했다. 그래서 1인용 텐트를 장만하고 물주머니도 구입해 장비를 보완 혼자 홀연히 떠났다.

어린 시절 소 먹이고 나물 캐고 나무하러 다닐 때는 뒷동산이 높고 험해 보였는데, 나이 들어 소풍가고 단풍 구경 다니던 산은 점차 낮아졌고 즐거운 곳이 되었다. 그러다 점차 늙어가며 등산에 취미까지 붙이니 높고 낮으나 산만 보면 좋아 미칠 지경이다. 이렇게 불현듯 태백산맥을 어루만지고 싶어 혼자 산길을 걷는다.

안내등산에 참가해 등산 행위를 체험하며 배웠고, 산악회에 가입하여 함께 산행하다가 최근에 혼자 다니는 단독산행이 많아지고 있다. 등산로 입구에 들어설 때는 다소 쓸쓸함을 느끼기도 하지만 주능선을 따라서 걷는 동안 모든 자연이 내 동반자가 되어준다.

힘들여 올라가면 내리막이 기다리고 있고 노력하는 만큼 빨리 앞 봉우리가 다가와 안긴다. 나는 안내등산이나 단체등산 때에도 항상 혼자서 산행하는 마음으로 준비하고 산행에 임한다. 왜 이렇게 단독산행이 좋아지는지….

혼자 떠나면 마음이 홀가분하고 거리낌이 없다. 누구와 약속할 필요 없고 내 형편만 허락하면 언제나 떠날 수 있다. 또 산을 탈 때는 걷고 쉬면서 내 체력에 맞게 일정을 조절할 수 있다. 경치 좋은 곳, 물 좋고 반석 좋은 곳을 만나면 마음껏 즐기며 자연에 빠져 들 수 있다.

산의 다양한 모습을 이해하고 오래오래 내 것으로 간직할 수 있다는 것은 참으로 큰 매력이다. 산에 관한 자료를 모으고 연구해 알고자 노력해야 등산로나 산의 모양이 머리 속에 그려진다. 단체에 휩쓸려 안내 산행를 하고 나면 남는 것이 없다. 그래서 단체산행을 가더라도 단독산행 하는 기분으로 산을 즐기려 노력한다.

침묵 속에서 자연의 빛과 언어를 만날 수 있다. 혼자 산에 가는 것은 사람이 싫어서가 아니라 나와 산의 직접 만남을 방해받지 않기 위함이다. 주위의 인적이 사라졌을 때 비로소 산은 내 곁으로 다가와 속세의 혼탁한 내 눈과 귀를 열어놓는다. 홀로 자연의 품으로 몰입해 들어갈 때 평상의 감각으로는 볼 수 없던 산의 모습이 보이고 산의 소리가 들려온다.

또한 일상의 삶과 의식으로부터 완전히 자유로울 수 있다. 완전한 떠남에서 오는 해방감과 자유의 획득, 홀로 자연 속에 녹아 들어감으로써 마주치게 되는 산의 실체에 대한 관조, 무아의 과정을 통해 깨닫는 자아에 대한 성찰, 그리고 회복된 영혼을 안고 내려오는 충실한 삶으로의 귀환, 이런 것들이 단독산행의 참 맛이 아닌가 한다.

단독산행은 내면에서 이성과 의지를 활동하게 한다. 인적 없는 심산유곡에 빠져들면 모든 일을 스스로 판단해 결정 행동해야 한다. 때로는 위험에 직면하고 길을 잃고 당황한다. 그러한 문제를 풀어 나가는 일도 어려운 세상을 살아가는 과정과 같다. 먹고 자는 것이 내 책임이고, 아무도 도와주는 사람이 없다. 모든 것을 스스로 해결해야 하는 산행이 어쩌면 내 인생과도 같다.

上峰이 자랑스럽다

모처럼 일찍 퇴근하니 상봉 회보가 나를 기다리고 있다. 보고 싶던 친구를 만난 것처럼 반갑다. 처음부터 끝까지 꼼꼼히 읽으니 회지 발간을 위해 애쓴 임원들의 노고에 고개가 숙여진다. 정회원이 아닌데도 이렇게 빠짐없이 보내 주는 성의에 감사하는 마음으로 내가 산행기를 적는다.

1989년 2월12일 첫 산행을 시작한 이후, 유명한 산부터 골라 다니느라 특정 산악회에 가입 않고 여러 산악회의 안내산행에 따라 다녔다. 그 중 상봉과 함께 한 시간이 가장 많았다. 그 동안 일요일이나 공휴일 산행을 거르지 않았고, 마치 늦바람 난 사람처럼 산을 사랑하게 되었다. 체력을 시험해 보려고 지리산 당일종주에도 참여했다. 성삼재에서 천왕봉까지를 11시간 30분에 주파하고 나니 자신감이 어느 정도 생겼다. 나는 100회 산행을 12월 초 상봉에서 가졌다.

처음 상봉을 만난 것은 1989년 3월12일, 무척산 산행이었다. 등산을 시작한다고 친구를 따라 나선 이 날의 산행에 잊지 못할 에피소드가 있다.

시내버스, 시외버스, 택시를 차례로 타고 드디어 산을 탔고 돌아오는 길에는 배, 기차, 전차까지 탔다. 산을 탈 때는 어물대다가 정상을 밟아 보지도 못하는 우를 범했다. 하산 시 낙오되어 간신히 용당나루

18

에서 배를 잡아탔는데, 이번에는 친구가 보이지 않았다. 낙오한 초보자인 나를 찾으러 간 것이었다.

배를 타고 원동까지 갔다가 이번엔 나를 찾으러간 친구를 찾으러 내가 용당나루로 되돌아왔다. 용당나루에서 친구를 만나 배 한 대를 전세 내어 원동으로 다시 갔으니 등산 온 게 아니라 배를 타러 산 온 게 돼버렸다. 그 와중에 완행열차가 연착해 산악회 일행을 만나 함께 기차를 탈 수 있었던 것이 다행(?)이랄까.

그런데 이 열차가 사상역을 출발하면서 갑자기 고장이 나 불통(기관차의 사투리)만 가버리고, 우리는 낙동강 오리알이 되었다. 기약없이 기다린 객차는 부산에서 온 다른 불통에 이끌려 가야역으로 돌아 부산진역에 들어 왔다. 2시간 30분이나 늦은 시각이었다. 완행열차의 인생 체험과 바보 산행이 기억에 생생하다.

또 잊지 못할 추억은 1989년 7월16~17일, 태백 가리왕산 산행이었다. 1박 2일 산행이 처음인 나로서는 장거리 버스여행도 즐겁고, 태백산의 새로운 풍광이 마냥 신비로 다가왔다. 이튿날 가리왕산에 오를 때는 선두그룹에서 탈락하지 않으려고 최선을 다했다.

그런데 그 날은 평소와 달리 등산로 탐색에 자신이 없는 모습을 보였다. 우리 선두그룹은 예정한 등산로를 이탈했지만 힘을 다해 끝까지 치고 올라 정상에 오르니 후미그룹은 이미 도착해 있었다. 모처럼 선두와 후미가 만났기에 정상에서 상봉식을 했다. 상봉산악회가 상봉식을 하는 귀한 해프닝이다.

상봉산악회에 호감 가는 매력이 몇 개 있다. 첫째는 상봉은 남성 산악회의 표본이라는 점이다. 힘껏 뛰고 길이 없어도 박차고 나가는 박력이 있다. 내가 강행군을 하고 싶을 때 상봉을 따라 나선다. 1990년 4월8일 삼신봉 산행과 6월24일 불무장등 산행이 그러했다. 두 번 다 남성 뿐이어서 참가인원도 적을 수밖에 없다. 운영상 적자가 났을 게 뻔한데도 굽히지 않고 강행하는 상봉에 호감과 고마움을 갖는다.

최근에도 단천골, 불무장등, 세걸, 덕두, 명선봉, 설악산, 토끼봉 등의 산행에 참가했다. 모든 코스가 새롭고 그만큼 좋다. 특히 설악산 서북능 종주와 독주골 산행은 잊을 수 없다. 내년부터 안식년이기 때문에 등산로가 폐쇄될 서북릉, 보통사람이 감히 접근하기 힘든 독주폭포의 비경은 잊을 수 없다.

두 번째 매력은 회원구성이다. 산을 좋아하는 사람들이 모여 산과 자연을 마음껏 즐기고 서로 간섭이 없으면서도 상호 협력하는 분위기가 좋다. 얼핏 자유분방하고 무질서한 것 같지만 규칙과 질서가 있고 자발적인 협동이 있다. 이런 높은 수준은 회원들 모두가 오랜 등산 경력과 연륜이라고 생각한다.

또 가장 큰 매력은 연세 든 분들이 많아 경륜만큼 믿음직하고 배울 점이 많다. 나는 행동식을 철칙으로 하는 산행습관을 상봉에서 배웠다. 귀중한 산행시간을 취사에 뺏긴다는 것은 바보짓이란다. 지금은 산에서 취사 하는 것이 금지되었으니 행동식의 옹고집도 누구에게나 자연스러운 일이 될 것이다.

앞으로 上峰과 자주 相逢하여 上峯을 밟아가며 산행과 인생을 배우고 함께 하고 싶다.

시원한 문경새재 약수

올해(1992) 초여름은 심한 가뭄이었고 7월에 접어들자 5일은 특히 무더운 날씨였다. 금년은 여러 가지 사유로 매월 한 번 밖에 산에 가지 못했다. 회원으로서 산행 동참 횟수가 저조함을 미안해 하며 7월의 의무산행으로 조령산을 택했다.

'새도 쉬어 넘는다'는 백두대간의 한 자락 이화령에서 새재 3관문까지의 심한 갈증 길을 소나기를 맞으며 4시간 반 정도 주파한 것은 뜻 깊은 일이긴 했지만 내게 아주 힘든 산행이었다. 10시간 이상 차에 시달려 힘들고, 컨디션 조절도 못해 후미에서 허덕이던 일은 무엇보다 힘겨웠다.

그토록 어렵게 도착한 문경새재였다. 옛 선비들이 과거 길에서 목을 축였다던 그 약수터에서 약수를 실컷 들이키고 나니 머리가 맑아지며 다시 힘이 솟는다. 주차장까지 내려오며 머릿속에 떠올랐던 몇 가지 생각을 적어 본다.

먼저 산악회의 집행부를 맡아 수고하는 회장 이하 여러 임원들이 회지 발간과 산행 연구에 혼신의 노력을 다하시는 데 대해 깊이 감사하고 있다.

회지는 매월 정한 날짜에 어김없이 발간되고 내용도 풍부해 큰 자랑거리라고 생각해왔다. 7월 호에는 뜬금 없이 '광야'라는 시가 실려 있었다. 새로운 느낌으로 시를 감상하는 것도 좋지만, 편집 책임자이신 회장께서 원고를 기다리며 지면을 메꾸느라 고심한 흔적이 역력해 미안한 마음이 든다. 일상생활과 산행에서 각자 느낀 것을 몇 줄이라도 적어 함께 나눌 수 있다면 산행이라는 같은 취미를 가진 우리가 공감하고 대화할 부분은 많다고 보는데, 우리 150여명 회원들이 회지에 너무 무관심했던 것은 아닐까?

우리 산악회는 A조와 B조로 나눠 산행하는 일이 극히 드물지만, 조령산 산행에서는 이를 확실히 구분함으로써 산행을 예정보다 30분 이상 일찍 마칠 수 있어 좋았다. A팀에 속한 덕분에 나는 본의 아니게 후미에서 집행부에게 신세를 져야 했고 꼴찌를 면하지 못해 볼 낯이 없었다. 미안하고 아쉬웠고, 산행 때마다 후미를 책임지는 집행부의 고충을 잘 이해할 수 있는 계기가 되었다.

나는 보통 선두그룹에서 산행하려 노력했고 그것을 위해 후미론을 고집하고 있다. 이것은 후미를 잘 지킬 때에만 선두그룹에 속할 수 있다는 억지 섞인 모순 논리이다. 후미는 선두의 상대개념이며 두 사람 이상의 대열에서만 성립하는 말이다.

산행의 전체 회원을 생각하면 선두와 후미는 모두 당연히 집행부에서 맡게 된다. 일반회원인 우리는 그 안에서 자기 능력에 맞추어 적당한 자리에서 산행을 한다. 그 가운데 그룹이 몇 개로 나뉘면서 자연스레 선두와 후미가 생기게 된다.

만약 우리가 어떤 그룹의 선두가 되었다면 앞 그룹의 후미를 따라 잡거나 또는 따라 잡는 것이 불가능한 때는 그 자리를 뒷사람에게 내어주고 후미를 유지해야 할 것이다. 이렇게 후미를 유지하려는 노력이 선두그룹에 속할 수 있는 방법이고, 산행을 쉽게 무리없이 마치는 방법이다.

선두에서 많은 사람을 이끌고 느림보 산행을 고집한다면 모든 사람을 지치게 만든다. 자신보다 빨리 갈 수 있는 사람에게 지체 없이 양보하는 것이 산행 윤리라고 생각한다. 이런 점에서 보면 산행은 2차선 도로에서 운전하는 것과도 흡사하고 사회 생리와도 흡사한 것 같다. 무능한 지도자가 주변을 어렵게 만드는 일 말이다.

　나는 이와 같은 후미론을 지키려 노력해왔으나 조령산에서는 끝내 후미를 지키지 못하고 후미그룹의 느림보 선두가 되어 집행부를 후미로 이끌며 산행을 하게 되어서 못내 부끄럽고 아쉬움이 남는다.

금정산

　금정산(金井山:802m)은 부산의 명산으로 내가 사는 구서동의 당산이다. 낙동정맥의 끄트머리가 금정산 고당봉에서 힘을 한 번 솟구친 다음 그 여력을 남해 바다로 내지르며 부산을 감싸 돌아 내리는 중에 원효봉, 의상봉, 나비봉에서 빗살처럼 지맥을 갈라놓는다. 이 줄기가 모두 구서동으로 맥을 내려 명당을 마련한다. 그 중간쯤에 위치한 나의 보금자리는 금정산 산행의 기점으로 안성맞춤이다.

　내가 산행길에 접어든 것도 금정산에 오르면서다. 아침 산책길, 약수터 나들이, 중턱 체육공원에서 몸풀기, 주능선까지 오르는 등산. 30분에서 2시간 정도 거리로 차츰 반경을 넓혀 건강이 점차 좋아지고 걸음이 빨라지며 시야가 넓어져 갔다. 동문, 남문, 북문, 고당봉으로 거리가 길어지고 계곡과 능선을 샅샅이 섭렵하면서 금정산이 발에 익어 갔다. 산악회의 안내등산을 따라 나섰고, 그렇게 산이 좋아지면서 드디어 태백산맥을 밟아보고 싶다는 생각을 하기에 이른다.

　금정산은 부산 사람들에게 없어서는 안될 보물이다. 서울 시민들에게 있어 북한산이나 도봉산과 같은 존재다. 특히 나는 금정산 산자락을 벗어나서는 살 수 없을 것 같다. 그래서 몇 십 년째 근처를 맴돌고 앞으로도 이곳에서 살지도 모른다.

　집에서 출발해 금정산 산행을 즐기고 되돌아오는 데 걸리는 시간은

1시간부터 8시간까지 형편에 맞게 다양한 일정을 잡을 수 있어 좋다. 여기에 시간 여유가 조금 더 있으면 동래온천에 들러 흘린 땀을 씻고 새 옷으로 갈아입고 나설 때의 그 상쾌한 기분은 내 무딘 감수성과 글재주로 다 표현할 수 없다!

일요일, 공휴일마다 다니던 산행을 피치 못할 사정으로 빠지면 생활에 맥이 빠지는 것 같다. 그 때 금정산에서 짧은 산행으로 허전함을 메운다. 휴일에 제자 결혼식 주례라도 있는 날은 새벽에 금정산 정상에 올라가 마음을 가다듬고 너덧 시간 걸으며 그들에게 축복할 때도 있다.

아침 일찍 채비를 간단히 하고 곧장 산에 오른다. 약수터에서 생수한 컵은 공복이라도 힘이 솟는다. 가까운 능선을 따라 40분 오르막을 올라 주능선에 서면 동해 바다 아침 노을이 붉게 물들어 온다. 나비봉

금정산에는 멋진 암릉이 많다

매년 1월 1일이면 금정산 고당봉에서 일출을 맞는 인파로 붐빈다

을 향해 발걸음을 옮겨 금정산성 3망루에 올라서면 금정구, 동래구 전역이 발 아래 펼쳐지고 아침 스모그로 자욱한 수영천 골짜기 끝에 아련한 수영만. 이윽고 동해에서 솟구치는 태양이 나의 하루를 축복하니 가슴은 벅차 오르고 청신한 아침 냄새에 날아갈 듯 상쾌하다.

제4망루, 의상봉, 원효봉, 산성북문을 거쳐 고당봉까지 1시간 정도 걸린다. 금정산의 주봉인 고당봉은 해발 802미터 밖에 되지 않지만 전망이 아주 좋다. 남쪽으로는 금정산성 전경이 펼쳐지고 그 너머로 멀리 백양산이 잡히고, 부산시의 1/3이 보인다. 황령산과 장산 너머 동해 바다 쪽으로 대마도가 어림된다. 또 건너 계명봉에서 동북쪽 낙동정맥 능선들이 원효산과 천성산으로 이어진다.

북쪽으로 조금 더 눈을 돌리면 영취산과 신불산이고 서북쪽 건너편으로는 물금 오봉산 능선과 그 너머 토곡산이 있다. 낙동강 줄기가 넘

실거리는 저편에는 무척산, 신어산이 이어진다. 서쪽 낙동강 건너 김
해평야가 까마득하고 지평선 너머 남해 바다가 어른거린다. 크고 작은
산이 많은 우리 땅이지만 어느 것 하나 정겹지 않은 곳이 없다.

  동쪽 지능선에 작은 암봉이 흘러내려 범어사로 들어앉는다. 바위 몇
개로 이루어진 암봉에 금샘이 있다. 옛날 범천에서 금물고기가 내려와
그 샘에서 노닐었다 하여 산 이름이 금정산이고, 범천 물고기에서 범
어사가 유래했다 한다. 금정산 범
어사는 승가대학이 있는 대찰로서
훌륭한 스님들을 많이 배출했다.
범어사와 금정산은 따로 떼어 생
각할 수 없는 불가분의 관계다.

  금샘(金井:금정)은 바위에 팬 물
웅덩이다. 샘물이 솟아나는 것이

금정에 담긴 금정산.
금정의 물은 바위에 고였지만 금샘은 아니다

금정산 나비봉 - 부산 산꾼들이 바위를 처음 배울 때 이곳을 찾는다

아니라 빗물이 고여 석양에 금빛을 띤다. 때마침 금정에 아침햇살이 몸을 담궈 금샘을 이룬 것을 볼 수 있으니 행운이다.

금정산 일대의 낙동정맥 구간은 고당봉에서 남으로 북문 – 원효봉 – 의상봉 – 4망루 – 3망루(나비봉) – 동문 – 대륙봉 – 2망루 – 만덕고개 – 불태령(성지곡고개) – 불웅령 – 백양산 – 삼각봉을 넘어 냉정고개로 내려앉고, 북으로 범어사 뒷고개 – 장군봉 어깨 – 사송고개 – 계명봉을 넘어 노포동고개(지경고개)로 이어 종주에 9시간 정도 걸린다.

고당봉에서 낙동정맥을 따라 제2망루까지 산성이 있으며, 고당봉에서 서남쪽 능선을 따라서 494봉까지 내려서 계곡 쪽으로 빠지면 서문으로 성이 이어진다. 또 제2망루에서 서쪽으로 남문 – 쌍계봉 – 파리봉을 돌아 서문으로 이어지는데, 이 금정산성 일주는 약 8시간이 걸린다.

금정산에는 모든 능선과 계곡에 등산로가 있기 때문에 정맥능선이

금정산에 눈이 쌓이니 금샘이 새로운 모습을 드러낸다

금정산성을 따라 걷는 등산객들

나 산성능선과 적당히 연결하면 시간과 체력에 맞추어 무수히 많은 코스를 만들 수 있다. 나는 집에서 출발 1시간 코스(주능선까지 올라갔다 내려옴), 2시간 코스(원효봉 돌아서 내려옴), 3시간 코스(고당봉까지 올랐다가 적당한 코스로 내려옴), 4시간 코스(장군봉이나 계명봉까지 산행), 5시간 코스(양산 다방리까지 산행), 일주코스 등 형편에 맞추어 산행을 한다.

특히 교통이 복잡한 명절에는 금정산이 좋다. 추석 전날은 일주산행, 섣달 그믐날은 고당봉에 올라 미륵암에 들러 1,000배 올리는 산행을 여러 해 하고 있다. 나는 금정산과 더불어 호흡하며 살고 있다.

단석산을 바라보며 청운의 꿈을

대처에 나와 있는 고향 친구 모임이 단석동우회다. 초등학교와 중학교 때 '단석산 기슭 아래 우리 배움터' 라는 구절이 들어간 교가를 힘차게 부르며 함께 자라온 죽마고우들이다. 단석산 정기를 받아 태어났고, 이 산을 바라보고 성장하며 키워온 청운의 뜻을 펼치기 위해 도회지로 진출했다. 내 영혼을 지배하고 정신적 지주가 된 단석산을 생각한다.

단석산(斷石山)은 경주에서 서쪽으로 40여 리 거리에 있으며, 행정구역으로는 경주시 건천읍에 속하고, 산내면, 내남면과의 경계를 이룬다. 이 산은 태백산맥 주능선이 영남알프스를 빚어내기 직전에 잠시 힘을 주어 솟구친 산이다. 중앙선 철로, 4번 국도, 경부고속도로에서 건천 부근을 통과할 때 서쪽으로 보인다.

827미터의 높지않는 산이지만 신라 삼국통일의 원동력이 된 유서 깊은 산으로 현재 경주국립공원에 속해 있다. 이 산은 화랑의 수련도장이었던 자취와 신라 유적들이 골마다 흩어져 있어 국립공원으로 지정되어 보존되기에 충분한 가치가 있다. 그러나 무수히 많은 문화유적이 즐비한 노천박물관인 경주이고 보니, 옥돌로 유명한 남산(금오산)과 석굴암을 품은 토함산 등의 유명세에 밀려 있다. 김유신 장군을 배출하고, 삼국통일의 진원지 단석산을 아는 사람은 그리 많지 않다.

단석산의 원래 이름은 월생산(月生山)이다. 신라 오악 중 중악으로 화랑의 수련 도장이었다. 15세에 화랑이 된 김유신은 17세에 입산하여 신선사가 있는 석굴에서 기도한 끝에 산신으로부터 보검을 얻었다고 한다. 이후 단석(斷石)의 수련을 거쳐 삼국통일의 위업을 달성했다 해서 이 산을 단석산이라 부르게 되었다 한다.

단석하고 남은 바위가 동쪽 능선에 우뚝 서 있으며 쪼개진 돌들이 그 아래로 굴러 내려 너덜을 형성했고 그 아래쪽에 단석사가 있었다. 그러나 지금은 원효 스님 절터로 전해지고 있어 그 흔적으로 당나라 신도 1,000여 명이 원효를 만나러 왔다가 쌓았다는 천탑(1,000개의 돌탑)의 일부가 남아 있을 뿐이다.

신선사는 단석산 상봉의 서쪽 중턱에 자리 잡고 있다. 수십 미터 되는 큰 바위가 네 쪽으로 갈라져 서쪽이 트인 ㄷ자형의 노천 대웅전을 이루고 있어 탱바위절(僧像庵, 上人菴)이라고 불려 왔다. 이 석굴사원 벽면의 기록과 각종 사료에 지금으로부터 약 1,400년 전 자장율사의 제자였던 잠주대사가 건립했다고 한다. 지금은 국보 제199호로 지정돼 있다.

주불은 북쪽 바위면에 새겨진 미륵존불, 주불 왼편에는 동방약사여래상이 조각돼 있고 주불 우측에는 삼존불과 부처님께 공양드리는 풍속도가 새겨져 있다. 맞은 편(남쪽) 벽면에는 신장상(神將像)이 조각돼 있고, 19자씩 20행의 명문이 새겨져 있으나 오랜 세월 동안 마멸되어 현재 200자 정도가 판독 가능한 상태다. 이 명문에서 신선사라는 이름이 밝혀졌다.

신선사는 자연의 조화와 인간의 불심이 어우러져 빚어낸 자연법당으로 우리나라 석굴사원 연구에 좋은 자료다. 여기 새겨진 인물상은 신라의 복식이나 풍속, 종교 등의 연구에 많은 도움을 준다. 또 신선사라는 명칭은 이 석굴바위에 신선이 내려와 바둑을 두고 놀았다는 전설 때문에 붙여진 이름이라고 한다. 한편 위증이라는 당태종 때의 명재상이 이 골짜기에서 태어났다고 하여 이곳 지명을 위증골→우중골이라는 전설도 있다.

단석산을 찾는 등산객들은 보통 우중골에서 시작하는 경우가 많다. 우중골은 경부고속도로 건천IC에서 청도로 가는 20번 국도를 따라 4킬로미터 가량 들어간 곳에 위치한 송선리의 작은 마을로 옹기굴이 있다. 마을에서 계곡 쪽으로 나 있는 우마차 길을 따라 20분쯤 가면 계곡이 나타나고, 계곡 건너 40분여 더 올라가면 신선사에 이른다. 중간 중간에 신선사 안내 이정표가 있고 길이 잘 나 있다.

오늘날 신선사에는 대웅전 외에 작은 건물 두 동이 더 생겼지만 심산유곡 속 시간이 쓸고간 암자의 퇴락한 모습은 어쩔 수가 없나보다.

나의 고향 산 단석산의 웅자

한 때 고시생들의 학업 정진의 장으로 많은 판검사를 배출하던 고즈넉한 산사에 등산객들의 내왕이 잦아지니 분위기도 달라졌다.

사람이 많이 모이면 이래저래 소란한 법, 그래도 아직 절 인심만큼은 후하다. 유적에 대한 설명과 물도 얻을 수 있을 뿐 아니라 취사도 할 수 있는 등, 넉넉히 쉬어갈 수 있는 편한 분위기로 등산객들에게 많은 호감을 받고 있다.

석굴대웅전을 돌아보고 곧장 능선 쪽으로 발길을 돌려 30분쯤 오르면 헬기장을 지나 정상에 이른다. 정상은 민둥봉이어서 전망이 아주 좋다. 서쪽 아래로 이어진 능선이 20번 국도의 당고개를 돌아 서북쪽으로 뻗어서 부산성과 오봉산을 오른 편에 남긴 채 사룡산으로 이어지니 낙동정맥의 주능선이다. 또 낙동정맥은 서쪽 능선 중간에서 남쪽으로 갈라져 OK그린을 지나 울산의 백운산과 고헌산으로 이어진다.

날씨 좋은 날 남쪽을 바라보면 문복산, 운문산, 가지산, 고헌산이 지척이고, 가지산과 고헌산 사이로 간월산과 신불산이 아련히 다가든다. 동남쪽으로 치술령이 보이고 경주 시가지 건너편에 토함산이 눈에 들어온다.

동쪽으로는 선도산 너머 형산강이 경주시를 돌아나와 안강 들판을 가르고 동해로 굽이쳐 들어간다. 그 끝자락에 포항제철의 용광로와 굴뚝이 문명의 연기를 뿜고 있는 것이 옥의 티, 공장과 차 매연 때문에 동해 푸른 바다를 육안으로 볼 수 없는 것이 못내 아쉽다.

한편 동남쪽으로 뻗은 능선과 동북으로 돌아서 북쪽으로 이어진 능선이 단석산의 주능선을 이룬다. 사실상 단석산은 낙동정맥 주능선으로부터 몇 백 미터 벗어나 있다. 북쪽의 고원분지처럼 생긴 계곡들은 지형이 아주 복잡하며, 주능선의 동사면은 험준한 암벽지대로 자연요새 역할을 하는 까닭에 그 옛날 화랑들의 수련장으로 적합한 곳이었음을 알 수 있다.

정상에서 하산하는 방법은 여러 가지가 있다. 신선사로 되돌아 내려가는 것은 쉽긴 하여도 단조로워 보통 많이 이용하는 코스는 천주암으로 내려간다. 동북쪽 능선 위의 700미터 암봉을 지나서 30분 정도 내려가면 묘지가 나온다. 오른쪽 비탈 갈림길로 내려서서 지능선을 건너고 천주암(방내)으로 하산할 수 있다 이 길은 다소 험하지만 암벽과 암봉이 많아 단석산의 진면목을 관망하기에 좋다.

묘지에서 능선으로 직진하거나 왼쪽 비탈의 우회로를 거쳐 안부에 이르고 방내로 하산하는 방법도 있다. 능선을 타고 1시간 이상 전진하면 건천IC가 내려다보이는 암봉에 이른다. 이 암봉의 이름은 장군바위. 김유신 장군 기간지주가 있는 유적지로 5만 분의 1 지도에 명시되어 있다. 이 봉에서 하산하는 길은 건천IC 남쪽 교량 옆으로 이어진다.

또 동남쪽 능선으로 30분쯤 내려서면 안부에 이르고, 왼쪽의 큰 골을 따라 1시간 30여분 내려오면 천주암을 지나 방내 버스 종점에 이른다. 안부에서 계속 능선 쪽 비탈길을 지나 동쪽 능선을 끝까지 타면 모량리로 하산, 능선 중간에서 남쪽으로 백석암을 거쳐 백석마을(화천리)로 하산한다. 백석마을 아래 화천 1리는 고속 전철 경주역이 들어설 예정이다.

그 외에도 서쪽 능선을 따라서 낙동정맥 주능선으로 내려서서 우중골, 당고개로 가거나, 조래봉까지 타고 원골로 하산하거나, OK그린을 거쳐 학동으로도 내려올 수 있다. 또 지능선마다 옛날 나무꾼들이 다니던 길이 희미하게 이어져 있으므로 등산로는 더욱 다양해진다.

산길도, 물길도, 삶의 길도 여러 갈래, 어느 길을 선택하든 개인의 의지요, 다양한 모습 속에 우리는 살아가는 것이 아니런가.

지리산 단독 무박종주(야간)

음력 보름 중 날씨 좋은 주말을 맞기가 쉽지 않다. 2, 3일 종합 일기 예보에 귀기울인 다음 드디어 홀연히 떠날 수 있게 되었다. 8월 16일은 칠월 백중 전 날, 열 나흘(토)이다. 학교의 급한 업무를 빨리 끝냈다. 11시에 출발하여 12시10분 서부터미널에서 구례행 버스에 올랐다.

남해고속도로에 모래 실은 트럭이 드러누워 있어 한 시간이나 지체한다. 밤새 걸어야 하니 미리 잠을 자 두려고 눈을 감아도 자꾸 여러 상념에 사로잡힌다. 지리산 종주는 체력을 가늠하기 위해 매년 하는 산행이다. 금년은 수봉산우회 친구들과 함께 산행하느라 지리산에는 한번도 못 갔던 터에 이번 산행은 노고운해, 반야낙조, 벽소명월, 천왕 일출을 한꺼번에 만날 수 있는 절호의 기회라 가슴이 설렌다.

4시 경 구례에 도착. 성삼재행 버스 시간이 변경돼 5시 막차만 남았다. 기다리는 시간이 아까워 산채비빔밥으로 이른 저녁을 마친다. 간편한 소풍 차림이나 번잡한 야영 차림의 등산객들로 버스 안은 붐빈다. 천은사 입구에서 입장료 대신 전국 신도증으로 통과하는 부처님 은혜를 받았다.

성삼재에 오르니 정각 6시. 아직 해는 중천에 있으련만 안개가 차 올라 낙조를 볼 가망은 없어 보인다. 노고운해는 짙은 안개 속 구름 위를 헤매는 것으로 끝났다. 심호흡을 하고 천왕봉을 향하여 신중히 첫 발을 내딛는다. 노고단 오르는 차도에 내려오는 사람들이 많지만 각자의 길로 종종걸음이다.

산장에서 노고단 마고할멈에게 출발을 고하고 노고단고개에 오르니 6시50분. 지리산 종주를 마치고 노고단으로 들어오는 등산객들의 발걸음이 무겁다. 나도 천왕봉을 내려 갈 때는 저들의 모습을 재현하리라. 버스 시간이 늦어 반야봉 석양은 포기, 일출 때까지 천왕봉에 도착하기 위해 발걸음을 재촉한다. 돼지령을 지나 임걸령까지는 길도 좋고 만나는 사람도 많다. 한 잔 샘물이 생기를 돋운다.

노루목 오름길에 땅거미가 진다. 삼도봉에 오르니 구름이 가라앉고 달이 휘영청 솟구친다. 눈이 환하다. 앞서 가던 몇 사람이 함께 쉬면서 반야봉 석양 본 것을 자랑한다. 나를 휘감던 구름 위에서 석양을 본 게다. 바람이라도 와서 구름을 흔들어주었더라면…. 아까운 풍경이 눈 앞에 삼삼하다. 화개재로 내려서니 야영인파로 붐빈다. 뱀사골산장이 만원인가 보다.

9시 지나 토끼봉 오르는 길에 오로지 나뿐이지만 마음은 담담하다. 뜻밖에 불빛 하나가 내 길을 막는다. 아침 일찍 장터목에서 출발해 여기까지 온 어르신, 어둠 속에 짐승의 눈빛 – 불꽃을 보았다면서 조심하란다. 그럴 리 없다고 웃어 넘겼지만 조금은 신경줄이 당긴다.

토끼봉 위에는 헬기장이 운동장처럼 넓다. 달빛이 더욱 밝아지고 별들이 보인다. 간식을 먹으며 야생동물의 공격에 대비해 비장의 도구로 무장한다. 토끼봉에서 연하천산장까지 1시간10분 동안의 산행이 왠지 지루하다. 명선봉 돌아 내리막길에 깔아 놓은 플라스틱 깔판 때문일까? 5시간 남짓 산행에 벌써 타성이 생긴 것일까?

연하천산장도 야영객들로 초만원이다. 10시50분부터 11시15분까지 휴식과 에너지를 보충한다. 땀이 밴 옷자락에 냉기가 스며들 무렵 다시 천왕봉을 향한 집념을 다진다. 그러나 삼각봉 – 형제봉을 지나 벽소령산장에 도착하니 새벽 0시50분, 천왕봉 일출은 포기해야할 시각이다. 달빛을 즐기며 밖에 노닐던 등산객들이 쉬어가라고 유혹한다. 쉼은 곧 포기이므로 말없이 발길을 옮긴다.

벽소령 차도를 걸으며 벽소명월을 만끽한다. 다독다독 나를 어루만지는 달빛, 나직하고 온화한 달빛의 말들을 글로 다 옮길 재주가 없음이 안타깝다. 덕평봉에 올라서 선비샘으로 가는 길은 크게 지루함이 없이 한 시간 정도 걸려 2시에 선비샘 도착하니 그곳에도 텐트 10여 동이 있고 불 밝혀 도란거리는 젊은이들도 있다.

10분 정도 쉬고 무거운 발을 채근한다. 여기서 세석산장까지가 가장 지루하고 힘든 구간이다. 칠선봉 근처에 이르니 달이 몸을 허문다. 졸음 때문인지 몸의 중심이 잡히지 않는다. 엉덩방아를 몇 번 찧고 나니 더럭 겁도 나고 발길은 더욱 조심스러워진다. 만약 발목이라도 잘못 비끗하면 조난이다. 내일 늦은 시각 등산객이 올 때까지 꼼짝못하기 때문이다. 여기는 지리산 주능선의 가장 깊은 곳이고 가장 인적이 드문 곳이다. 지리산에 반달곰이 서식하고 있다면 여기쯤일텐데. 문득 나와서 화답이라도 해주기를 기대해본다. 그러나 적막뿐이다. 내가 곰인 줄 모르는 모양이다.

조금 더 가니 영신봉 북쪽 암봉의 절벽 옆에 가장 힘든 구간임을 과시하듯 쇠줄이 매여 있다. 조심조심 올라 영신봉을 넘어 세석산장에 도착하니 4시20분. 꿩 대신 닭이라고 촛대봉 일출이라도 보기 위해 산장에서 1시간쯤 기다린다.

5시40분 촛대봉에 오르니 구름바다 위에 우뚝 선 천왕봉이 깨끗하다. 천왕일출을 못 보는 아쉬움이 크다. 해발 1,000미터 정도 높이에서 완전히 구름바다인데 그 위로는 지리산 주능선들이 섬처럼 떠 있다.

정말 좋은 날씨다. 일출 5분전, 이게 무슨 조화인가? 검은 구름 한 점이 천왕봉을 감싸더니 삿갓을 씌워 버린다.

5시50분. 구름바다 위로 이글거리며 불쑥 솟아오르는 불덩이 태양. 촛대봉 일출도 장관이다. 천왕봉에서 기다리던 사람들이 못 본 것을 우리는 본 것이다. 막 태어난 오늘의 태양에게 감사의 절을 올리고 가정의 화평과 연구에 성과가 있기를 기원한다. 오늘 같이 좋은 날씨에 천왕일출을 못 보다니, 3대가 적선을 해야 본다는 옛 말이 실감난다. 간밤에 나쁜 짓 한 사람이 있었던가 보다며 농담을 하면서 장터목을 향해 걸음을 내디딘다.

장터목산장에 도착한 시각은 7시10분. 천왕봉 일출을 보러갔던 사람들이 허탕치고 오는 모습을 보니 측은한 생각이 든다. 산장에서 대용식으로 아침을 해결한 후에 천왕봉으로 가는 발걸음이 무겁다. 천왕봉에서 구름을 헤치며 종주 확인기록을 위해 사진을 찍고 하산한다.

천왕샘을 거쳐 개선문바위쯤 오니 구름이 걷히고 햇빛이 쨍하다. 법계사 – 칼바위를 거쳐 계곡 물에 몸을 씻고 중산리에 도착하니 11시50분. 아, 이제 18시간 걸린 대장정이 막을 내렸구나. 곧 바로 부산행 버스에 몸을 싣고 꿈나라로 간다. 너무 지친 것 같다. 종주를 마치고 작은 산 하나 정도 더 오를 힘이 남아야 하는데 이순의 고개를 넘어오니 체력이 많이 떨어진 모양이다.

조촐한 500차 산행

6월 마지막 일요일, 수봉산우회 정기산행일이다. 행선지를 정하는 것부터가 일이다. 반드시 사전에 답사한 곳이어야 한다. 지난 달 소백산 철쭉산행이 힘들었기에 이번에는 가까운 청도 운문산으로 정했다. 안내글을 회보에 적어 보내고 교통편이며 지도를 다시 확인하고 일기예보에 귀를 기울인다.

주중에 장마전선이 북상하여 주말까지 머물다가 일요일에 물러난다는 예보가 있었지만 토요일 일기도와 빗줄기를 봐서는 장마가 물러날 것 같지 않아 난처하다. 전세 버스를 취소하고, 대신 근교 산에 안내하려 일일이 연락을 해야 하니 힘든다.

일요일 아침, 비가 주룩주룩 내린다. 기업도 은행도 퇴출되는데 물러난다던 장마는 물러나지 않으니 참 난감하다. 등반대장이 아니라면 산행을 포기하고 조용히 쉬고 싶은 아침이다. 그러나 어쩌랴. 수중산행 채비를 단단히 하고 집을 나선다. 세 사람만 있어도 산에 오를 것이라고 다짐한다.

출발 장소에 도착하니 예상한 대로 총무만 나와서 기다린다. 다른 팀들도 참가자가 적어서 산행을 취소하거나 합병해서 출발하기도 한다. 빗줄기는 연방 사선을 긋고 한 사람씩 모인 것이 모두 여섯. 그 중 세 사람은 포기하고 남은 세 사람만 시내버스를 타고 천성산으로 향한다. 등반대장과 총무는 집행부이니 대원은 한 사람 뿐이다.

그는 오늘 직장 당직인데 동료에게 대리 출근을 부탁하고 참여한 극성파다. 오늘이 나의 500회 산행인데 이렇게 되니 무척 허전하다.

버스는 서창을 지나 주남의 영산대학 종점에 우리를 내려 준다. 빗줄기가 멎고 서쪽이 훤해진다. 우산을 펴지 않아도 되니 한결 수월하다. 주남고개에 올라 능선으로 나 있는 임도를 따라가는 코스를 정하고 첫 발을 내딛는다. 또 다시 비가 온다. 우산을 편다. 비 내리는 산길을 걷는 것이 한결 운치 있노라며 서로를 격려한다.

고개에 오르니 많은 사람들이 쉬고 있다. 아무리 비가와도 올 사람은 오는 것. 능선 등산로는 이슬이 칠 것 같아 접어두고 대신 차도로 오르니 조금은 지루해도 별로 힘들지는 않다. 안개가 자욱해 시야가 흐리다. 우리는 우산을 받쳐들고 묵묵히 걷는다. 많지 않은 일행이지

항상 많은 사람으로 붐비는 천성산 정상

만 나는 10미터 쯤 앞서 걸으며 생각해 본다.

　나는 전문 산악인이 아니다. 항상 바쁘게 생활하는 직장에 최근에는 힘에 겨운 직책을 맡아 더욱 시간을 쪼개 써야 한다. 휴일이면 산행에 맨 먼저 시간을 할애하고 극성스러울 정도로 산을 좋아해 아마추어 산악인 정도는 된다고 자부한다. 등산은 내 유일한 취미며 무엇과도 바꿀 수 없는 생활의 일부가 되었다.

　어릴 때부터 산과 더불어 살고 산을 좋아했지만 기록을 남기는 산행을 다닌 지는 10년 남짓하다. 일요일과 휴일만 다녀 500차를 했으니 매년 50여 회를 다닌 셈이다. 산악회의 선배들을 따라 전국의 유명 산들에 오르며 많은 것을 배웠다. 백두대간, 낙동정맥, 낙남정맥을 종주

천성산 법수계곡의 암봉

했고 갖가지 기록산행을 경험했다. 또 해마다 지리산 무박종주를 하며 체력을 시험해 본다.

수봉(경주중고) 동문 선후배들과도 건강한 생활과 좋은 취미를 함께 나누고 싶어 산악회를 하나 만든 것이 바로 수봉(秀峯)산우회이다. 戊 寅生이면 퇴출 되고도 남을 노령이지만 동반대장을 맡아서 생의 마지막 봉사를 한다.

오늘 운문산에서 500차 산행을 맞이하는 기회를 얻고자 지난 주는 화요일에 달음산에서 499차 산행을 했다. 내가 책임지고 있는 부서는 규모가 커서 전체 2,000명이 넘고 교직원만 해도 100여 명이 된다. 이들과 함께 근교산행으로 학기말 교직원 간담회를 겸해버린 것이다. 수봉 회원들의 축복을 받으며 500회를 자축하고 싶어 그렇게 공을 들였건만 너무도 조촐해진 산행이 못내 아쉽다.

두 시간 남짓 걸려 정상에 오르니 비는 그쳤지만 안개가 자욱하다. 보통 정상은 몹시 붐비기 마련인데 날씨 탓인지 조용하다. 기념촬영으로 상봉식을 대신하고 구름이 걷히길 기다리면서 점심을 한다. 한 줄기 시원한 바람이 구름을 밀어 올리는 듯 했지만 구름은 다시 내려앉는다. 정상에서 한 시간씩이나 지체하는 일은 드문 일인데 오늘은 아무리 오래 기다려도 하늘이 우리의 기대를 저버리고 있다.

아쉬움을 남기고 천성산 분지의 가장자리 능선을 반 바퀴 돌아 미타암 쪽으로 하산한다. 미타암으로 내려오는 길이 그토록 가파르다는 사실을 새삼 절감하며 계곡 근처 골짜기의 물소리가 요란하다. 모처럼 듣고 느껴보는 자연의 거친 숨소리다. 정말 운치 있는 산행이다. 산을 내려오는 동안 세 사람은 별로 말이 없지만, 비 내린 뒤 싱그러운 녹음 속에 깨끗하고 향기로운 공기를 마음껏 즐긴다.

퇴색된 걷는 취미

　백두대간 능선 중 상주 지역의 마지막 구간인 신의터재 →큰재 →추
풍령 구간의 종주 산행에서 느낀 일이다. 첫날 새벽 승용차로 경부고
속도로 황간IC에서 상주시 화동면까지 들어가 주차를 하고 시내 버스
로 신의터재로 가니 8시다. 큰재까지 10시간 정도 산행을 하고 민박을
한다. 다음 날 추풍령까지 9시간 산행을 마치고 시외버스로 추풍령에
서 화동으로 가 승용차로 귀가한다. 이렇게 하면 최소 경비로 최대한
빠르게 구간 종주를 할 수 있어 좋다.
　혼자 일반 대중교통을 이용하여 구간 종주를 할 때 가장 어려운 점
이 산행기점에 접근하고 매 번 종점에서 철수하는 문제다. 특히 문경,
상주 지역은 부산에서의 교통이 아주 불편해 전날 도착해서 민박을 하
고 다음날 산행을 해야 한다. 그래 궁리한 것이 승용차를 이용하여 자
유롭게 접근하고 귀가하는 것이다. 덕분에 버스나 열차 시간에 구애받
지 않고 체력에 맞게 산행을 할 수 있게 된다.
　실제로 이화령에 주차하고 이화령→백화산 →희양산 →장성봉 →버
리미기재(민박), 버리미기재 →대야산 →조항산 →청화산 →늘재 →밤
티재, 이렇게 두 구간을 마쳤다. 또 화북에 주차하고 밤티재 →문장대
→속리산 천황봉 →형재봉 →갈령 삼거리(1박), →비재 →봉황산 →화
령재 →윤지미산 →신의터재 구간도 이틀에 마칠 수 있었다.

이처럼 편리하게 이용하는 승용차가 좋으며, 그 차의 주인인 아내에게 감사 드리며, 걷는 것이 취미라고 생각하던 내가 차를 갖게 된 사연을 돌아본다.

내 취미는 걷기다. 이 취미를 자랑으로 생각하고 즐거운 마음으로 열심히 걷는다. 두 발로 걸어다니는 것은 우리 인간의 특권이며 습관적인 행위일 뿐인데 어찌 그것이 취미랄 수가 있나? 이 질문에 할 말이 몇 가지 있다.

아기가 걷는 것은 학습이고, 어린이나 학생이 걷는 것은 운동이고, 집배원이나 심부름꾼이 걷는 것은 노동이다. 우리는 잠시라도 걷지 못하면 일상생활을 꾸려 나가기 어렵다. 걷기와 같은 기계적인 행위가 최근에는 경보라는 스포츠 종목이 되어 올림픽 대회에서 잘 걷는 사람에게 메달도 주지 않는가! 골프나 테니스가 취미이고 책 읽기가 취미인 것과 마찬가지로 걷기도 취미가 될 수 있다. 나는 걷기가 즐겁고, 즐거운 마음으로 하는 일이기 때문에 걷기가 취미로 될 수 있다.

나는 취미생활을 대부분 산에서 한다. 시골에서 자랄 때는 평지에서 걷는 것도 즐거웠다. 도시에서는 평지에서 걸으면 사람에 부딪히고 차 매연을 마셔야 한다. 그것을 피해 산으로 올라갔다. 오르막은 힘들고 숨차지만 내리막의 편안함이 기다리고 있다. 이렇게 산을 오르내리는 행위를 등산이라고 할 수 있다. 그러나 바위 오르기, 빙벽 오르기, 극지 탐험과 같은 고난도 기술이 없으니 등산이라고 말하기보다는 그저 걷기산행 정도가 맞는 것 같다.

나는 부산 금정산 자락의 변두리에 산다. 산이 가깝고 산에 오르고 싶을 때 언제든지 쉽게 오를 수 있으므로 다른 곳으로 이사를 못 간다. 새벽이나 저녁, 밤, 휴일, 마음만 먹으면 쉽게 산에 갈 수 있다. 가다말고 돌아오면 30분, 약수터까지 1시간, 정상까지 오르면 2시간 정도 걸린다. 집에서 출발하여 범어사, 양산, 금곡, 구포, 사상, 주례, 성지곡, 사직동, 온천장, 어디라도 걸어서 간다. 시간 형편에 맞추어 적당히 걷지만 길게는 10시간 이상 하루 종일 걸을 때도 있다.

나는 승용차를 타지 않는다. 자전거도 타지 않는다. 그냥 즐거운 마음으로 걷는다. 차를 가질 생각도 없어 면허도 따지 않고 있다. 셋집에 살아도 차는 있어야 하는 시대에 대학교수가 차도 없는 것은 무능의 표본이라 하겠다. 식구들이 우리도 차를 사자고 해도 긴요하지도 않은 차를 우리마저 끌고 나가면 길이 복잡해져서 안 된다고 농담처럼 넘겨 친다. 학교나 집에서 연구와 교육에 전념해야 하니까 돌아다닐 시간이 많지 않다. 내 생활에서 승용차를 타고 급히 달려가야 하는 긴급한 상황은 거의 없다.

버스나 지하철을 타고 서서 가는 것이 품위 유지에는 손상이 되는지 몰라도 내 생활에 전혀 불편을 주지 않는다. 10분 걸리는 거리를 걷는 것은 괴롭지만, 20분 거리는 즐거운 마음으로 걸을 수 있다. 이것이 나의 마음이다. 이 같이 걷기를 취미로 걷는다.

위의 글 뿐 아니라 '걸어서 하늘까지' 라는 글도 써가며 승용차를 갖지 않겠다던 결심이 이제는 산행에까지 승용차를 이용하면서 차의 편리함을 이야기 하니 사람 마음이 간사하다.

막내이자 장남인 아들이 대학에 들어간 후, 그 때까지는 내 지론을 잘 따라 주던 집사람의 생각이 바뀌었다. 나이가 어려서 응시자격도 없는 아들에게 면허를 따면 차를 사주겠다고 한다. 문득 운전 면허도 없이 아들이 운전하는 차에 얹혀서 출퇴근하는 내 모습이 초라하게 보일 것 같다. 그리고 항상 내가 보호하고 내 품에서 벗어나지 않던 아내

45

를 아들에게 빼앗기는 박탈감을 느끼게 되지나 않을지.

그리하여 뉴밀레니엄이 시작된 2000년 1월 3일, 첫 출근을 하면서 서점에 들러 운전면허 학과 시험문제집을 구입해 시험공부를 했다. 운전학원에서 기능도 배워 3월 4일에 면허를 취득했다. 면허증이 나오기도 전에 차를 예약하고 면허증과 동시에 차를 갖게 되었다. 너무 뜻밖의 일들이다.

나에게 큰 변화였다. 학교에서 차 없는 마지막 교수 자리를 면했다. 학교주차장에 주차하기 쉬운 곳을 차지하기 위해 출근 시간이 빨라졌다. 집사람과 함께 농산물공판장이나 할인매장에 다니는 일도 추가되었다. 집안의 좁은 주차장에 들어가기까지는 시간이 더 걸렸지만 일단 차를 넣고 나서 볼일을 보러 다닌다. 주차장에 차가 없으면 아흔이 된 어머니께서 주무시지 않고 기다리기 때문이다. 산행 스타일도 달라졌다. 종주보다는 원점회귀방식이 잦다.

이 모든 급작스런 변화에도 불구하고 여전히 내 취미는 걷기다. 산에 가지 않고서는 견딜 수 없다. 접근이 어려웠던 낙동강 분수령 일주 산행도 차의 도움을 받아 마칠 수 있게 되지만 예전보다 더 맹렬히 걷는 운동을 계속하고 있다. 차를 가진 지금도 걷는 게 최고라는 생각에는 변함이 없다.

대만 옥산 트레킹

　오랜만에 해외의 산을 오르게 되었다. 10월 초 징검다리 휴일을 연휴로 만들어 부산 명승산악회에서 2박3일의 일정으로 대만 옥산(玉山) 트레킹을 기획하였기에 동참했다. 부산의 지리적 여건 때문에 2박5일(무박 2일 포함)로 이루어졌지만 실제는 2박3일이며 산까지의 이동과 대만관광을 제외하면 당일산행으로 계획된 것이다. 백두대간을 종주하던 마음으로 무박과 강행군으로 일관된 계획이었다. 무리한 계획이었지만 직장생활에 지장을 주지 않고 해외 산을 오르자니 어쩔 수 없었다.

　산행참가를 신청해두고 월간〈山〉에서 자료를 찾으니 가장 최근의 트레킹 보고가 1993년 7월호에 있었으며, 1992년의 자료와 함께 나에게 큰 도움을 주었다. 10여 년 동안 많은 변화가 있어서 다소 틀린 내용이 있었지만 산행에 도움 받은 것을 애독자로서의 보람으로 생각하며 감사를 드린다.

　10월2일 23시40분 부산에서 출발하는 심야우등고속버스로 강남터미널에 도착하니 다음날 새벽5시. 리무진버스로 인천공항으로 이동하여 7시30분부터 수속을 마치고, 9시 20분 발 대북 경유 홍콩행 비행기에 탑승하여, 12시(현지시간 11시) 대북공항에 내렸다. 입국수속을 마치고 홀리데이호텔로 이동하여 중식을 해결했다.

13시10분 출발하여 고속도로로 대중(臺中)시까지 가고 18번 국도로 상동포 탑탑가(塔塔加)전망대 주차장에 도착하니 18시20분. 옛날에는 아리산과 자충검문소로 돌아갔는데 최근 국도가 개통되어 훨씬 쉬워 졌다. 탑탑가 서비스센터(塔塔加遊客中心)에서 식사를 하고 동포산장 (東埔山莊)에 도착하니 19시40분, 산장은 비교적 깨끗하고 2층 침대에 침구도 새것으로 마련되어 있어 준비해 간 침낭이 무용지물로 되었다. 산행을 위하여 일찍 취침에 들어갔다.

옥산을 당일로 등정하다

10월4일은 산행하는 날이다. 3시30분에 기상하여 포터가 준비한 죽과 가지고 간 백반으로 아침식사를 해결하고 4시40분에 랜턴을 밝히고 산행을 시작했다. 날씨가 좋아서 모두들 복 받은 사람들이라고 자찬하면서 즐거워했다. 일행은 화교 출신 가이드와 포터 2명을 합하여 모두 15명이다.

3,000미터이상의 산행에는 10명당 1명의 현지 가이드를 고용하도록 법으로 정해져 있다. 국도로 나가 남계임도(楠溪林道)로 접어들고 탑탑가 안부(鞍部:2,680m)까지 3.9킬로미터를 걸어가야 했다(5:30 도착). 전에는 소형차가 운행되었으나 지금은 아침에 차량운행이 불가능하며 저녁에는 승합차를 이용할 수 있는데 미화 100달라를 요구했다.

안부에는 옥산 등산로 입구에 '玉山登山口'라고 음각한 큰 표석이 있었다. 여명이 밝으니 대단한 협곡 건너편에 남봉에서 흘러내린 능선이 병풍처럼 둘러 처져 있다. 전봉(前峰) 쪽 사면에는 산사태가 난 흔적이 험악하고, 그 중간 비탈에 아슬아슬하게 등산로가 걸려 있다. 이길 아래로 수백 미터 낭떠러지가 형성되어 조금만 헛발을 디디면 황천길이다.

5시40분 산행을 시작하여 그 길로 접어드니 숲이 없어서 더욱 심한 공포감을 느끼게 되고 오금이 져려 발바닥이 간지럽다. 조심조심 진행하여 맹록정(孟祿亭)에 도착하니(6:20) 남쪽의 산세가 멋지게 조망된다. 다시 30분 정도 진행하니 전봉 갈림길이 있고, 서봉전망대에 이르니 7시50분이다.

후미가 도착할 때까지 30분 정도 기다리면서 휴식을 취하고 경치를 조망했다. 건너 남봉 쪽 능선의 경관이 아름답고 계곡이 더욱 깊게 느껴졌다. 계곡에는 물소리가 우렁찬데 개울은 보이지 않아 산자락을 뚫고 폭포를 이루면서 흘러내리는 것으로 판단된다.

여기서부터 등산로는 바위절벽 중간 턱에 얹혀 있지만 침목과 같은 나무로 잘 정비되어 있고 원시림 수목들과 곳곳에 산죽들이 우리를 보호해주므로 마음 놓고 걸을 수 있다. 이 지역에는 수천 년의 수명을 자랑하듯 버티고 서있는 거목들[대만 삼나무(臺彎杉)라는 안내판이 있음]이 있는데 우리나라의 주목과도 비슷하고 잎이나 가지가 향나무와 비슷하다.

8시50분 대초벽(大硝壁)을 지나 옥산 정상이 가까워지면서 안개가 우리들을 마중하듯 차츰 내려오더니 배운산장에 도착했을 때는(9:40) 비로 변했다. 등산로가 완만하고 8.5킬로미터를 4시간이나 걸려 천천히 운행했기에 고소증에 대한 염려가 실감나지 않았다.

배운산장(排雲山莊)은 옛날 자료에는 3,582미터로 기록되어 있으나 산장 정문에 공식적으로 게시된 것은 3,402미터로 되어 있다. 산장에서 이른 시각이지만 중식을 해결하고 후미를 기다리면서 1시간 이상 고소적응을 하였다. 보통은 여기까지 산행을 하고 산장에 들거나 야영으로 1박을 하면서 고소적응을 한 후에, 다음날 새벽 정상에 올라 일출을 보고 여유 있게 하산하는 것이 정석이다. 그러나 우리들은 당일

산행이라 바쁜 일정이다.

우리 일행 14명은 배낭을 산장에 벗어두고(포터 1명이 지킴) 비가 와 우의를 입고 10시50분 정상을 향하여 출발했다. 여기서부터 선두와 후미가 점점 벌어지기 시작한다. 한참 오르니 남봉 갈림길이 있고 경사가 가팔라진다. 그러나 길이 지그재그로 나 있으므로 별로 힘들지는 않다. 낮은 향나무가 많지만 산사태가 난 곳이 많아 낙석에 조심해야 한다.

정상 200미터 밑으로부터는 초목이 없고 암능 길이다. 쇠사슬로 손잡이를 만들었으며 낙석 위험이 있는 곳에는 철 구조물로 덮개를 해 사람들을 보호하고 있다. 선두 그룹에도 머리가 약간 아픈 사람이 있었지만 가이드 1명을 포함하여 8명이 함께 정상(主峰;3,952m)에 올라섰다(12:50). 바람이 심하지 않아 다행이지만, 비가 내려 전망이 전혀 없다. 모처럼 오른 동북아 최고봉인데 높이의 감을 느낄 수 없어 아쉽다. 기념촬영을 하고 후미를 기다리다가 추워서 13시10분 하산을 시작했다.

하산 중에 만난 후미 그룹 사람들은 심한 고소증으로 산행 속도가 느렸으며 우리와 시간차가 많이 났다. 내려오는 것은 쉬워서 배운산장에 도착하니 14시, 선두그룹은 먼저 하산하도록 지시를 받고 14시40분 배운산장을 출발했다. 하산 길에는 주말을 이용하여 산장에서 1박하고 다음날 정상에 오르려는 사람들로 붐벼 다소 불편했지만 서봉 전망대(15:30), 전봉 갈림길(16:15)을 지나 16시 50분에 탑탑가 안부 등산로 입구에 도착했다.

입구에서 배운산장까지 8.5킬로미터, 산장에서 정상까지 2.4킬로미터, 왕복 산행거리 21.8킬로미터인데 11시간 10분으로 산행을 마무리 지었다. 올라갈 때는 고소증을 느끼지 못했는데 하산한 후에 머리가 조금 아프니, 빠른 기압 차에 적응이 잘 되지 않아 오는 고소증 같다. 기념촬영을 하고 예약해둔 승합차로 국도까지 나오니 17시20분, 동포산장에서 입구까지 걸어간 시간을 합하여 총 12시간 40분이 소요되었다. 후미는 14시간10분으로 하산을 완료하여 12명 전원이 낙오 없이 당일로 옥산 등정을 끝낸 것이다.

19시에 탑탑가서비스센터에서 저녁식사를 하고, 버스로 홀리데이호텔에 도착하니 24시가 넘었다. 샤워를 하고 취침. 다음날(10월5일) 9시에 호텔을 출발하여 대북시에 있는 고궁박물관을 관람하고(10:00~11:30), 용산사를 참관하고 공항으로 이동하니 15시였다. 17시10분(한국시간 18시10분)발 비행기로 인천공항에 도착하니 20시35분. 입국수속을 마치고 리무진 버스로 강남터미널로 이동하여 23시발 심야우등고속버스로 부산에 도착하니 다음날(10월6일) 새벽 3시 50분, 5일간의 긴 여정을 모두 끝내고 새날의 일과를 계속할 수 있었다.

제2장

산 사랑 가족사랑

아내와 첫 대청봉 등정

1989년 10월7일부터 2박3일간의 연휴를 이용한 산행은 나에게 잊지 못할 추억으로 남아 있다. 야간버스를 타고 오색에 내려 오색 – 대청봉 – 화채릉 – 설악동 구간을 타고 설악동에서 1박, 다음 날 통일전망대에 들렀다 귀가하는 멋진 여정이었다. 내 31차 산행이고 아내와 함께 하는 7차 산행인데 우리 부부의 대청봉 첫 도전이다.

토요일 밤 9시30분. 안내산행 전세버스에 올랐다. 새로운 세계로 발을 내딛는 기대로 마음이 설레며. 버스를 가득 메운 사람들 모두 밝은 얼굴들이다.

경주 – 포항을 지나고 화진휴게소에서 차는 잠시 쉬었다. 흐린 밤하늘이어도 싱그러운 바람에 생기가 솟구친다. 적막에 싸인 밤바다 위, 오징어잡이 배는 한낮이다. 환히 밝힌 알 전구들 아래 낚시 줄을 잡은 어부들의 손은 정신없이 바빴다.

울진 – 삼척을 지나 동해에 접어들 무렵 먹구름이 한 줄기 소나기를 뿌린다. 가끔 실망스럽게 어긋나는 일기예보, 기상예보는 괜찮을 거라 했건만 모처럼 아내와 함께 나선 길이라 걱정이다. 내일 산행을 위해 잠을 자려 애써보지만 마음이 설레어 잠이 쉽게 오지 않는다.

연휴 나들이 차량들로 도로가 붐벼 버스를 탄 것이 아니라 거북등에 올라탄 것 같다. 38휴게소에 들러 양양을 지나고, 한계령 쪽으로 들어

54

오색약수 입구에 도착하니 어느덧 6시가 넘은 시각이다. 단체 산행 팀들을 태우고 온 버스들로 도로가 만원이라 등산로 입구에는 접근도 못하고 멀찍이 내렸다.

아직 어둠이 가시지 않은 6시30분, 인원 점검을 한 후 산행 시작이다. 설악폭포 방향 오르막 등산로는 산행인파로 메워져 자유롭게 걸을 수도 없는 상황이다. 사람에 휩쓸려 타의에 그냥 밀려 올라간다.

낮게 깔려있던 안개도 산 위로 올라갈수록 맑아져 마음이 가벼워진다. 산은 10월 초 날씨인데도 꽤 쌀쌀해 단풍은 이미 산중턱까지 번져 있다. 8시30분 설악폭포에 도착, 아내의 정성이 담긴 김밥으로 아침 식사를 한다.

마음은 따뜻한데 추위가 나를 오돌오돌 떨게 한다. 김밥이 굳어져

공룡능선을 배경한 산사랑 우리 부부

잘 넘어가지 않는다. 하지만 오늘 하루 일정을 위해 먹어야 한다. 비 온 뒤 갑자기 추워진 날씨는 충분히 준비 못한 남쪽 사람들을 당황하게 만든다.

추위를 이기려고 식사 후 바로 오르기를 시작했다. 얼마나 높이 와 있는지 얼마나 더 가야 하는지도 모른 채 걸음을 재촉하니 드디어 전망이 탁 트인 능선에 이른다. 경사도 한결 순해져 오르는 발길이 가벼워진다.

정상이 가까워질수록 단풍은 많이 져 버린 뒤였다. 어제 저녁 가을비가 이곳엔 눈으로 내렸던 것일까, 제법 희끗희끗하다. 부산에서는 한겨울에도 눈 구경이 어려운데 10월 초에 쌓인 눈을 보니 신기해 어린아이처럼 마음이 들뜬다. 빈 가지엔 잎 대신 상고대가 맺혀 아침햇살에 반짝인다. 처음 보는 멋진 장면에 탄성이 절로 나온다.

신기한 정경에 취해서 즐거운 마음으로 정상에 이르니 11시다. 오색에서 출발한지 4시간30분, 안내 지도에 나온 시간만큼 걸린 것이고 전혀 힘들거나 지루하지도 않다. 드디어 말로만 듣던 설악산 대청봉에 아내 손을 잡고 올랐다. 아침에 자욱했던 안개가 깨끗이 걷혀 쪽빛 가을하늘이 아득히 열렸고, 햇살은 우리의 등정을 축복하는 양 따사롭다. 가슴이 충만하다.

정상은 인파로 발 디딜 틈이 없다. 표지석 근처에 접근하는 줄은 꼬리에 꼬리를 물고 있다. 할 수 없이 남들과 뒤엉킨 채 기념사진을 찍고 저만치 물러났다. 산정에는 사람이 만발하고, 주변 능선에는 눈꽃이 만발이다. 정상에 꽂힌 태극기를 보니 옛날 초등학교 운동회 때 보던 기마전 무리가 떠오른다.

이렇게 많은 사람을 보면 마치 누구나 쉽게 오를 수 있는 마을 뒷산 같은 착각에 빠질 법도 한데, 실은 해발 1,708미터, 남한에서 세 번째로 높은 산이다. 이렇게 높은 곳까지 함께 오른 아내가 정말 대견하다.

사실 아내는 평발이기 때문에 젊어서도 이십 리만 걸으면 발병이 나곤 했다. 그런데 최근 금정산 중턱 약수터에 다니면서 다리에 힘도 많이 생겼다. 내가 등산을 시작한 이후 계룡산, 운문산, 노고단 – 피아골, 홍도, 주왕산, 팔영산에 함께 오르며 조금씩 산행 경험을 쌓아왔다. 그래도 이렇게 대청봉까지 오른 것은 대단한 발전이다. 또한 내 취미 생활에 공감하고자 노력과 정성이 엿보여 진심으로 고마운 생각이 든다.

대청봉에서의 전망은 정말 대단하다. 내설악의 기기묘묘한 암봉들, 남설악의 웅장한 점봉산으로 이어지는 아기자기한 골짜기, 보이는 모든 것이 그림같이 아름다워 남쪽의 금강산이라 불릴 만 하다. 예전 고등학생들을 데리고 수학여행 왔을 때 울산바위에 올라 그 웅장함에 감탄을 했는데, 지금은 바위가 뒷동산의 돌무더기처럼 까마득히 보일 뿐이다. 설악의 품이 얼마나 큰지, 그 안에 얼마나 멋진 경관을 품고 있는지 실감하게 된다. 잠시 그 넓은 품 안을 더듬어본다.

갈 길이 먼 터라 화채릉 쪽으로 발길을 재촉했다. 화채릉까지 이어지는 능선 길은 부드러운 내리막이라 산책하는 기분으로 걸었다. 화채봉 근처에서 점심을 먹고 왼편으로 비켜서 칠선봉 쪽으로 내려선다.

어디쯤일까, 전망이 너무나 좋은 곳에 이르러 건너 편 내외설악을 바라보는 풍치가 가히 일품이다. 공룡능선의 암릉이 적당히 물이 오른 단풍과 어울려 이룬 조화는 조물주의 걸작이 아닐 수 없다. 태어나 처음 보는 이 아름다운 풍경을 앞으로 다시 만날 수 있을까 하는 의문 속에 순간을 깊이 가슴에 새겨둔다.

집선봉 가는 길엔 몇 미터 안 되는 짧은 구간이지만 로프를 달아 놓고 타잔처럼 줄을 잡고 넘어야 하는 바위비탈길이 있다. 내가 먼저 건너 시범을 보였지만 운동 신경이 둔한 아내가 과연 넘을 수 있을지 걱정이다. 다행히 겁내지 않고 과감하게 시도했고 내가 조금 도와주니 무사히 통과다.

힘겹게 권금성까지 내려서니 해는 기울고 어둑어둑하다. 12시간 걸려 여기까지 무사히 왔지만 몸은 기진맥진이다. 내려갈 때는 케이블카를 타기로 한 계획이 가는 날이 장날이라 고장났단다. 실망과 허탈함이 바람 빠진 풍선 같다.

그러나 어쩔 수 없다. 다른 힘 빌리지 말고 완주하라는 뜻으로 받아들였다. 에너지 충전이 필요하다. 남은 간식을 먹고 물도 마셔 몸을 추스린다. 급경사인 돌계단을 내려가기 시작했다. 절벽에 걸린 이런 등산로는 좀처럼 만나기 힘든 길이다. 희미한 랜턴 불빛의 인도로 조심스레 내려갔다.

한 시간 이상 걸려 차도에 내려서니 피로가 엄습하며 발바닥이 화끈거린다. 등산을 즐기는 나도 힘든 산행인데 익숙하지 않은 연약한 아내는 얼마나 힘들까? 아내를 건너다보았다.

아내는 발바닥에 물집이 생겼음에도 불구하고 아픔을 참고 끝까지 꿋꿋하게 버티고 있다. 나에게 조금의 부담도 주지 않으려는 아내의 마음씀이 참으로 고마울 따름이다.

오늘 산행은 우리 부부가 힘겹게 살아온 지난 수십 년의 인생길과도 같다. 괴로움을 극복하기 위해 인내와 노력이 필요했다. 그보다 훨씬 단단한 희망에 즐거움과 동고동락의 연대의식이 있었던 그 시간들이 활동사진처럼 빠르게 흘러간다.

연휴 나들이 인파로 여전히 북새통인 설악동, 노독을 풀어줄 편안한 잠자리를 찾지만 방이 있을 리 없다. 저녁으로 준비해 간 먹거리로 간단히 끓여 먹고 산악회에서 마련한 비좁고 불편한 잠자리에 든다. 지

단풍은 역시 푸른 가을 하늘 때문에 돋보인다

난 밤 설친 잠과 오늘 산행 끝에 밀려오는 피로에 정신없이 꿈나라로
빠져들었다.

10월9일, 아침 일찍 일어나 7시에 설악동을 출발하여 북쪽을 향했
다. 8시에 통일전망대에 도착하니 부지런한 사람들이 참 많다. 절차를
밟고 전망대에 올랐다. 최북단 휴전선에 온 것을 확인이라도 하듯, 지
척에 휴전선 철책이 깔려 있고 건너다 보이는 언덕에는 여러 가지 선
전 입간판이 눈에 거슬린다. 같은 산천의 이웃들이 왜 이렇게 적대하
며 살고 있는지!
청명한 날씨에 알맞은 아침햇살, 망막 안으로 금강산이 선명히 들어
온다. 해금강은 더욱 또렷하다. 육안으로도 잘 보인다. 망원경으로 더
확연히 잡혀오는 금강산은 내 산행욕구를 자극한다. 가슴이 두근거린

다. 어서 통일이 되어 금강산에 가봤으면! 새삼 통일에의 염원이 솟구쳐 오른다.

금강산을 바라보는 아내의 눈에 이슬이 맺힌다. 너무 감격한 탓일까, 아니면 코앞에 보이는 휴전선 너머의 땅, 우리와 똑같은 그 땅 어디엔가 있을 혈육 생각에서 일까. 아내는 15세 위인 오빠가 일본에서 북송선을 타 북쪽 땅 어디엔가 살고 있다고 생각한다. 피는 물보다 진하기에 물보다 조금은 더 진한 눈물이 안타까움의 결정으로 흐르는 것일꺼다.

우리 마음 가장 깊은 곳에 무심히 감춰져 있던 이산가족의 아픈 정을 읽는다. 혹시 감정이 폭발할까봐 아내의 팔짱을 꼭 끼었다. 빼놓을 수 없는 기념사진을 한 장 찍고 서둘러 버스에 올랐다.

버스는 9시에 움직이기 시작했다. 집으로 향하는 귀로에 38휴게소에 이르니 상행 때와는 다른 감회가 솟는다. 낮이라 사진도 찍을 수 있어 좋다. 설악산 – 금강산, 휴전선 – 38선, 통일전망대 – 38휴게소, 지나온 여정이 연관되어 머리 속이 마치 영화 한 편으로 꽈악 차 있다. 돌아가는 길도 복잡하고 멀다. 모두들 녹초가 되어 깊은 잠에 빠지거나 조용히 차창에 어른대는 풍경을 바라 보며 명상에 잠겼다.

이처럼 귀한 산행을 함께 하면서 아내는 점점 내 취미를 이해하게 되었고, 언제나 간편하게 산행 짐을 쌀 수 있도록 최대한 도와준다.

산행을 마친 뒤처리 하는 수고도 마다하지 않는다. 이러한 아내의 정성이 태백산맥 종주를 무사히 마칠 수 있게 했다고 한다. 아내에게 깊이 감사한다.

월출산 가족산행

모처럼의 긴 추석 연휴, 추석 다음날 C산악회의 안내 산행에 참가했다. 첫날 월출산 산행을 마치고 해남 대흥사 어귀의 유선여관에서 1박, 다음 날 두륜산과 달마산에 오른 뒤 땅끝(土末;토말)을 돌아오는 1박 2일간의 알찬 일정이었다.

복잡한 도심을 벗어나 김해평야를 버스는 힘차게 가로지른다. 창 밖으로는 대풍을 환호하는 곡식이 손을 흔들어준다. 높이 떠있는 구름 사이로 하늘이 깊고, 갈대를 흔들며 지나가는 소슬바람이 시원해 더없이 좋은 가을날이다. 주위의 모든 것들이 우리의 여정을 축복하는 듯하다.

오십이 넘어 등산을 시작한 이래 휴일이면 어김없이 배낭을 메고 나가 버려 여름 바캉스와 가족 나들이 한 번 제대로 못한 것이 죄스러워 이번에는 큰마음을 먹었다. 아내와 막내아들, 딸들을 데리고 호남의 아기자기한 산수를 즐기고 싶었다.

그러나 4대 봉제사 하는 종부로서 수십 명이 함께 하는 추석 명절에 지쳐버린 아내는 고개를 내젓고 하나뿐인 아들도 엄마와 뜻을 같이 해 아쉬움을 안은 채 길을 나섰다.

따라나선 딸아이들은 호남 나들이가 처음이라며 설레는 모습이다. 대학을 졸업하고도 계속 공부만 하고 있는 큰 딸 수영이와 대학 신입

생인 작은 딸 수진이는 아직 고등학생 티를 벗지 못한 소녀다.

아이들은 집 뒤의 금정산도 올라보지 못했노라 고백하며 버스가 천황사에 접어들어 월출산이 보이자 아름다움은 차치하고 겁부터 난다고 걱정이다. 무사히 산행을 마칠 수 있을지 나도 은근히 걱정됐지만 각오들은 단단하니 그것에 기대하는 수밖에.

산행은 점심을 하고 2시경에 시작한다고 했다. 그러나 나는 완전 초보자들을 데리고 단체산행 행렬에 끼는 것이 실례일 것 같아 산행대장에게 양해를 구하고 먼저 출발하기로 했다. 차에서 내리기 전에 미리 떡과 과일로 점심 식사를 마쳤고, 지도와 자료로 공부를 많이 해두었다. 다행히 월출산은 와본 적이 있어 가능하다는 생각을 했다.

천황사까지 오르는 길은 완만하고 길이 좋으니 산행 예비지식을 일러주며 산책하는 기분으로 워밍업을 시켰다. 산행은 산을 정복하는 것이 아니고 산에 순응하는 것이며 다른 사람과 경쟁하는 것이 아니라 자기 자신과 싸우고 극기하는 과정이라는 이야기도 했다.

천황사에서 오늘의 무사 산행을 기원한 후 구름다리 코스에 접어들자 경사가 급해지는 돌길, 아직껏 아이들은 잘 가는 편이다. 안내 등산을 따라왔지만 오붓한 가족산행 맛을 즐기며 걸었다.

구름다리를 300미터 남겨 둔 지점에서 작은애가 털썩 주저앉았다. 다리에 쥐가 났다. 산행 중 문제가 생기면 업고서라도 산행을 마칠 각오는 되어 있었지만 너무 빨리 문제가 생겼다. 되돌아 내려갈 생각을 하면서 작은애를 반석 위에 편히 앉힌 후에 응급처치를 하니 뜻밖에 근육통은 쉽게 풀렸다. 곧 구름다리까지 오를 수 있었다. 다행히 다리도 불편하지 않단다.

고소공포증을 걱정하던 큰애는 떨긴 했으나 구름다리를 무사히 통과했다. 경치를 굽어보며 사진을 찍고 휴식을 취하는 동안 여유를 되

고소공포증으로 떨면서도 아이들은 월출산 구름다리를 잘도 건넜다

찾아 기분도 상쾌해졌다.

사자봉 쪽 능선길에는 노약자들 출입주의 표시가 있었지만 철계단이 튼튼하게 설치되어 있고 아이들도 자신감을 보였다. 여세를 몰아 곧장 올라가기로 했다. 수많은 계단을 밟고 암봉(매봉) 위에 올라서니 골짜기마다 절경이다.

암봉에서 사자봉 아래 안부에 내려서는 계단에서 큰애가 떨면서 몇 번 "아빠"를 불러 이따금 긴장시키곤 했다. 마침내 다 내려섰을 때 안도의 숨이 흘러나왔다. 사자봉 왼쪽 계곡으로 내려갔다 올라오는 구간은 조금 힘이 들었다. 그럼에도 암봉 몇 개를 돌아 금릉경포대 갈림길에 이르는 코스는 산의 비밀을 살금 속삭이기라도 하듯 사뭇 아기자기하다.

산으로 산을 여미며 가을하늘에 이마 씻는 나무와 바위들의 경치가 감탄을 자아낸다. 눈 사진도 찍고 기념 사진도 촬영하며 즐기는 사이에 2시간이 지났다. 다시 가파른 길을 따라 통천문을 지나고 천황봉에 올라간 시각은 오후 4시, 기대한 것보다 빨리 왔다.

천황봉 조망은 다른 산들의 추종을 불허하는 장관이다. 사방으로 뻗어 내린 암릉들의 기묘한 모양새를 굽어보는 재미가 쏠쏠하고, 구정봉과 향로봉도 손에 잡힐 듯 가까이에서 오라고 손짓한다. 영산강 구비구비에 아담한 영암읍과 금싸라기 호남평야, 하구언 너머 목포 유달산과 서해의 섬들도 아련하다. 쓰레기 없는 깨끗한 월출산은 그대로의 자연미를 잘 살린 빼어난 산이어서 더욱 마음에 다가왔다.

순간을 남기기 위해 역시 사진은 빼놓을 수 없는 것, 기념사진을 찍고 간식을 먹으며 20분쯤 휴식을 취하니 산악회의 선두가 올라온다. 다시 집행부에게 양해를 구하고 구정봉 쪽 능선으로 먼저 내려섰다.

딸아이들과 함께 한 월출산

중간 암봉에서 뒤돌아보니 천황봉 산세의 웅자가 새삼스럽다. 정상에서 들려오는 일행의 "야호" 소리를 들으며 걸음을 재촉했다. 구정봉까지는 우리가 앞서 갈 수 있겠지만 서둘러야 하리라.

남근석을 돌아 바람재를 지나면서부터는 다시 오르막길, 베틀굴(음굴)을 거쳐 구정봉을 돌아보고 향로봉 아래 안부(헬기장)에 도착하니 5시30분이다. 선두 그룹과 다시 만나게 되었다.

별 탈 없이 오붓했던 4시간 여의 가족 산행을 즐기고 선두 그룹과 함께 하산하기 시작했다. 향로봉을 돌아서 미왕재에 이르러서는 우리 앞으로 20여 명이 앞서기 시작했다. 억새밭에서 일렁이는 억새와 한 덩어리가 되었다간 계곡 쪽으로 하산하는 동안, 앞질러 가는 사람 수를 헤아려 가며 우리의 위치를 계속 확인하고 걸음을 조절했다.

후미의 집행부와 함께 도갑사에 도착하니 오후 7시였다. 나 혼자서 걸었다면 4시간도 걸리지 않았을 코스를 5시간 40분이나 소요하는 조심스런 종주가 끝났다.

1989년 2월13일 첫 산행을 시작한 이후 만 3년 6개월 되는 오늘, 나의 200회 기념 산행에 두 딸들의 숨결을 느끼며 함께 한 산행은 두고두고 기억될 것이다. 첫 산행임에도 잘 따라주어 고맙고 기쁘다. 어느 만큼 공감대도 형성되었으리라. 이번 기회에 그들도 등산을 이해하고 애정을 가져 주었으면 하는 바람이 간절하다.

갓바위부처님과 팔공산 종주산행

11월24일, 둘째 아이가 교사임용고사라는 좁은 문을 두드리게 되었다. 부모로서 자식을 위하여 영험하다는 갓바위부처님 앞에서 축원을 해주고 싶은 마음이 들었다. 더불어 매주 다니는 산행을 거르기 싫은 마음도 있기에 비오는 궂은 날임에도 팔공산 종주를 작정하고 배낭을 꾸렸다.

팔공산은 대구를 대표하는 산으로서 주능선이 경산, 영천, 군위, 칠곡 등 네 개 군과 경계를 이루면서 대구 분지의 동북쪽을 둘러싸고 있는 독립된 산괴(山塊)다. 최고봉인 비로봉(1,193m)을 비롯하여 1,000미터를 넘는 여러 봉우리가 칼등처럼 생긴 주능선으로 서로 이어져 있고, 주변에 사찰과 유적이 즐비해 사람들의 발길이 끊이지 않는 영남 지역에서 무척 사랑 받는 산이다.

23일 오후 늦게 갓바위 주차장에 도착할 즈음 오락가락하던 가을비가 그치고 관봉 어깨에 스카프처럼 안개만 살짝 드리워 있었다. 주차장에서 석조여래좌상이 있는 관봉까지 1시간 정도 거리이지만 수천 개의 돌계단으로 되어 있어 만만치 않다. 올라가는 길은 힘들어도 부처님 곁으로 가까이 가는 마음은 경건해진다.

조금씩 옷에 습기가 차올랐다. 땀을 푹 흘린 뒤 갓바위에 당도하여 부처님께 정성껏 소원을 빌었다. 굽어보시는 부처님이 자비로 거두어 주시리라 여기며 암자에서 제공하는 공양으로 저녁식사를 하고 일찍 잠자리에 들었다. 신도들로 늘 붐비는 곳이라 잠자리는 좀 불편하긴 해도 다른 국립공원들 산장보다는 한결 좋은 편이다.

24일 아침 5시경, 예불을 드리고 6시에 아침 공양을 했다. 6시30분 혼자서 팔공산 주능선 종주 길을 나선다. 동쪽 하늘이 어둠을 허물며 붉게 타 오고 약간 남은 어둠을 새벽 달빛이 지워주는 길, 관봉과 노적봉 사이의 올망졸망한 암봉들을 한참 동안 오르내린 끝에 노적봉에서 동해 일출을 맞는다.

넓게 퍼져있던 여명이 차츰 좁아지고 붉은 빛이 짙어지는 찰나, 7시 정각에 가장 깊숙한 곳으로부터 해가 머릴 내밀기 시작한다. 쑥쑥 자라서 커지는 모습은 시간의 흐름 속에 있음을 알게 했다. 동해 바닷물에 담갔다 방금 건져 올려서 그럴까, 보통 때보다 두 배는 커 보인다. 이글거리는 정열은 없어도 그 모습이 오늘따라 인자한 부처님의 얼굴을 대하는 것처럼 빙그레 웃어 준다.

골고루 따사로운 햇살과 손잡고 인봉과 능성재를 지나서 930미터 봉에 이른다. 노적봉에서 여기까지는 왼쪽 바로 아래로 팔공산 컨트리클럽이 자연을 훼손한 광경 때문에 어쩔 수 없이 마음이 든다. 욕심으로 찬 사람의 손길이 지나간 자리는 늘 거칠다는 생각이 든다. 신령재를 지나 고도를 높이면서 한참을 걸어 동화사로 내려가는 갈림길에 이정표가 있다.

염불봉에 올라서면 동봉과 주봉이 지척이고 동화사 계곡의 아름다운 경치가 한 눈에 환하다. 염불봉에서 동봉까지의 멋진 암릉은 가히 팔공산의 하이라이트다. 1시간 정도 고생한 끝에 9시50분, 동봉 (1,155m)에 도착했다. 지나온 길이 늘 그렇다는 생각과 함께 어느틈에 저편의 관봉은 까마득하다.

10시20분 동봉을 출발해 마애석불 보살상을 둘러보고 100미터 정도 내려오다가 샘이 있는 곳을 지난다. 서봉으로 가는 갈림길, 팔공산 최고봉인 비로봉은 통신부대가 사용하는 까닭에 오를 수 없음이 종주 산행에 못내 아쉬움으로 남는다. 갈림길에서 비탈을 따라 오도재를 지나고 다시 한참 올라 서봉에 선다. 서봉은 동봉의 대표성에 밀려 사람들 자취가 적지만 동쪽의 노적봉에서 서쪽의 가산까지 팔공산의 전경을 볼 수 있어 좋다.

서봉에서 파계봉으로 향하는 길, 급경사로 한참을 내려온다. 사람의 내왕이 뜸한 곳이라 길이 희미해지는 구간이 있기에 여기에선 주능선 길을 놓치지 않도록 주의해야 한다. 파계봉으로 가는 길은 파계봉보다 높은 암봉이 있고 암릉이 길게 이어져 있어서 동봉의 암릉 못지 않게 아기자기하며 위험해 시간이 많이 걸린다. 어렵사리 파계봉에 도착한 시각은 12시50분, 중식과 휴식을 취하면서 아직 까마득히 보이는 가산까지의 산행을 점검해 본다.

파계봉을 출발, 파계재를 지나고 14시에 한티재에 이르러서야 종주 할 자신이 생긴다. 팔공산 종주는 파계재에서 파계사로 하산하는 것이 보통이고, 한티재에서 마칠 수도 있다. 파계봉에서 한티재 가는 길은 돌이 거의 없는 부드러운 흙 위에 낙엽이 적당히 융단처럼 깔려 쿠션이 좋고 경사가 심하지 않다. 바람과 나뭇잎의 속삭임을 벗삼으면 좋을까, 혼자서 걷기에는 좀 아까운 길이다.

한티재를 경계로 가산 쪽은 팔공산과는 별개로 칠곡군에서 개발하고 관리하는 것 같다. 한티재에서 가산산성으로 이어지는 능선은 암릉과 오르막 내리막이 적당히 조화가 되어 산행의 묘미는 느낄 수 있는 반면, 다소 지루한 게 흠이다.

가산이 가까워지면서 지루함을 느낄 즈음에 3인 일행과 마주치니 객지에서 고향 사람 만난 듯 반갑다. 가산을 넘어와 한티재로 가는 중이란다. 몇 마디 살가운 인사가 오갔다. 앞으로 1시간 정도면 가산에 도착할 수 있다는 그들의 말에 여유가 생겨 풀밭에 주저앉았다. 그만 푹 쉬고 싶다는 유혹에 잠시 마음이 흔들린다. 그러나 길은 아직 멀고 시간은 촉박하다. 참자, 마음이여!

가산산성, 동문을 거쳐 용바위(가산 정상 : 902m)에 이르니 16시15분이다. 산성 바깥쪽은 절벽인데 안쪽은 완전한 분지로 800미터 이상 고지에 수백만 평 숲이 있다. 뒤돌아보니 멀리 팔공산 정상이 아스라이 보이고 걸어온 능선길이 고요히 물결친다. 내 등산 지도에서는 가산바위에서 길이 끊겨 있다. 어디로 하산해야할지 감을 잡으려면 어둡기 전에 하산 방향을 확인해야 한다. 또 걸음을 재촉한다.

중문을 지나 가산바위 도착, 지금 시각 16시30분, 해는 아직 한 뼘 이상 남아 있다. 가산 바위는 수백 명이 올라갈 수 있을 만큼 널찍한 반석이다. 산 전체는 육산인데 꼭대기에 이렇게 넓고 큰 바위가 얹혀있다니 자연의 조화는 이 얼마나 신비로운가.

산아래 마을이 보이고 마을 어귀에 차들이 오가는 도로가 보여 하산 길이 가늠된다. 이제 안도의 한숨을 내쉬어도 좋다. 수통을 비운다. 과일 등으로 힘을 보충했지만 몸에 한기가 돈다. 따뜻한 커피나 화끈한 고량주 한 잔이 간절하다.

가산바위를 돌아서 학명리로 내려가는 길에 들어서니 급경사길이 발 아래로 아득하다. 유종의 미를 거두기 위해 조심스레 내려가는 나를 서산의 석양이 지켜 준다. 아침 노적봉에서 맞이했던 모습 그대로. 팔공산 동쪽 끝에서 서쪽 끝까지 내 발길을 지켜 주며 따라오던 해님이 자취를 감추고 땅거미가 질 무렵 나는 저수지를 돌아 신작로로 바삐 걷는다.

내가 오늘 11시간 20분간의 종주를 무사히 끝낸 것처럼 둘째 아이 시험도 좋은 결과가 나올 것을 기대하며 귀로에 오른다.

한라 정상서 맞은 용띠 회갑

모처럼 한라산 정상에 오르니 감회가 새롭다. 전에도 여러 차례 오른 적이 있었지만 이렇게 동부인하여 온 것은 처음이다. 하늘이 축복을 하는 것일까, 날씨가 매우 좋다. 바람 많은 제주의 겨울임에도 바람은 나직하고 양지쪽은 제법 따스하다. 하늘에는 구름 한 점 없는데 남쪽 발아래 바다 위에서 쓸어 묶은 구름 한 다발 만이 목장 위에 그림자를 드리울 뿐이다. 파란 하늘과 검푸른 바다가 수평선에서 만나 제주도를 감싸안은 것이 아주 볼 만하다.

해발 1,950미터로 남한에서 가장 높은 한라산이 이렇게 낮게 느껴지고 큰 섬인 제주가 작게 느껴지는 것은 참 신기하다.

좋은 날씨 덕분에 정상에는 사람들이 많다. 칠순을 넘긴 노인에서 초등학생까지 남녀노소 구분 없이 모두들 좋아 야단이다. 오를 때의 어려움은 간 곳 없고 성취감에 도취되어 주체를 못한다. 모두들 자신이 선택받고 축복 받은 사람이라고 기뻐한다. 백록담을 굽어보며 환호하는 사람도 있고 가장 높다고 생각되는 곳에 올라가서 하늘을 우러러 소원을 비는 사람도 있다.

우리도 그 틈에 끼여 하늘에 감사드리고 대용식으로 가져온 떡과 따끈한 커피 한 잔으로 축배를 들어본다. 35년을 함께 한 아내, 당신의 인생 행로가 4시간 반 동안 묵묵히 걸어온 등정 길과 똑같았기에 가슴

70

이 뭉클하다.

1999년 1월28일, 오늘은 나의 60회 생일이다. 첫 번째 생일은 돌이라 하며, 예순 번째 생일은 회갑 날이라 하여 모두들 잔치를 한다. 그러나 나는 회갑이라는 사람들이 만든 틀이 싫어서 이곳으로 피신해온 것이다. 나는 여전히 젊고 아직 할 일도 너무 많은데 회갑 노인네로 도장찍힐 순 없지 않은가.

그뿐만 아니라 나는 1940년 1월28일생, 호적으로는 '용띠'이니 경진년이 되어야 회갑이 될 것이다. 나는 음력으로 무인년 섣달 스무날 태어났고 이는 양력으로 기묘년 1월이다. 그런데 1년 늦게 기묘년 섣달 스무날에 출생신고를 했으니 양력으로는 이미 경진년 1월로 되어 버린 것이다.

그래 나는 범띠, 토끼띠, 용띠 세 개의 띠를 동시에 갖고 산다. 그래도 젊은 학생들과 함께 생활하기 때문에 하루라도 젊은 쪽을 택해서 용띠를 칭하는 경우가 많다. '법적인 용띠'라는 제목으로 젊게 살아가려는 마음을 담아 대학신문 병진년(1976년) 특집호 '용띠의 변'에 투고를 한 적도 있다. 그러나 이제 60회 생일을 맞이했으니 나이 들었음을 고백하지 않을 수 없어 겸손하게 고개 숙일 따름이다.

오늘 여기까지 함께 와준 것과 살아오는 동안 아낌없는 내조를 해준 아내에게 진심으로 고마움을 전하고 싶다. 아내도 이제 보낸 세월만큼 허리와 팔다리가 아프다고 자주 호소하고 금정산도 오르기 어려운 상태다. 그런데도 남편의 유일한 취미인 등산에 기분을 맞춰 주려고 따라 나서 이렇게 정상까지 무사히 와 주었으니 내 아내의 배려는 돌도 회갑도 그 어떤 물리적 조건도 없이 늘 신선함을 줄 뿐이다.

성판악을 출발할 때만 해도 적당히 오르다가 힘들면 되돌아 내려간다는 생각이었다. 그런데 사라대피소까지 2시간밖에 안 걸렸고 거기서 용기를 얻어 계속 온 것이 진달래대피소를 지나 정상까지 총 4시간 30분만에 온 것이다. 무슨 마술에라도 걸린 느낌이다.

오늘 산행은 내 530차 산행이다. 10년 정도 짧은 산행 이력 동안 백두대간, 낙동정맥, 낙남정맥 종주를 끝낸 지 오래 되었고, 혼자서 지리산 무박 당일 종주도 여러 차례 했다. 내 극성스러운 산행을 도와주고 집안일 곳곳을 보살피며 살아가는 아내의 모습은 마치 오늘 산행과도 같다. 우리가 함께 꾸준히 산을 올라온 것과 같이 인생도 열심히 살아왔다. 이 모든 것에 대한 고마움 달리 표현할 길 없어 아내의 손을 가만히 잡아본다. 섬섬옥수였던 손마디가 어쩐지 조금 까슬하다.

이제 우리는 정상에 올라왔고 인생의 정점에 왔으니 조심스럽게 내려가야 하고 겸손하게 인생을 마무리지을 일이 남았다. 산행은 오르는 것으로 끝나지 않으며 제자리로 돌아가는 일이 더 중요하다.

한라산 정상. 백록담에 들어 앉은 듯 편안하다

산행시간을 총 10시간 가량 잡고 하산 준비도 게을리 하지 않았다. 하산이 어려우면 눈썰매에 태워 끌어 주기 위해 보조장비도 가져왔다. 가져온 김에 정상 등정의 고마움에 보답하고자 썰매를 만들어 태우고 끌어본다. 하지만 눈이 적고 길에 요철이 많아 생각보다 쉽지 않다. 남편에게 신세지지 않고 끝까지 자력으로 산행을 마치겠다는 아내의 결심이 장하다. 그래서 나는 눈썰매 대신 쓰레기봉투를 들고 주변을 살피며 하산한다. 최근에는 쓰레기봉투를 들고 다니는 사람들이 많아져 주울 쓰레기가 거의 없다. 우리의 산행 문화가 이렇게 좋아진 것을 보니 감격스럽고 뿌듯하다.

　성판악 관리사무소에 도착으로 9시간 산행을 마무리지으니 감개무량하다. 별로 대단한 일은 아닐지라도 뭔가를 해냈다는 성취감으로 가슴 벅차다. 특히 아내가 곁에 있으니 더욱 그랬다. 앞으로 남은 우리의 인생도 이렇게 보람있게 마무리 되길 바란다. 칠순 때에도 한라산 정상에서 1,000회 산행의 축배를 들자고 다짐하면서 버스에 오른다.

1,000배(拜) 산행을 하다

나는 거의 10년 가까이 매년 음력 섣달 그믐날 1,000배 산행을 한다. 처음에는 산행의 연장선이었다. 아주 특별한 경우를 제외하고는 일요일이나 휴일에 산에 다녀와야 다음 주 일상생활에 활기가 생기던 때였다. 섣달 그믐날은 휴일이 시작되어 교통이 복잡해서 정상적인 산행을 할 수 없다.

그래서 집 뒤 금정산에 오른다. 약수터를 지나 고당봉에 올랐다 범어사로 내려오면 3시간이 걸린다. 4시간 이상 걸어야 1회 산행으로 기록하던 때라 고당봉 아래 미륵암에 들러 절을 하고 내려오는 것이다.

부처님 앞에 머리 조아리는 것은 자신의 마음을 다스리는 일이다. 처음에는 무언가 바람이 있어서 희망사항을 염두에 두고 절을 한다. 백배, 수백배를 넘으면 차츰 모든 것이 잊혀져간다. 1,000배를 바칠 때쯤엔 엎드렸다 일어나는 동작은 기계적으로 되면서 마음은 무의 세계로 빠져든다. 2시간30분 정도 절을 하는 것은 운동량도 상당해서 땀으로 완전히 흠뻑 젖는다. 일 년 동안 쌓였던 온갖 찌꺼기, 마음의 찌꺼기까지 모두 빠져 나오는 느낌이다. 등산 못지 않게 심신을 정화하는 시간이 된다.

1998년 초 음력 섣달 그믐 장남 승주가 고3이 되던 해다. 좀처럼 아비를 따라 나서는 일이 없던 아이가 그 날은 수굿이 따라 나섰다. 약수

74

터를 지나 능선에 올라서니 바람이 심하고 매우 춥다. 의상봉과 원효봉을 지나 북문에 내려섰다가 고당봉으로 오르지 않고 바로 미륵암으로 향했다. 108배까지는 아들도 함께 했다. 승주가 법당 밖으로 나간 후 나 혼자 1,000배를 마쳤다. 아비의 1,000배 행위를 어느 정도 공감했는지는 몰라도 이렇게 따라 와서 관심을 보여준 것이 무척 고마워 부자지정이 새삼 느껴졌다.

이 산행 때 생각한 것을 종이에 옮겼다.

부처님께 절하는 마음으로 경건하게 생활하고,
산에 오르는 마음으로 꾸준히 노력하자.

이 글을 복사해서 내 연구실과 안방, 그리고 아들 방에 하나씩 붙였다. 그 효험이 있었던지 승주가 고3 생활을 무사히 마치고 부산대학교 기계공학부에 입학하게 되었다. 아들 방의 글귀는 없어진지 오래됐지만 안방과 연구실 것은 지금도 내 생활의 길잡이로 남아 있다. 이것이 우리 보통 사람들이 살아가는 삶의 한 모습이리라.

나는 최근 절에 자주 다닌다. 범어사 신도로 등록하고 조계종 전국 신도증을 가지고 다닌다. 스스로 불자임을 자랑으로 여기며 불교서적도 읽고 교리에 어긋나지 않게 노력하며 산다. 하지만 아직 교리에 밝지 못하고 법명도 받지 못했다. 형식보다는 마음이 중요하다고 생각한다. 이러한 신심도 등산을 하다 곁들여 얻은 것이라 할 수 있다.

어릴 때 할머님을 따라 절에 간 기억이 있다. 양반으로 자처하는 완고한 가정의 아녀자가 자유롭게 불공 나들이를 하는 것이 어렵던 시절이라 할머님은 나를 보디가드로 데리고 가신 것 같다.

영문도 모른 채 지루한 산길로 올라가야 했지만 절에 가서 얻어 주시던 과일과 쌀밥이 좋아서 불평을 하지 않았다. 고등학교 시절에는 선배를 따라 교회에 몇 번 나간 적도 있다.

대학 졸업 후 처음 교사생활을 시작한 학교는 기독교 재단이었다. 일요일마다 의무적으로 교회엘 나갔다. 그런데 그 교회는 사소한 의견 대립과 재산분쟁으로 한 울타리 안에서 둘로 나뉘어 예배를 보면서 점점 감정적으로 격한 싸움을 일삼았다. 사랑을 제일이라 가르치는 교인들이 한 치의 양보 없이 싸우는 모습이 이해되지 않았고 실망스러웠다.

한편 학교에서는 아침 교직원 조례 때도 예배를 보고 선생들이 돌아가면서 기도 준비를 했다. 나도 기도문을 적어서 격식대로 기도 주관을 하기도 했다. 그러나 열의가 없었고 거친 학생들을 교육하고 선도하는 데 선생으로서 힘이 미치지 못했다. 페스탈로찌가 되려는 꿈도 회의에 빠졌다. 1년만에 그 학교를 떠나 전공을 바꾸면서 종교 생각은 모두 접었다. 그 후 나 자신의 젊음만 믿고 수십 년을 무종교인 채 살아왔다.

오랜 세월이 흐른 후 등산이 취미가 되면서 내 마음이 달라졌다. 수려한 산에는 꼭 절이 있고, 절에서 흘러나오는 독경소리가 마음을 끌었다. 산에 올랐다 내려오는 길에는 꼭 절에 들어가 부처님께 감사의 절을 하게 되면서 불법에 귀의하고 싶은 마음이 생겼다.

결국 산에 오르면 마음이 넉넉해져 산을 찾는 마음과 부처님께 절하는 마음이 일맥상통해지니 저절로 부처님을 따르게 된 것이다.

지금도 나는 1,000배 산행을 계속하고 있으며 앞으로도 내 기력을 테스트하는 가늠자로 계속 절을 할 것이다. 절을 하는 건 마음을 비우는 과정이며 건강을 찾는 과정이다. 나이 먹어 갈수록 모든 것을 버리는 마음으로 사는 게 아름답기에 나는 절하기를 멈추지 않을 것이다.

신춘기원 태백산 가족산행

경주고 동문들의 수봉산우회 정기 산행이 태백산으로 잡혔다. 2월 27일과 28일 무박 2일 일정으로 신춘 기원을 드리는 심설산행이다. 나는 산행대장으로서 산행 계획을 잡고 회보를 보내어 회원들의 동참을 권유하는 등 노력을 기울였다. 이번엔 내 정성을 보고 있던 아들과 엄마가 따라 나선다. 모처럼 부자, 모자, 부부가 한 뜻으로 동고동락할 기회를 얻었으니 고맙고 설렌다. 겨울 산행이라 준비할 물건이 많아도 짐 싸는 게 마냥 즐겁기만 하다.

토요일 저녁 10시, 출발장소에 가니 부부동반으로 나온 친구들이 여럿 되고 참가 인원도 많아 버스가 가득 찬다. 대부분 무박산행 경험이 많지 않아 긴장된 표정들이지만, 새로운 체험에 대한 기대는 즐거워 보였다.

다 모이기를 기다리느라 조금 늦은 출발, 그러나 길은 한산하고 버스는 시원하게 잘 달린다. 산행에 필요한 사항들을 이야기하고 산행에 대비해 미리 잘 수 있도록 소등했는데도 좀처럼 잠이 오지 않는 모양들이다. 그래도 좌석에 앉아 불편하게라도 자야 한다. 이것이 무박산행의 어려움이다.

다음 날 새벽 3시20분, 유일사 입구 주차장에 도착해 한 시간 더 자두었다. 4시20분에 일어나 산행 채비를 하고 4시50분에 산행을 시작했다. 랜턴을 밝혀 들고 차도를 따라 올라가는 길목에 빙판이 반들거린다. 아이젠을 생전 처음 착용해보는 사람이 있어서 시간이 좀 걸린다.

유일사 뒤편 화물운반용 케이블카까지는 차도로 오니 크게 힘든 줄 모르고 한 시간 반만에 왔다. 하지만 이곳에서부터가 문제다. 능선길에 돌이 심하게 드러나 있어서 걷기가 쉽지 않고 경사도 심해 모두들 헉헉댄다.

아들이 엄마 손을 잡고 당겨주면서 올라간다. 뒤따라가면서 지난 일을 잠시 떠올렸다.

1983년 7월 일본 오사카대학에 연구교수로 파견되었다. 노부모님이 계시고 딸들이 전부 학생이어서 가족 동반이 어려운 상황이었다. 아내와 의논하여 집안 일을 남에게 맡겨 두고 아들과 아내만 데리고 건너갔다. 국제교류회관에서 다시 맞는 신혼생활처럼 단출하게 살림을 꾸렸다.

그 때 아들이 세 살이었다. 위로 딸들이 여럿인 끝에 마흔 넘어 낳은 아들이 두 돌 몇 개월 지난 아이치고는 제법 똘똘하고 건강했다. 이웃집 인도네시아 아이와 바로 친해지고 일본말도 빨리 배우고 재롱을 부려 회관에서 인기를 독차지했다.

그런데 엄마는 집안 일이 걱정되고 집에 두고 온 딸들이 보고 싶어 서쪽으로 가는 비행기만 보면 다 한국 가는 것 같아 눈시울을 적시곤 했다. 나는 그런 것도 모르고 연구실에 나가면 모든 것을 잊어버리고 내 일이 바빠 일요일이나 휴일에 함께 나들이하는 것이 고작이었다.

그러나 종갓집 맏며느리로서 복잡한 가정을 꾸려나가는 데 집사람의 골머리는 대단히 아팠던 모양이었다. 나는 휴가를 받은 기분으로 아들을 키우면서 세 사람이 살아가는 것 자체로 행복했기에 그 시절을 오래 잊지 않고 추억으로 간직하고 있다.

그 후 16년이 흐르는 사이에 부모는 이마의 주름살로 연혁을 일구었어도 아들은 구김살 없이 잘 자라 주어 고등학교를 졸업하고 아버지의 전공을 이어받게 되었으니 대견스럽기만 하다. 이번 산행도 유서 깊은 태백산에 올라 아들의 합격을 축하하고 앞날을 축원하기 위한 것인데, 어리게만 보이던 아들이 어엿한 대학생이 되어 엄마 손을 잡고 도와서 올라가는 모습을 보니 가슴 뿌듯하다.

이윽고 주목 군락지에 다다랐다. 먼동이 터 오기 시작한다. 살아 천년 죽어 천년이라는 주목답게 살아 있는 것은 눈꽃을 피우고 서서 늠름한 자태를 뽐내고, 꿋꿋하게 버티고 선 고사목은 그 세월을 가늠할 수 없게 한다. 태백산은 봉우리가 본디 둔중하고 품이 넉넉한데 눈에 덮여 있으니 더욱 커 보인다.

살아 천년 죽어 천년을 이어온 주목은 오늘도 태백산의 여명과 운해를 지키고 있다

잠시 후 장군봉에 도착한 것이 7시. 동쪽에서 일출 장관이 연출된다. 동녘 하늘 끝닿은 곳에 구름이 수평선을 만들고 수평선 위로 여명을 뚫는 콩알만한 햇살이 비추더니 차츰 크게 퍼져 가면서 속도가 느껴질 정도로 재빨리 솟구친다. 모두들 숨을 죽이고 이글거리며 타오르는 태양을 향하여 한 해 소원을 빈다.

그 서광을 보니 금년 한 해는 운수 대통할 것 같은 느낌이다. 태양이 완전히 몸을 갖추고 나니 눈이 부셔 더 이상 바라볼 수가 없다. 빛으로 물든 사람들 옆얼굴이 발그레하다. 경건한 마음으로 절을 하고 함께 애국가를 부르고 만세를 외친다.

해가 떴지만 바람이 불기 시작하자 추위는 점점 더해간다. 천제단 한배검에 절을 하고 사진을 찍을 때는 바람이 칼이 되어 몸을 찌른다. 그대로 얼음조각이 될 것만 같았다. 태백산 표지석을 배경으로 고드름처럼 기념 촬영을 하고 바로 만경사로 내려오니 7시50분이다.

용정의 물을 떠서 간단히 입을 헹군다. 아침 식사를 하고 나서야 비로소 한기가 조금 가신다. 단종비각을 둘러보고 만경사 부처님께 오늘 산행에 감사 드리고 당골로 하산했다.

내려오는 길은 원래 거친 돌길이지만 눈으로 덮여 있어 쉽게 내려간다. 아들이야 문제없다고 생각했지만 오랜만에 따라 나선 아내가 은근히 걱정이었다. 그러나 고맙게도 아내는 잘 견뎌 주었다. 아들의 힘과 가족의 연대감이 서로에게 힘을 주어 산행을 무사히 마칠 수 있었다. 단군성전에 참배하고 석탄박물관을 관람하는 것으로 6시간 산행을 마쳤다. 가족 사랑의 마음이 더 뜨거워지는 보람있는 하루였다.

월출산 효도산행

젊은이들이 모두 도시로 떠나버려 연세 든 어르신들만 많은 농촌, 농사일이 고역이다. 어쩌다 명절 때 자식이 귀향하면 야채, 과일, 곡식 등 귀하다고 생각되는 건 무엇이나 챙겨 주려는 게 부모 마음이다. 자식은 어버이 마음이 고마운 줄 알면서도 도시의 분주한 생활을 핑계로 자주 문안드리지 못한다.

그 죄 값으로 명절 때만이라도 고기나 술을 사드리고 용돈을 얼마쯤 드리면서 면책을 꾀한다. 부모님은 자식들에게 받은 용돈을 꼬깃꼬깃 접어서 부적처럼 주머니 깊숙이 넣어두고 자식의 효심이라 생각하면서 고된 농사일을 이기고 살아간다.

바쁜 일손 거둔 농한기는 노인정에 모여 농사이야기부터 정치이야기 등 두런두런 이야기꽃이나 피우는 한가한 시간이 된다. 그래서 자식들에게 받은 용돈을 보람있게 쓸 요량으로 명승지나 도시로 단체나들이 할 건도 만들어 보는 것이다.

미리 모아두지 못한 노인은 자식에게 전화를 걸어 비용을 받기도 하지만 그렇지 못한 노인은 자신이 어렵사리 돈을 만들고서도 자식이 준 것이라고 자랑하며 자식을 추켜세운다. 이렇게 회비가 걷히면 이른바 효도관광을 떠난다.

효도관광은 요즘 흔한 풍속이 되었지만 효도산행은 또 뭘까? 산행이라면 높은 산에 오르면서 땀 흘리고 고생하는 것인데 그것을 노부모에게 시킨다면 불효가 아닌가? 그러나 힘든 산행이라도 부모가 즐겨하는 일이라면 함께 따라가 공감해주는 것이 부모의 마음을 기쁘게 해주는 것이니 효도라고 할 수 있을 터이다. 부자유친이라는 효도는 바로 이런 게 아닐까? 작은 일에서 효행거리를 찾아 효도산행을 떠나게 해준 내 아들 자랑을 하고 싶다.

나는 산이 좋고 산에 다니는 것을 유일한 취미로 삼고 산다. 고등학교 동문산악회를 창립하고 산행대장으로 봉사했고 지금은 명예회장으로 나앉아 회보 만드는 일을 돕고 있다. 회보 56호를 만들 때 아들에게 정리한 원고를 주며 워드작업을 부탁했다.

아들은 일을 하면서 "효도 한번 할까요?" 묻는다. 나는 웃으면서 "갑자기 무슨 효도?" 한다. 이번 산행에 같이 가서 아버지 취미에 동참하고 공감해 주면 아버지가 얼마나 흐뭇하시겠냐, 그러면 작은 일이지만 큰 효도가 되지 않겠느냐고 한다. 정말 그렇다. 설령 실제로 가지 않더라도 그 말 한마디가 나를 벌써 기분 좋게 만들었다. 그리고는 정말 함께 떠났다.

2002년 3월24일 월출산 산행이다. 화창하고 상쾌한 날이다. 아들 승주를 데리고 집합장소에 가니 벌써 회원들이 많이 와 있다. 모두들 부자가 함께 온 것을 환영하고 축복한다. 버스 안에서 산행코스를 설명하고 자리에 앉으니 승주가 설명이 너무 길다는 코멘트를 한다. 아들이 믿음직스럽다. 교통이 원활하여 천황사 주차장에 도착하니 11시 반. 부산에서 영암까지 4시간만에 왔으니 상당히 빨리 온 경우다.

채비를 하고 천황사를 지나 구름다리까지는 매우 가파른 오르막길이다. 몇 년 전 딸들과 함께 왔을 때 수진이가 다리에 경련이 나서 힘들었는데 사내아이라서 그런지 승주는 잘 올라간다. 사람이 너무 많아

자유롭게 걸을 수 없어 마치 인간 에스컬레이터를 탄 것 같다.

구름다리를 건너기 위해 30분 이상 줄을 서서 기다려야 했다. 매봉으로 올라가는 철계단도 마찬가지라 등산할 기분이 나지 않았다. 이런 혼잡을 보고 일행 중 절반은 구름다리만 걸어보고 곧장 바람폭포로 내려가게 되어서 아쉬움이 남는다.

사자봉을 돌아서 안부에 오니 14시. 점심을 먹고 산행을 계속한다. 금릉경포대 쪽 갈림길이 있는 능선에 올라서서 통천문을 통과하고 천황봉에 오르니 여기도 인파로 가득하다. 일행을 기다리며 기념 촬영을 하고 산에게 말 건넨다.

메아리로 화답하는 산. 월출산 정상에 와있는 기분이 어떤지 물어보지 않았고 승주도 말이 없다. 말이 없어도 함께 산의 품 안에 들어 월출산 절경에 동화되어 능선도 되고 계곡도 되었으리라. 아버지와 충

월출산에서 듬직한 아들과 함께

분히 공감했으리라 생각하니 마음이 흐뭇하기만 하다.

이제 하산이다. 오른 길을 조금 내려서고 광암터 능선을 따라 바람재로 간다. 그 곳에서 사자봉을 비롯하여 우리가 올랐던 암릉을 돌아다보니 시선마다 살아있는 그림이다. 바람폭포로 내려와 바람골로 천황사를 거쳐 주차장에 도착했다. 5시간 산행이 마무리되었다. 모두들 만족한 표정들이다.

예정보다 1시간 늦은 시각이지만 가벼운 마음으로 귀가 길에 오른다. 승주에게 오늘 소감을 물었다. 금정산 정도일 거라 생각했는데 상상을 초월한 아주 험한 산이었으며 아주 좋은 경험이었다고 한다. 또 앞에 걸어가는 아버지의 뒷모습이 아직은 젊은이 못지 않았단다. 그 말이 기분 좋게 들리는 나는 진짜 늙어가는 사람인가보다. 아들이 이렇게 잠시나마 마음을 함께 해주니 효도를 받은 기분이다. 아들도 등산 취미를 가졌으면 하는 바람이다.

제3장

잊지 못할 산행기록

경외심 일깨워준 응봉산 용소골 탐험

나는 쉰이 넘어서 등산을 시작하여 이제 산에 다닌 지 겨우 2년 반정도 됐다. 산이 좋아 산에 가고, 산에 다녀와야 힘이 난다. 산신령께 찍힌 것인지 한 주라도 산에 못 가면 일주일 동안 몸이 무겁고 짜증스럽다. 일의 능률마저 떨어지는 걸 보면 산에 미친 게 분명하다. 산행습관이 좀 극성스러워서 경험과 지식이 부족하면서도 혼자 다니기를 좋아해 산악회를 따라 갈 때도 단독산행의 맛을 느끼려고 노력한다. 그리고 10시간 이상 종주산행을 좋아하는 편이다.

지난 주말에는 140차 산행으로 응봉산 용소골 계곡으로 떠났다. 용소골은 계곡이 길고 험해서 1박 2일이 필요한 장거리 산행코스지만, 야영장비를 지고 다니기 싫어 당일 등정으로 계획을 세웠다.

덕구온천에서 새벽 3시에 출발, 능선길을 따라 응봉산 정상에 5시20분 경에 도착했다. 5시 반쯤 구름 사이로 동해 일출을 볼 수 있었다. 과일과 빵으로 아침을 먹고 사진을 찍고 나서 6시경 용소골로 하산하기 시작했다.

남서쪽으로 뻗은 능선을 따라 내려오다가 오른쪽 지능선으로 방향을 틀어서 암봉을 만날 때까지 전진하다 왼쪽으로 우회했다. 비탈길로 한참 돌아가니 능선은 희미해지고 70도쯤 되는 급경사 길로 내려오게 되는데 길이 어슴푸레했다. 7시10분, 물 맑고 수량도 풍부한 용소골 계곡의 상류에 도착했다.

수중산행에 대비하여 배낭을 다시 꾸리고, 7시30분 귀동냥으로만 듣던 용소골 계곡산행을 시작했다. 계곡을 따라 옛날 나무꾼길이 나 있었지만 중간중간 급류에 유실된 흔적이 역력했다. 끊겼다가 이어지고 있다가도 없어져 계류 이쪽저쪽을 수없이 방황하게 하여 차라리 물 속으로 걸어가는 것이 편할 정도였다. 보통 계곡은 폭포가 있는 곳에 우회로가 있기 마련인데, 이 계곡은 폭포가 있으면 절벽이 양옆을 완전히 둘러싸서 소를 이루고 있기 때문에 우회하는 것이 불가능했다.

용소골은 홈통처럼 생긴 협곡이다. 깎아 세운 절벽 사이 계곡의 폭은 평균 10미터를 넘지 않는 것 같다. 절벽을 이룬 양옆의 산은 수백 미터 높이의 암벽과 소나무, 잡목이 잘 어울려 한적한 선계의 비경을 이루고 있다.

헤아릴 수 없이 많은 소와 폭포를 헤치고 9시30분에 제3용소에 도착, 그곳에서 불의의 사고를 당했지만, 요행으로 살아 나와 제2용소, 제1용소를 거쳐 12시 덕풍마을에 간신히 들어왔다. 몇 굽이를 돌고 돌았는지는 몰라도 거대 공룡의 내장을 헤매듯 길고 깊은 계곡이었다. 점심을 하고서야 한 숨 돌릴 수 있었다(참고: 나중에 아래에서 위쪽으로 답사를 하여보니 제3용소가 아니고 제2용소였다).

덕풍마을에서 풍곡리 버스정류소까지는 6킬로미터 정도인데 산길로 가다가 차도로 연결된다. 계곡과 산들이 수려해서 경치를 즐기면서 왔지만 심심한 길이었다. 오후 2시경에 산행은 마무리됐다. 11시간의 잊지 못할 산행이 끝났다.

짧은 시간 긴 이야기

제2용소에서 있었던 일이다. 급류와 휘말려 10여 미터 되는 폭포 아래로 떨어져 용왕님 근처까지 갔다가 무사히 돌아온 것이 너무나 끔찍한 일이라서 다시 생각하고 싶지도 않다. 가족이 알면 놀래 다시는 산에 못 가게 할 것 같고, 등산 동호인이나 주위 사람들이 알면 바보짓했다고 비웃음을 살것 같아서 처음에는 혼자 만의 비밀로 감추어두고 있었다.

그러나 아직도 그 때의 충격과 악몽에서 쉽게 헤어나지 못하고 있고, 사건을 감추려는 비굴한 마음으로 계속 지내면 정신적 후유증이 남을 것 같기에 모든 것을 정리해서 공개함으로써 마음 속에서 깨끗이 털어내고 싶다.

제2용소 폭포 위에서 자일도 없이 벼랑을 타고 내려오다가 실족했다. 물에 빠진 후 1초나 버텼을까? 다음 순간 급류에 밀려서 10여 미터 아래 용소로 빨려들어 갔다. 흘러내려 가면서 "이야!"하고 소리쳤고, 바로 조금 전에 옆 절벽 위에서 다이빙을 해도 되겠다고 상상했던 일이 현실로 전개됨을 느꼈으나, 아찔한 상황에 수면에 닿은 순간은 알 수가 없었다.

밑바닥이 닿지 않는 상태로 한참을 빨려들어갔다. 물 속 깊은 곳에 잠겼다는 느낌이 들자, 폭포 밑에서는 소용돌이 때문에 잘 떠오르지 않는다던 옛날에 들었던 이야기가 머리 속을 스쳐 지나갔다. 그 순간 살아야 한다는 생각이 들었다. 물에 빠졌으니 오직 헤엄쳐 나가는 길 뿐이라는 생각을 하면서 열심히 허우적거렸다.

드디어 물 위에 떠올랐다. 다행히도 폭포수 안쪽이 아니고 바깥이었다. 먼저 내려와 있던 사람이 고함쳐 부르고 있었다. 그 쪽을 향하여 힘껏 헤엄치는데 당황한 그 분이 구조하려고 들어오다가 갑자기 깊어지는 수심에 놀라서 멈칫 하는 것이다. 이제 나 혼자서도 헤엄쳐 나갈 수 있으니 염려하지 말라고 말했으나, 혹시 소용돌이 때문에 진전이 없는 것은 아닐까 두려웠다.

단거리 수영선수처럼 사력을 다하여 헤엄쳤지만 꿈 속에서 무엇을 잡으려고 안간힘을 써도 잡히지 않는 것처럼 거리가 좁혀지지 않는 느낌이었다. 등산화를 신고 옷을 입은 상태여서 그냥 허우적거릴 뿐이었던가 싶다. 드디어 물가에 나왔다. 돌아보니 불과 7, 8미터 정도 떨어진 거리가 몇 십리처럼 아득하였던가. 불과 몇 분 사이에 일어났던 일이었다.

살아났다는 안도의 숨을 내쉬었다. 곧바로 걸어보고, 굽혀보고, 흔들어보아도 아픈 곳이 없고, 단지 정강이뼈 부분에 약간의 찰과상이 있을 뿐이었다. 다행이라고 생각했다.

결국 먼저 내려온 그 분이 지켜보는 가운데 무모한 조난실습(?)을 한 셈이 되었다. 다만 미끄러지는 순간부터 끝까지 정신을 잃지 않고 침착했던 것과 부처님의 가호가 있었기 때문에 단지 연습으로 끝날 수 있었던 것 같다. 극락행 예행연습이라니….

나의 조난과정을 처음부터 끝까지 지켜보았던 그 분은 몹시 당황하고 놀란 표정이었으나 정작 나는 웃기만 했다. 웃을 수밖에 없었다. 산에 다닌다는 사람이 어처구니없는 실수를 저지른 것이 부끄럽기만 했다. 잠깐 동안이지만 남에게 심려를 끼쳤다는 생각에 미안한 마음도 들고 '만약 잘못되었더라면' 하고 생각하니 등골에 소름이 돋는다. 이런 여러 생각들이 뒤섞인 마음으로 웃는 나의 표정은 어떠했을까!

나는 지금 이 사건과 내 산행습관을 생각해 본다. 극성스럽고 무리한 산행습관이 부른 사건이었다. 지금까지 어느 산이라도 일단 가면 길이 있다고 생각해온 것이나, 용소골의 절경에 매혹되어 탐험 산행하는 기분으로 가볍게 산행한 것이 잘못이었다.

또 등산에 필요한 장비를 제대로 준비 못한 것이 후회된다. 수중 계곡산행에 대한 준비만 했을 뿐, 항상 가지고 다니던 보조 자일마저도 이날은 챙기지 않았으니 폭포 위의 절벽을 안전하게 내려갈 수 없는 것은 당연한 일이었다. 또 다른 사람이 어렵게 지나간 길을 나도 그저 갈 수 있을 거라고 자만하여 안일하게 생각한 게 잘못이었다.

지금부터는 부주의로 인한 조난사고의 악몽을 털어 버리고, 새로 태어난 마음으로 산행 패턴을 바꾸고, 산에 대한 공부도 더 많이 하고 산행준비도 철저히 하며, 산을 경외하고 사랑하면서 산행을 즐기련다.

반야낙조 · 벽소명월 · 천왕일출의 야간종주

추석 연휴에 날씨가 맑으면 좋은 기회라 생각하고 있는데, '사라' 호에 버금가는 태풍 '바트'가 북상 중이라고 한다. 진행속도와 진로에 관심을 두며 마음 졸이면서 추석을 조용히 보냈다. 다행히 바트는 일본 열도를 강타하고 동해로 빠져나간다고 한다.

추석 날 동행할 만한 사람을 찾느라 몇 군데 전화를 해봤지만 모두들 달리 약속과 계획이 있단다. 혼자 가기로 마음을 굳히고 만반의 준비를 끝낸 후 밤샘 산행을 위해 일찍 잠자리에 든다.

아침에 일어나 보니 어느새 날씨가 쾌청하여 마음이 상쾌하다. 아침 식사 중에 전화벨이 울린다. 전에도 함께 갔던 서교수가 동행을 제의한다. 정말 반가운 일이고 마음이 든든해진다. 약속 시간에 버스터미널에서 만난 우리 둘은 구례행 버스에 오른다.

연휴 교통대란을 걱정했던 것이 한갓 기우란 듯 버스는 생각보다 잘 달린다. 차창 밖 만추의 대지 위에 코스모스가 멋드러진 군무를 하고 황금 물결이 풍요로 넘실댄다. 지리산 십 경 중 삼경을 엮은 산행의 기대감에 상기된 가슴은 두근두근 풀무질을 해댔다.

구례에서 늦은 점심을 먹고 성삼재에 오르니 오후 3시. 연휴의 나들이 인파와 차량으로 일대는 장사진이다. 그러나 정작 산행을 떠나는 사람들은 드물어 보인다. 심호흡으로 기를 모으고 반야봉을 향하여 힘차게 첫발을 내디딘다. 성삼재 – 노고단대피소 – 노고단 – 돼지평전 – 임걸령 – 노루목을 지나 반야봉까지 가는 구간은 길도 좋고 석양에 반짝이는 수목의 싱그러움이 운치를 더해주어 발길은 가볍고 산행은 즐겁다.

반야봉에 6시5분 도착했을 때 해가 반 뼘 정도 남았다. 어둠의 망토가 세상을 덮기 전에 서둘러 저녁식사를 마친다. 6시25분의 서녘하늘, 구름이 빚은 수평선에 해가 걸려 반야낙조(盤若落照)의 장관이 눈앞에 전개된다. 온종일 세상 만물에 모든 에너지를 쏟아 붓고 조용히 가라앉는 해의 마지막 모습이 경건하기까지 하다. 바위도 나무도 물도 바람도 숙연하다.

야간산행 준비를 마치고 출발하려는데 동쪽 천왕봉 옆으로 둥근 달이 떠오른다. 방금 들어간 해와 꼭 닮은 저 밤의 순라꾼. 열 엿새 달이지만 여전한 만월이다. 달빛 한 모금 들이키니 생각마저 환하다. 내일 아침에 천왕일출을 볼 것 같은 예감이다. 지리산 삼경을 모두 볼 행운을 기대하면서 6시35분 벽소명월(碧霄明月)을 향하여 출발한다.

삼도봉 – 화개재를 지나서 토끼봉에 접어드니 달빛이 대낮처럼 밝다. 지리산 전체가 달빛에 먹을 감아 은은하고 화사하여 지리산 전경이 한눈에 들어온다. 한 숨 돌리고 연하천대피소로 가는 길에 뱀사골대피소로 오는 사람 몇을 만났을 뿐 등산로는 고요하다. 짙은 숲 그늘이 아닌 곳은 랜턴이 필요치 않다.

여름철 같으면 인파로 북적댈 연하천대피소는 한가하고 여유롭다. 개 짖는 소리에 관리인만 나와 본다. 휴식을 취하면서 물을 보충하고 발길을 재촉한다. 삼각봉을 지나 형제봉에 다다르니 가을 달빛 이리도 고운가. 낮에 보는 풍광과는 운치가 다르다. 하늘에는 구름 한 점 없고 별들이 달빛에 묻혀 졸고 있는데, 훈훈한 밤 공기가 살랑대며 귀밑머리를 흔들고 지나가니 이것이 바로 청풍명월의 극치가 아닐까 생각된다. 자연에 도취하여 잡념이 없어지니 신선이 따로 있겠는가? 우리가 바로 신선이라는 느낌이다.

벽소령대피소에 도착한 시각이 밤 12시. 보통 때보다 1시간 정도 늦은 산행이다. 청풍명월에 취해 우리의 시간을 잊은 까닭이겠다. 벽소령의 명월은 옛날 그대로이건만 산장이 없을 때 와서 보던 달과는 느낌이 다르다.

전에는 벽소명월을 보기 위해 애써 야간산행을 해야했다. 그러나 지금은 공들일 필요 없이 산장에 묵으며 명월을 즐길 수 있게 되었으니 인간의 체취에 명월이 퇴색해버린 것은 아닐까? 그 뿐만 아니라 형제봉에서 보던 명월에 마음 뺏겨 벽소명월이 뒷전으로 밀려난 느낌이다.

지리산 제석봉의 고사목과 운해

93

덕평봉을 굽이돌아 선비샘에서 물을 보충하고 칠선봉에 이르니 새벽 2시30분. 다리가 아프고 힘이 빠진다. 피로가 야경의 운치를 훔쳐가고 산행도 느려진다. 진갑 나이를 다리가 증명하고, 나보다 한 해 선배인 서 교수도 지친 모습이 완연하다.

서 교수는 나 혼자 천왕일출(天王日出)을 향하여 돌진하라고 등을 민다. 그러나 나는 세석대피소까지는 동행하자고 고집을 부려 보는데, 걷는 시간보다 쉬는 시간이 더 많아져 진행이 느리다. 영신봉 오름 길목에 왔을 때 이미 3시가 넘었다. 세석평전을 지나고 있어야할 시각이었다.

기록을 위하여 시작한 산행인지라 천왕일출 시간을 맞추기 위해서는 서 교수를 뒤로하고 나 혼자 발길을 재촉할 수밖에 없었다. 각자 안전산행을 다짐하고 나서 나 혼자 성큼성큼 앞서 걷는다. 서로의 불빛은 점점 멀어지고 나는 미안한 마음이 든다.

세석대피소 – 촛대봉 – 연하봉을 거쳐 장터목산장에 오니 5시 30분, 일출을 보려는 사람들은 모두 앞서 가버렸고 낙오자처럼 마음이 급해진다. 최후의 힘을 내어 제석봉을 넘고 천왕봉에 오르니 6시 10분.

아직 일출시각은 멀었는데 동쪽 하늘 저 멀리 수평선에 남쪽으로부터 구름이 낮게 밀려들어오고 있어 완전한 일출은 불가능할 것 같다. 삼대가 적선을 해야 천왕일출을 볼 수 있다는 말이 실감난다. 일출을 보러 올 때마다 다섯 번이나 운 좋게 일출을 잡았건만, 오늘은 일행을 남겨 두고 혼자 온 죄로 이런가보다.

다음 한가위에 날씨가 좋으면 다시 와서 천왕일출까지 완성시킬 생각이며, 체력이 닿는 한 지리종주를 계속할 것을 다짐해 본다. 간식으로 허기를 면하고, 법계사 – 칼바위를 거쳐 중산리 버스정류장까지 내려오는 데 3시간 정도 걸려서 총 19시간의 산행을 마친다.

천지에 들어 백두산 연봉을 본다
- 백두산 중국 쪽 능선 종주산행

  2000년 7월30일부터 8월2일까지 3박 4일간 중국 길림성을 통하여 백두산 중국 쪽 능선을 종주하는 M산악회 해외산행에 동참했다. 민족의 상징인 백두산을 누구인들 그려보지 않았을까 만, 산을 좋아하는 나는 더욱 그러했다. 첫날 김해공항에서 8시20분에 출발하는 서울행 비행기편으로 서울 김포공항에 도착, 출국수속을 밟고 13시20분 출발하여 15시 심양에 도착. 중국에 입국한 후 중국 국내선을 타고 17시 출발하여 18시에 연길에 도착했다.

  연길 시내에서 저녁식사를 하고, 20시40분 전세버스로 백두산으로 향한다. 버스 좌석이 좁고 작아서 앉기도 불편한 형편인데 밤새 몸을 맡기는 것은 고역이었다. 나는 국내에서는 무박2일 산행을 나설 때 버스에서도 잘 자는 편이었다. 그런데 타국이고 백두산행이고 보니 긴장과 흥분이 되는 터에 자리까지 불편하여 잠이 쉽게 올 리 없었다. 그곳의 도로사정은 우리나라 고속도로만큼은 못해도 거의 서서히 오르는 직선도로여서 흔들림은 적은 편이다.

  다음날 새벽 4시 백운산장에 도착하여 약간의 준비물을 보충하고 승합차로 분승하여 4시50분에 출발, 해발 2,000미터되는 제자하에 이르니 5시50분이다. 집에서 전날 아침 6시30분에 출발하였으니, 무박으로 24시간 정도 걸려서 산행출발점에 도착한 것이다.

7월 31일 6시에 산행을 시작, 5호 경계비가 있는 안부에 오르니 6시 30분이다. 원래는 이곳에서 일출을 맞을 예정이었지만 버스 타는 시간이 지체되어 어긋나고 말았다.

이미 높이 떠오른 해는 구름에 가려 있다. 다행히 천지에는 안개가 없어 천지 주위의 봉우리들이 대부분 모습을 드러내고 있으며, 백두산 정산인 장군봉(2,749m)도 볼 수 있었다.

중국과 조선의 경계가 된 5호 경계비는 천지의 서남쪽에 있었다. 국가간의 경계인데도 비의 양면에 중국, 조선이라고 음각되어 있을 뿐, 철조망이나 벽이 없는 상태로 완전히 개방되어 있다. 북한 쪽에 들어가 사진도 찍어보고 흙을 밟으며 걸어도 보니 감개가 무량하다.

능선 따라 동북쪽으로 산행이 진행되는데 능선에는 나무 한 그루 없

백두산 중국측 제6호 경계비 안부에서 옥주봉으로 오르는 사람들

고, 온갖 산풀꽃들이 만발하여 우리들의 발길을 즐겁게 한다. 능선 따라 옥주봉(2,664m: 청석봉이라고 한다)에 오른 게 7시30분으로 아침 식사를 하며 8시20분까지 휴식을 취했다. 천지에 안개가 끼기 시작하더니 차츰 차 올라와 우리들의 시야를 가린다. 옥주봉을 지나서 안부에 내려섰을 때는 안개가 걷히고 천지와 건너 편 북한의 장군봉이 모습을 드러냈다. 우리들은 환호를 내지르며 카메라 앵글에 순간을 잡아넣으며, 멋진 천지의 자태를 감상했다.

9시에 산행을 속행한다. 저 너머 백운봉이 지척에 보이지만 이어질 능선이 험악한 암벽으로 되어 있어서 어떻게 오를지 걱정이 앞선다. 결국 주능선을 피하여 계곡(송화강 상류)으로 내려서니(9시20분) 천지에서 새어나오는 지하수가 내를 이룬다. 개울을 건너 백운봉에서 갈라져 내려온 지능선에 올라(9시45분) 백운봉까지 오르는 길은 무척 힘이 들었다(11시 도착).

백운봉(2,691m)은 백두산 중국 쪽 능선에서 가장 높은 봉우리로, 항상 흰 구름에 감싸여 있기 때문에 붙여진 이름이다. 정상에서 상봉식을 올려야 하지만, 기상이 좋지 않고 안개 속에 잠겨 있으므로 지반봉 쪽 안부에 내려 북한 쪽을 향하여 등정에 감사하는 산신제를 간단히 지냈다. 그러는 사이에 안개가 걷혀 다행히 사진을 제대로 찍을 수 있었다. 나무가 없는 길이라 뙤약볕이 내리 쬐면 오히려 산행이 고될 터인데 구름과 안개가 볕을 가려주어 산행하기는 좋고, 한편으로는 사진 찍을 시각이 되면 구름을 걷어주는 절묘한 자연의 조화가 우리들의 종주산행을 축복해준다.

11시45분에 출발하여 지반봉(2,603m : 일명 녹명봉), 금병봉(2,590m)을 지나고, 용문봉(2,595m : 일명 차일봉), 관일봉(2,510m)을 옆으로 돌아서 하구벽(절벽에 가까운 급경사를 이루고 있다)을 타고 승사하로 내려가는 길은 무척 힘들었다. 대부분의 경우는 하구벽으로 내려가지 않고 지능선을 따라 소천지로 내려가는 것이 일반적이다.

천지의 북쪽 끝 부분에, 서쪽의 용문봉과 동쪽의 천활봉에 걸려 있는 하구벽 사이에 승사하(길이 1.25km)가 있다. 천지의 물이 달문에서 승사하로 흘러내리며, 우랑도(牛郞渡)를 지나 장백폭포(낙차 68m인 쌍폭)로 떨어지고, 이도백하를 거쳐 두만강으로 흘러간다.

승사하를 거슬러 올라 달문(천지)에 도착하니 14시. 등산화를 벗고 천지에 발을 담갔더니 얼음물보다 더 차다. 물을 한 움큼 떠 마신다. 손이 아릿하며 물맛에 가슴이 짠하다. 물가 자갈밭에서 점심을 먹고 조금 쉬는 사이에 어느덧 천지의 안개가 발길을 옮겨 호반 벽이 모습을 드러냈다.

비록 높은 봉우리 끝까지 걷히지는 않았지만, 천지에 발을 담그고 병풍처럼 두른 암벽을 돌아보며 깊은 감회에 잠긴다. 중국 쪽 능선을 종주함으로써 천지의 삼분의 일 정도를 밟아보는 셈이지만, 빨리 통일이 되어 일주를 하고 싶다.

최고봉인 장군봉에 올라 만세를 부르고도 싶다. 비록 일주는 못하였지만 천지에 드리운 백두산의 그림자와 천지를 둘러 싼 암벽을 배경으로 사진을 찍는 것만으로 만족하고, 오늘은 그것만으로도 한없는 축복을 받은 것이라고 생각한다.

시간이 넉넉하지 않아 30분 정도만 지체하고, 14시30분에 출발하는데 두 팀으로 나누어 진행하기로 했다. 일행 중에는 여기까지 온 산행에 지쳐서 천문봉으로 오르지 못하고 장백폭포 쪽으로 하산하려는 사람들이 많기 때문이다. 최근에 장백폭포 옆 계단 길은 통제중이라 올라갈 수는 없으며, 내려가는 것도 산행 중에 조난을 당한 사람만 2, 3명 정도 통과시킨다는 안내자의 설명이다. 그러나 20명 정도가 그쪽

백두산 천지와 장군봉을 배경으로

을 택했고 하산 후 들은 이야기로는 상당한 액수의 벌금을 물었다고
한다.

산행을 계속하는 우리 일행은 우랑도를 건너야 하는데 물이 너무 차
가워서 허벅지까지 잠긴 다리가 마비를 일으키는 것 같다. 천활봉 쪽
하구벽을 올라 능선에 이르니(15시30분) 천활봉은 안개에 싸여 보이지
않았다. 천활봉을 비켜 돌아 천문봉에 오르니 16시10분, 천지 역시 안
개에 잠겨 보이지 않는다. 차를 타고 올라온 사람들이 천지를 보려고
찾아다니지만 허사다. 이미 천지의 물을 마시고 온 우리들인지라 내심
자랑스럽고 가슴이 뿌듯하다. 안개 속이나마 사진을 찍으며 10분 정
도 지체하고 하산을 시작했다.

원래 A조는 화개봉, 자암봉을 거쳐 6호 경계비까지 갔다가 돌아오는
계획이 시간부족으로 취소하고 고래등을 타고 내려가기로 했다. 그래

도 차를 타고 올라와서 천지도 못 보고 차를 타고 내려가는 사람들에
비하면 정말 행운을 얻은 것이다. 고래등 능선으로 걷는 하산길은 말
그대로 고래의 등처럼 장대하고 힘찬 것이어서 하늘을 바다 삼아 꿈틀
댈 것만 같다.

능선에는 차도가 접근하여 장백폭포를 관망하는 지점이 있어서 그
위쪽 폭포와 더 가까운 곳에서 장백폭포를 바라보는 경관은 가히 선경
이라 할 수 있었다. 특히 최근에 많은 비가 와 수량이 풍부한 폭포수가
두 줄기로 내려꽂히는 모습이 장엄했다.

능선을 끝까지 타고 소천지 근처 이도백하에 도착한 시각이 18시.
12시간의 산행을 모두 마치고 버스를 타고 천상온천호텔로 이동하여
여장을 풀고 목욕을 하고 나니 세상 모든 것을 다 품에 안은 듯하다.

8월1일, 아침 일찍 일어나서 장백폭포 아래(호텔의 위쪽 500m 지점)에

천문봉에서 고래등 능선을 내려오면서 바라보는 장백폭포가 장관이다

있는 취룡온천에 들러 온천수에 익힌 달걀을 입에 넣어보니 온천수의 온도가 느껴진다. 6시45분에 호텔을 출발하여 관광 일정에 들어간다. 이도백하를 따라 내려가는 길은 멀기도 하다. 내 몸을 배꽃처럼 가볍게 떠다니게 하면 좋을까. 9시쯤 계곡을 벗어나 농촌 마을에 도착했다. 버스 사정으로 45분 정도 지체하고 홍기촌에서 북한생활상 전시 및 금강산 모형을 관람하고 연길 시내를 통과하여 용정 배꽃호텔에서 중식을 해결했다(14시20분~15시).

우리가 도착하기 직전 일 주일 동안 비가 내려 홍수로 다리가 떠내려가고 교통편이 막힌 상태여서 원래 도문으로 가려던 계획을 바꾸어 개산툰으로 갔다. 이곳은 두만강을 사이에 둔 북한 국경지대 중에서 가장 짧은 다리가 걸려있는 곳이다.

두만강 건너 북한 땅을 바라보고, 사진을 찍고 돌아가려는데 '사진 촬영금지구역'에서 사진을 찍었다는 것을 흠잡아 일행을 억류한다. 몇 사람이 대표로 카메라와 필름을 맡긴 후에야 풀려나서 일정을 계속하지만 기분이 좋지 않다.

아름다운 것을 공유할 수 없어 씁쓸한 터에 용정 곰락원에 들러서 그야말로 쓰디쓴 웅담 제조과정을 구경하려니 심산유곡을 잠행하고 있을 곰의 모습이 떠오른다. 연길에서 저녁식사 후 21시 연길 공항을 출발하여 22시에 심양에 도착했다.

8월2일 5시30분에 기상하여 7시에 아침식사를 하고 8시에 호텔을 출발했다. 10시5분 심양을 출발하여 11시45분 서울에 도착했다. 13시 50분에 서울을 출발하여 14시50분에 김해에 도착함으로써 여행일정을 마쳤다. 아주 짧은 기간에 최소의 경비로 무사히 백두산 북쪽 능선을 종주했다는 기쁨으로 가슴이 뿌듯하다.

낙동강 분수령 일주 구간종주

2002년 5월 11일 통리를 출발해 삼수령을 밟고 함백산을 넘어 화방재에 내려서는 산행 중에 생각을 정리해본다. 이 구간을 하나로 묶어서 산행하는 예는 거의 없지만, 나는 좀 엉뚱한 발상으로 시도를 했다. 무사히 산행을 마치고 나니 내 생각이 실현 가능한 것임을 확신하게 되었다.

전날 밤 10시 부산을 출발하여 영주를 거쳐 통리에 도착하니 새벽 4시50분이다. 아침 식사를 하고 5시20분 산행을 시작, 920미터봉 - 느름나무재 - 930미터봉 - 구봉산을 넘어 작은피재에 온 것이 오전 8시 10분.

피재(삼수령)에 가서 사진을 찍고 돌아오는 여유를 부리며, 돌탑이 있는 봉우리에 올라 백두대간 능선에 연결함으로써 낙동정맥 종주를 마무리지었다. 보통 피재를 기점으로 낙동정맥 종주산행을 시작하지만, 실은 이곳이 진짜 삼수점이며 낙동정맥의 시발점이다. 이로써 낙동정맥을 16차 구간으로 나누어, 20일간 164시간 종주를 마감했다.

휴식을 취하고 9시20분에 백두대간 능선을 밟기 시작했다. 매봉산을 넘고 고랭지 채소밭을 지나고 비단봉 - 수아밭령 - 1,256미터봉을 지나 금대봉에 오르니 12시10분이다. 중식을 겸하여 30분간 쉬고 두문동재(싸리재)로 내려섰다.

계속하여 은대봉, 중함백을 넘고 함백산에 다다른 것은 오후 3시30
분, 사진을 찍기 위하여 20분이나 기다려 아기를 데리고 올라온 두 가
족을 만나 기다린 보람에 기념촬영을 할 수 있었다. 우리나라에서 국
도와 지방도 중에서 제일 높은 만항재(해발 1,330m)에 내리니 오후4시
40분이다.

휴게소에 들러 갈증을 해소하고, 창옥봉 능선을 따라 화방재에 내려
서니 오후 5시50분이다. 12시간 30분간 걸려 산행을 마치고 어평휴게
소에 민박을 정했다. 내일 도래기재까지 가려면 일찍 자야 하지만 이
런저런 생각으로 뒤척인다.

나는 별난 산행을 자주 하는 편이다. 종주산행을 즐겨 1993년부터
96년까지 백두대간, 낙동정맥, 낙남정맥 종주를 마치고, 장거리 산행
의 회수가 줄어들면서 매년 1회 이상 지리산 당일종주로 체력을 점검

가덕도의 석양. 낙동정맥의 꼬리 몰운대에서 바라본 모습이다

하고 있다.

그러나 장거리 산행을 자주 못하고 근교 산행만 하니까 마음이 처지는 느낌이다. 그래서 '낙동강 분수령 일주 단독종주' 라는 화두를 자주 떠올리게 됐다. 우리 나이로 65세가 되고 보니, 한 살이라도 젊을 때 시도해보고 싶은 욕망이 앞섰다.

이제 평생을 걸어온 교직생활의 종착역, 정년퇴임이 얼마 남지 않았다. 그래서 연구실 밖에서 일어난 나의 일들과 취미생활에서 얻은 자료들을 정리해 정년퇴임 기념으로 〈걸으며 생각하며〉라는 문집을 만들까 한다. 때마침 올해 30여 년 다니는 직장에서 마지막 기회로 안식년 휴가를 받게 되어 자료를 정리할 좋은 기회가 생겼다.

또한 건강 증진에 더 많은 시간을 투자하기로 하고 일주일에 2일(토요일과 일요일)은 산에 가는 날로 정하여, '낙동강 분수령 일주' 라는 이벤트 산행을 실행할 생각이다. 낙동강 분수령을 구간으로 나누어 혼자 일주하면서, 걸어간 자취를 실시간으로 기록하여 문집의 말미에 부록으로 덧붙일 예정이다.

그리고 이번 종주산행의 목적이 하나 더 있다. 1993년에서 94년에 걸친 태백산맥 종주 후에 수필 형식으로 기록해둔 원고를 이 기회에 다시 밟아 보충하고 그 일부를 기록으로 남기고 싶은 욕심이다.

백두대간 부분은 다른 산악회를 따라 다녔기 때문에 산줄기가 머릿속에 자신 있게 그려지지 않는다. 그래서 다시 밟아 기록하고 싶다. 거기에다 낙남정맥도 이빨 빠진 부분을 연결해 완성하고자 한다. 그리고 예전에는 시점과 종점을 편리한 방향으로 임의로 정해서 산행을 했지만, 이번에는 순방향으로 연결하여 완전한 구간종주가 되도록 할 생각이다.

맨 먼저 구간 나누기는 시ㆍ종점에 접근하고 퇴각하는 번거로움을 최소화하면서 대중교통편으로 접근이 가능한 고개를 택하여 1일 산행이 가능하도록 구간을 나눈다. 또 거주지(부산)에서 멀리 떨어진 지역의 경우는 접근과 귀향에 시간과 경비가 많이 들기 때문에 2, 3일 연속 산행으로 계획하고 중간에서의 대피방법을 강구한다.

다음은 단독산행이라는 문제다. 깊은 산 능선을 혼자서 종주하는 건 쉬운 일이 아니며 모험심, 탐구정신, 극기와 사색의 자세 등이 요구된다. 가족이나 친구들은 그 나이에 위험하고 무리라며 염려한다. 그러나 실제로 위험한 요소는 거의 없다. 처음 종주할 당시는 지도와 나침반을 가지고 길을 찾으면서 다녔지만, 지금은 많은 사람들이 밟고 지나가 대로가 되어 있고, 위험한 곳에는 안전시설이 잘 되어 있으므로 문제가 없다.

낙동강 일주산행의 종점 동신어산에서. 혼자 자동카메라로 찍었지만 필자와 후면 낙동강이 뚜렷하다

또 무수한 봉우리들을 오르내리는 데는 충분한 체력과 많은 인내심이 요구되는데, 자신의 체력에 맞는 산행, 조심스러운 산행으로 안전에 대비한다. 하루에 10시간 이상 걸으면서 한사람도 만나지 못하는 경우가 많으므로 무서움과 외로움이 걱정되지만, 등산로에 달아둔 시그널을 보면 그것을 달고 지나간 모든 사람들이 나와 함께 산행을 하고 있다는 생각을 갖게 된다. 오히려 스님이나 사제의 구도과정을 공감하면서 사색하는 시간을 가지게 되어 좋다.

백두대간 왕복종주에 해당하는 거리를 1년에 단독으로 종주하는 것은 힘든 일이다. 하지만 시작이 반이라, 오늘 낙동정맥의 끝을 밟게되어 자신감을 얻었다. 연말이면 동신어산에서 낙남정맥의 끝을 밟고, 부산 개금의 남쪽에 남겨둔 낙동정맥의 끝자락을 이어 부산 몰운대에서 만세를 부를까 한다.

백두대간 단독 구간종주

나는 지난 한 해 동안 30년을 봉직해온 직장에서 안식년 휴가를 받았다. 활력소를 재충전하고 건강 관리도 할 겸 주말에는 산에 열심히 다녔다. 12월25일이 금년도 85차 산행(총 738차 산행)이었으니 한 해를 극성맞게 부지런을 떨면서 지낸 셈이다. 10개월 간 백두대간, 낙동정맥, 낙남정맥 종주를 완료할 만큼 부지런히 걸었다.

낙동강 분수령 일주산행을 위하여 부산 개금동 냉정고개에서 2월3일 7시 첫 산행을 시작했다. 5월11일 통리에서 피재로 올라 낙동정맥을 끝내고 백두대간 구간에 들어섰다. 8월24일 지리산 영신봉에 오르고 낙남정맥을 따라 동신어산까지 온 것이 11월16일, 마지막으로 11월19일 냉정고개에서 출발하여 몰운대까지 밟아 산행에 종지부를 찍고 환호성을 질렀다.

55일간 488시간 소요되었으며 비용은 1,009,000원이었다. 사실 처음 출발할 때는 '과연 가능할까?' 라는 의문이 들었는데 진행하다보니 의외로 쉬웠다. 9월말에 벌써 낙남정맥 발산재까지 오고 보니 너무 일찍 끝날 게 아닌가 싶었다. 그래서 10월에 백두대간의 피재 위쪽 구간을 10회에 걸쳐 보충함으로써 백두대간종주를 명실공히 완성시켰다.

산행패턴은 단독산행, 주간산행, 일반교통 이용을 원칙으로 정했다. 처음부터 끝까지 완전히 혼자서 다녔기 때문에 안전산행을 최우선 고려했다. 그리고 몇 구간을 제외하고는 낮 동안에만 진행하였으며 창수령, 선시골 임도차단기, 한계령, 구룡령에 접근할 때만 랜턴을 사용하였다. 승용차와 택시를 이용한 접근, 퇴로에 히치하이크를 하는 경우도 몇 번 있었지만 최대한 기차와 버스를 이용하려고 노력했다.

단독종주에서 가장 중요한 것은 능선의 시·종점에 접근하고 퇴각하는 것과 민박문제, 산행에 대해 면밀한 계획을 세우는 것이다. 지도와 많은 자료를 구해서 익힌 후에 체크포인트와 운행시간을 미리 기록해두고 출발했다. 기록을 확인하면서 진행하였으며, 그렇게 선배 종주자들의 시그널을 길잡이 삼아 다니니 독도가 거의 필요하지 않았다.

그리고 실제 진행사항을 상세히 기록했는데 80퍼센트 이상 계획대로 맞아 들어갔다. 스스로 생각해도 신기할 정도였다. 이렇게 만든 시간기록과 특기사항 일지를 이 산행 문집 부록으로 실었다. 이 기록은 종주산행을 하려는 사람들에게 도움이 될 것임을 확신한다.

처음부터 목표로 정한 건 아니었지만 뜻밖에 백두대간 종주를 마치게 되었다. 총 33일간 319시간으로 종주를 마쳤으며 비용은 833,000원 소요되었다. 다소 무리한 구간이 있었지만 2, 3구간을 연속으로 산행을 했기 때문에 비용도 절약되고 기간도 단축되었다. 산행 시기도 5월 하순부터 10월말까지 잡혀 산불 경방 기간을 피해 한 해 중에 종주를 마칠 수 있었다고 생각한다. 그래서 2년 후 정년퇴직을 하고 시간여유가 더 생기면 산을 천천히 음미하면서 지리산에서 진부령까지 역방향으로 단독종주를 다시 시도할 생각이다.

이번 백두대간종주는 낙동강 분수령 일주산행의 부산물이므로 피재에서 지리산 영신봉까지 먼저 산행을 하고, 진부령에서 피재까지 보충산행을 한 후에, 영신봉에서 천왕봉으로 올라 종지부를 찍게 되었다. 그러나 종주 구간 정리는 진부령에서 천왕봉까지 완전히 순차적으로

백두대간, 백두산이 시작이건만 지금은 향로봉이 대신하고 있다

연결해 보았다. 구간 나누기는 다음과 같으며 산행일지에는 일부 조정 안을 제시하였는데 날 수를 하루나 이틀 늘리면 훨씬 편하게 종주를 할 수 있다.

진부령 – 미시령(비박) – 한계령(비박) – 단목령 – 구룡령(비박) – 진 고개(노인봉산장) – 대관령 – 삽당령(비박) – 백복령(민박) – 댓재(민박) – 피재 – 화방재(민박) – 도래기재 – 고치령(비박) – 죽령 – 벌재(민박) – 하늘재(민박) – 이화령(민박) – 버리미기재(민박) – 밤티재 – 갈령삼 거리(민박) – 신의터재 – 큰재(민박) – 추풍령 – 우두령(비박) – 덕산재 – 빼재(비박) – 삿갓골재(산장) – 육십령 – 중재(비박) – 매요마을 – 고 기리(민박) – 화개재(뱀사골산장) – 천왕봉.

이번 종주산행에서는 에피소드도 많다. 태풍 루사의 피해로 미시령 이 불통되어 휴게소가 전면 폐쇄되었을 때 폐유류창고에서 비박한 일,

비오는 날 삽당령에서 비박하면서 서낭당 툇마루에서 서낭님과 동침하던 일이 잊혀지지 않는다.

또 14시간 산행 끝에 어둠 속 서북릉 갈림길에서 조난신고를 하고 기다리던 두 청년을 만나 내 랜턴 2개로 2인3각 경기를 하듯 한계령으로 내려왔을 때는 구조대 역할을 했다는 작은 보람도 있었다. 그리고 삼복더위에 땀띠와 다람으로 사타구니가 피투성이가 된 적도 여러 번 있어 아직도 흉터가 남아 이번 종주의 기념 증표라고 해야 할까!

어려웠던 일도 많았다. 심야버스로 양양까지 가고 시내버스로 오색까지 가서 단목령에 올라 구룡령까지 15시간 산행. 미시령에서 공룡릉을 거쳐 대청봉에 올라 한계령까지 15시간 이상 산행. 이화령에서 버리미기재까지 구간은 11시간 30분밖에 소요되지 않았지만 더위에 2리터의 물이 부족해 고생한 일. 이러한 고초를 겪고 난 뒤에는 백복령에서 비를 맞으며 출발하여 댓재까지 12시간 산행을 하고도 힘든 줄 몰랐다.

단독 종주산행 뒷이야기

2002년 2월3일부터 11월19일까지 10개월 동안 단독산행으로 백두대간, 낙동정맥, 낙남정맥을 모두 종주한 것은 따로 일지로 정리하였고, 여기서는 그 산행 중에 있었던 뒷이야기를 몇 개 적어본다.

1. 무박산행 이야기

부산은 위치가 남쪽 끝인 까닭에 단독종주의 경우 혼자 종주 시작지점까지 접근하는 것이 매우 어렵다. 전날 밤 심야버스 · 야간열차를 이용하여 가까운 도시까지 가고, 다시 일반교통편이나 택시로 현지에 올라야 한다. 물론 가장 손쉬운 방법은 택시지만 혼자 교통비로 몇 만원씩 쓴다는 것은 불필요한 지출이다. 그러므로 일반 교통편을 이용하기 위하여 지도를 보고 등산로를 검토하는 노력 이상으로, 교통 시각표를 놓고 사전에 연구를 많이 한다. 이러한 어려움을 줄이기 위하여 2, 3일 연속산행을 계획한 경우가 몇 번 있었지만 크게 시행착오는 없었다.

그럼에도 처음에는 시간 예측이 빗나가기도 했다. 9월 14일. 아침 일찍 진부령에 오르기 위해 속초에서 6시10분 버스를 타야 한다. 혹시 홍수로 길이 유실되거나 연착될까 걱정되어 전날 밤 부산에서 여유를 두고 21시에 출발하는 버스를 탄 터였다. 그런데 예상을 깨고 6시간 30분이 소요된 새벽 3시 반, 속초에 도착했다. 너무 빨리 도착해 갈 데가 없다. 여관에 들어가려고 기웃거리다가 다행히 불빛을 따라 우연히 들어간 식당에서 2시간 정도 눈을 붙일 수 있었다. 이 시행착오를 겪고 그 다음부터는 23시30분에 출발하는 심야버스로 속초, 강릉으로 가서 아침을 하고, 시간에 맞는 시내버스를 타고 목적지까지 쉽게 갈 수 있었다.

심야버스를 탄 것은 부산에서 속초 2회, 강릉 2회, 야간열차는 통리, 춘양, 풍기 각 1회씩으로 최소화하였다. 무박산행이지만 버스나 열차에서 잠을 자는 것도 몸에 익혀졌는지, 좌석에 등을 대면 5시간 이상 잘 자기 때문에 다음날 산행에는 전혀 지장이 없어 다행이었다.

야간열차로 새벽 3시40분에 춘양에 도착해서는 도래기재에 가기 위해 택시를 15,000원에 예약했는데, 우연히 만난 다른 종주자와 동승해서 10,000원씩 부담했다. 각자 5,000씩 절약하면서 기사 분에게도 선심을 쓴 셈이니 괜히 기분이 좋았다. 도래기재에서는 각자 반대방향으로 산행을 떠났다.

반대로 풍기역에서 죽령에 오르던 날, 희방사까지 가는 사람과 합승을 해서 택시비를 절약하려다, 다른 택시 기사의 호객행위와 상충되어 혼자서 15,000원을 물고 가야했다.

보통 백두대간 종주의 경우 통리역에서 하차하여 피재까지 가야하는데, 이번에는 낙동정맥을 마감하기 위하여 정맥 능선을 타고 피재까지 걸어 올라갔기 때문에 경제적으로 절약되고 시간도 크게 지체되지 않아 두 가지 이익을 본 셈이다.

2. 퇴로 문제와 히치하이크

단독산행에서 가장 어려운 일은 종점의 퇴로에서 일반교통편을 이용하는 것이다. 산행기점까지의 접근은 심야나 새벽시간을 이용하여 최대한 빨리 갈 수 있도록 사전계획이 가능하지만, 산행을 마치고 귀가하는 것은 계획 불가능이다.

우선 일반교통편에 하산시간을 맞추기 어렵고, 부산으로 연결되는 열차나 버스 시간에 맞추려면 되도록 빨리 내려와서 택시를 불러야하기 때문에 항상 호출번호를 알아둔다. 하지만 비용의 부담을 피해 남의 차를 얻어 타는 경우가 많았다. 이른바 히치하이크다. 살기 바쁘고 각박하다 하여도 인심은 남아 있으니 가능한 일. 덕분에 야간열차나 심야버스를 이용하여 다음날 집에 올 계획으로 차표를 예약해두고도 항상 당일 귀가할 수 있었다. 태워준 사람 이름도 사는 곳도 모르지만, 낯선 이방인에게 선뜻 자동차 문을 열어 준 마음에 대하여 심심한 감사를 드리고 싶어 여기 기록을 남긴다.

백두대간: 오색초등학교→양양, 대관령→횡계, 피재→태백, 도래기
　　　　　재→춘양, 죽령→희방사, 밤티재→화북, 신의터재→낙서,
　　　　　덕산재→덕산, 육십령→서상, 중산리→거림.
낙동정맥: 배내고개→석남사, 애기재→경주, 소광리→국도.
낙남정맥: 한치→진동, 나전고개→김해.

3. 승용차를 이용한 접근

백두대간 구간에서 문경과 상주 지역은 심야버스나 야간열차 이용이 불가능하다. 그래서 일찍 종주 출발지점에 도착하기 위해서는 새벽에 승용차로 가까운 도시까지 가서 일반교통편이나 택시를 이용해야 한다. 이 때는 산행을 마치고 승용차를 픽업하여 귀가하는 문제까지 세심하게 계획해야 한다. 문경(이화령), 상주 화북(밤티재), 화동(신의터재)에 주차하고 이틀씩 산행을 했으며, 낙남정맥 구간에도 고성, 진동에 주차하고 당일산행을 했다.

4. 민박을 이용한 연속산행

접근과 퇴로에 소요되는 시간과 경비를 절감하기 위해서 2, 3일 연속산행을 하게 되는데 이 때는 또 숙박이 큰 문제가 된다. 재에서 최대한 가까운 곳에 민박을 찾는 게 최선이고, 좀 먼 경우는 고개까지 오르내리는 차편을 함께 예약을 한다. 혼자이기 때문에 비용은 모두 스스로 부담하지만 금액에 상관없이 민박이 가능하면 얼른 찾아간다.

백복령, 댓재, 화방재, 오목내(벌재), 미륵리, 이화령, 벌바위(버리미기재), 갈령주유소, 큰재, 고기리, 이전리(피나무재), OK농장, 사전마을, 소광리, 원묵산장(고운재)에서 민박을 했고, 노인봉산장, 뱀사골산장, 상옥 노인정, 너뱅이 농장에서는 민박에 준하는 숙박을 했다.

너뱅이 농장을 찾아간 이야기: 낙동정맥 석개재는 구간 나누기에 있어서 필수적인 지점이다. 그러나 가까운 곳에 샘이 없어서 비박도 용이하지 않다. 게다가 일반교통수단도 없다보니 단독산행의 경우 접근과 퇴로에 소요되는 시간과 비용이 너무 많이 든다. 그래서 문제해결을 위하여 여러 가지 노력이 동원되었다. 먼저 석포면사무소의 전화번호를 알아내고 면사무소에 전화를 걸어서 석개재에 가장 가까운 곳의 민박집을 찾았다.

그러나 없다고 한다. 이번엔 석포리 이장댁 전화번호를 물었다. 석포리 이장의 협조를 부탁할 요량이었다. 이장에게 지도상에 있는 가장 가까운 마을인 광평에 민가가 있느냐고 물으니, 마을은 없어졌고 너뱅이에 농장이 있긴 하지만 사람이 사는 집은 없다고 한다. 농장에 잘 수 있는 자리를 찾으니 한 곳의 전화번호를 알려주었다. 그 곳에 전화를 걸어 사정 이야기와 더불어 간곡히 도움을 청했다. 다행스럽게도 이야기를 듣고 난 그 분이 허락을 한다. 정말 고마운 일이 아닐 수 없었다. 당일 일찍 산행을 마치고 너뱅이로 찾아갔다. 일을 하다가 반가이 맞아주면서 컨테이너로 만든 방에 전기장판 불을 넣어주면서 하산한다. 노정에 편하게 휴식한 것에 감사를 드렸다. 이번 종주산행에는 이와 비슷한 방법으로 민박집이 없는 지역에서는 가정집을 찾아 중간기착을 해결한 경우가 많다. 그것마저 안되면 비박이다.

5. 비박은 일거양득이다

민박을 구하다가 실패하거나 아예 민가가 없으면 비박을 대비한다. 텐트는 무게와 부피 때문에 가져가지 못한다. 침낭과 침낭커버, 매트, 판초로 잠자리는 충분하다. 취사용구는 코펠에 버너헤드를 넣고 가스통 하나면 되고, 밑반찬과 라면, 햇반으로 저녁과 아침을 해결하고 점심은 빵과 오이로 충분하다. 비상식량으로 육포와 건빵을 준비했다. 이것만으로도 사흘 치 산행 배낭은 꽤 무겁다. 집에서 출발할 때는 이 무거운 짐을 지고 어떻게 갈까 걱정인데 막상 능선에 붙으면 10시간 이상 산행도 거뜬히 해 낸다. 돈이 절약되고 오르내림을 최소화하는 방법이기 때문에 모든 어려움을 참아내는 지도 모른다.

서낭당에서 서낭님과 동침: 비박 산행에서는 비 오는 것이 제일 골치다. 물론 일기예보를 보고 비를 피하려고 노력한다. 대관령에서 삽당령으로 가는 날(10월18일) 안개비로 옷과 등산화가 젖었다. 삽당령에 도착했을 때 빗발이 거세어지고 민박집 정보도 없었기 때문에 비박을 해야 했다. 그래서 그 날 밤 비를 피하기 위해서 서낭당 추녀 끝 툇마루에 침낭을 펴고 서낭당 문살을 잡고 서낭님과 동침을 하게 되었다.

그러나 다음날 아침 일찍 일어나서 식사를 하고 산행을 시작하려고 보니 영동지방에 호우경보가 내려 빗줄기가 점점 더 세차다. 하는 수 없이 산행을 중지하고 귀가 길에 오르니 지난밤 비박은 헛고생이 되고 비용이 제일 많이 든 산행으로 기록이 남는다.

비박도 가지가지: - 고치령에 서낭당이 있다는 정보를 믿고 비박 준비를 했건만, 이럴 수가! 서낭당이 불타 없어졌다니 당황할 수밖에. 낭패라고 생각했지만 산신령 도움인지 다행히 날씨가 좋아서 헬기장에서 비박을 했다(6월1일).

 - 우두령 헬기장에서 계획된 비박(7월25일)을 했다. 음력 중순이라 만삭의 달이 밝으리라는 기대는 어긋나고 흐리고 비가 올 것 같아 걱정을 했다. 새벽에 서둘러 시작한 산행은 결국 우중 산행이 되고 말았다(7월26일).

 - 빼재 신풍령휴게소에서는 민박도 할 수 있었는데 예약을 하지 못했다. 최근에 다시 개장하였기 때문이다. 어차피 비박 준비를 해온 것, 그렇다면 고집이다. 휴게소 추녀 밑에 침낭을 깔았다(8월2일).

 - 중재 북쪽에 빈집이 있다는 정보를 믿고 비가 올 때 갈 수 있겠다고 생각했는데 나를 기다리고 있는 것은 무너져버린 폐허. 기어이 비가 왔으므로 중기마을까지 내려가 빈 집 마루에서 비박(8월17일).

 - 홍수 피해로 미시령 도로가 유실되고 통행이 통제되어 미시령휴게소가 완전히 폐쇄되어 유류 창고로 쓰던 폐막사에서 비박(9월14일).

 - 한계령에서는 비가 올 것 같아 사용이 중지된 자판기 앞 추녀에서 비박, 하늘에 동전을 던져도 별은 나오지 않았겠지!(9월15일).

 - 낙남정맥 부련이재에서 고봉리로 내려왔는데 마을회관을 이용하지 못했다. 추녀 밑에서 비박하면서도 야박한 인심을 탓하지 않았던 마음이 종주를 무사히 마치게 한 것 같다(9월22일).

 - 추위와 바람을 피하여 들어간 구룡령 특산물전시관 장애인화장실은 호텔급 비박장이더라(10월3일).

6. 우연히 만난 인연

산비둘기의 운명: 3월16일 낙동정맥 한티재에서 가사령 구간 산행 중 671미터봉 산불감시초소 직전에서 있었던 일이다. 감시원이 심심 소일로 토끼를 잡기 위하여 설치해 둔 올가미에 산비둘기가 걸려서 퍼덕이고 있었다. 조심스럽게 풀어서 날려보내니 힘찬 날개짓으로 날아간다. 방금 걸린 것 같다. 30분만 늦었더라도 목이 졸려 죽었을 텐데 나를 만나 살았으니 좋은 인연이라 말할 수 있겠지. 미물이지만 그 생명을 구해준 덕분일까? 그 날 저녁 상옥1리 고천부락에 내려 노인정에서 1박하는 후한 인심으로 보답을 받았다. 이런 좋은 인과응보에 대해 조물주에 감사 드리며, 아울러 산짐승을 잡기 위하여 올가미를 설치하는 일이 없어지기를 바란다.

설악산 서북릉 조난자 구조: 9월15일 미시령에서 중청대피소까지 산행을 하고 다음날 한계령으로 내려갈 예정이었는데, 비가 온다는 일기예보 때문에 중청에서 오후 5시에 한계령으로 향했다. 1,460미터봉에 왔을 때 이미 어두워졌다. 서북릉에서 한계령으로 갈라지는 곳에서 청년 둘을 만났다. 그들은 이 갈림길을 잘못 지나쳐 귀때기청봉까지 갔다가 돌아오는 중에 어두워졌단다.

랜턴이 없는 상태로 내려갈 수 없어서 조난신고를 해두고 마냥 기다리는 상태라고 했다. 마침 나에게 비상 랜턴이 있어서 랜턴 2개로 세 사람이 2인3각 경기를 하듯 한계령으로 내려갔다. 설악루를 30미터쯤 남겨둔 곳에 이르자 구조대가 올라오고 있었다. 구조대를 기다렸으면 3시간 후에나 하산할 수 있었는데 일찍 하산하게 되어 다행이고 구조대의 수고도 조금 덜어주어 보람을 느꼈다.

머리 젖혀진 마네킹과의 만남: 11월19일 이번 산행의 마지막 날 부산 구평동 야산을 지나면서 머리가 젖혀진 마네킹을 만나서 기겁을 하고 신고했는데 이로써 실종사건 하나가 해결되었다. 이 사건의 개요는 낙동정맥 1차 구간 산행일지에 기록해 두었는데, 마네킹의 명복과 유족들의 행복을 기원하면서 뇌리에서 지우고자 한다.

7. 힘들었던 산행 기록

가장 힘든 산행: 이번 종주산행에서 제일 고생한 구간은 낙남정맥 묵계재 전후의 산죽 터널을 지나는 일이었다. 허리를 굽히고 미끄러운 길을 내려가다가 먼지투성이가 되었고 올라가는 길도 역시 어려웠다. 다음날 고운재에서 안개비를 만나 판초 우의를 둘러쓰고 산죽 터널을 지나는 일은 더욱 더 힘들었다.

사타구니에 생긴 다름: 여름철 장거리 산행에는 사타구니에 땀띠가 일고 다름이 일어서 피가 나는 경우가 있다. 바지를 움켜잡고 엉금엉금 걸어가는 모습을 남이 보았다면 웃음거리일 것이다. 몇 차례 반복되면서 지금까지도 흉터가 남았다.

낙동정맥 영양군 구간: 경북 영양군은 산골 중의 산골인데 군청에서 관내를 통과하는 낙동정맥 등산로를 6개 구간으로 나누어 잘 정비하고 구간 종주하는 사람에게 도움을 주려고 노력한 흔적이 역력하다. 그것을 모르고 옛 종주 경험 만으로 종주계획을 세워서 시행착오를 경험했다. 황장재 – 창수령 – 선시골 임도 차단기 – 한티재 구간을 2박 3일로 계획을 세웠다. 첫날 부산에서 황장재까지 순조롭게 갔지만, 9시 40분에 시작한 산행길이 맹동산 근처에서 어두워졌기 때문에 OK농장에서 민박을 했다.

다음날 창수령까지의 보충산행과 임도 차단기까지의 산행을 합하여 13시간 정도의 산행을 마쳤을 때 어두워진 후여서 비박에 들어갔다. 그러나 심한 바람과 기온 하강 때문에 오래 자지 못하고 달빛을 마시며 야간산행을 하였다. 해가 돋은 후에는 걸으면서 조는 것으로 수면을 보충(?)했다. 수비면 오기리를 돌아서 한티재까지 가는 길은 아주 힘든 산행이었지만 일찍 마치고 영양(이곳에서 목욕을 했다) – 진보 – 영덕 – 포항 – 경주를 거쳐 부산까지 귀가했다.

이 구간은 황장재 – OK농장 – 윗삼승령 – 검마산 자연휴양림 – 한티재로 나누어 4일간 산행을 하는 것이 합리적이라 생각된다.

구간나누기에 따른 어려움: 일반교통수단의 이용 가능 여부, 숙식의 해결 등을 고려하여 구간을 나누다가 중간에 적당한 곳이 없으면 고민에 빠진다.

- 미시령과 한계령 사이를 중간에 끊으면 접근과 퇴로의 오르내림이 어렵다. 그래서 중청대피소에서 1박하고 한계령을 거쳐 단목령까지 연장하기로 계획을 세웠다. 중청대피소에 도착한 것이 오후 5시였지만, 여러 가지 사정으로 한계령까지 15시간 30분간의 산행을 하였으니 상당히 힘들었다. 이 구간은 희운각대피소에서 1박 하는 것이 좋을 것 같다.

- 한계령과 구룡령 사이, 조침령에 차도는 있지만 일반교통편이 없다. 그러므로 단목령에서 끊고(오르내림 2시간 30분 소요) 중간에서 비박을 예정했으나, 일기관계로 단목령 – 구룡령을 하루에 진행하려니 13시간 30분이 소요되어 힘든 산행이었다.

- 백복령과 댓재 사이에는 도로가 없으며 높은 산이 많아서 12시간의 힘든 산행이 되었다.

- 추풍령에서 덕산재까지도 구간나누기가 어려워 우두령에서 비박을 하고 더위에 11시간 40분과 11시간 30분으로 산행을 하는 어려움이 있었다.

- 낙남정맥 가운데재에서 장박고개까지 부련이재에서 비박을 하고

11시간씩 산행을 하였다.

잠자리를 찾아가는 어려움: 가능하면 비박을 피하기 위하여 잠자리를 찾다보면 산행시간이 길어지고 힘이 든다.

- 구룡령에서 진고개까지 10시간 산행하고도 노인봉산장에서 자기 위하여 1시간 30분 더 연장해야했다.

- 죽령에서 저수재까지 가고(8시간 40분 소요) 숙박지를 찾아서 옥녀봉(문복대)과 문봉재를 넘어 벌재까지 가니 11시간 30분이 소요되어 상당히 힘들었다. 잠자리가 왜 이리 먼가.

- 이화령에서 은치재까지 가는 것이 보통이지만, 은치재에선 오르내림이 힘들고 접근이 어려워 벌바위 민박집을 찾아 버리미기재까지 연장하니 11시간 30분이 소요되었다.

능선을 가로막는 사유재산: 낙남정맥 구간에는 야산지대에 잡목이 어울려 진행이 어려운 곳이 있으며, 과수원과 목장이 조성된 곳은 아예 길을 막아버려서 곤란을 경험한다. 특히 마장이재 사슴목장은 높은 철망을 설치해 길이 없어져 버려 지나가는 데 고생을 많이 했다. 지나고 나서 돌아보니, 철책을 몇 번이라도 넘어서 오는 것이 더 쉬운 길임을 알았다.

또 골프장을 조성하여 등산로를 폐쇄한 곳도 있다(가야컨트리클럽). 거기에 비하여 창원컨트리클럽처럼 옆으로 등산로를 잘 정비하여 종주하는 사람들에게 편의를 제공하는 경우도 있었다.

더 심한 경우는 백두대간 지름티재에서 구왕봉으로 오르는 길이다. 봉암사 사유재산이라는 이유로 스님이 길을 막고 지키면서 지나가지 못하게 한다. 별도로 느낀 글을 썼는데, 지나칠 수 없는 일이다.

종주에는 지름길이 없다: 하루에 수십 개 봉우리를 오르내려야 하는 대간·정맥 종주에서 능선을 오르다가 옆으로 지름길(봉우리 우회로)

비슷한 갈림길이 있으면 유혹을 받기 쉽다. 옛날 종주할 때의 수고를 조금 덜어볼까 하고 그 길로 들어갔다가 길을 완전히 잘못 든 것을 깨닫고 되돌아오며 치른 고생은 잊을 수 없다. 그래서 대개는 종주자들이 표지를 달고 지나간 길을 다니고 아니면 차라리 능선 길을 택하여 봉우리에 올랐다가 내려온다. 어차피 종주산행 자체가 고생길에 접어든 것인데 그 정도를 걷는 수고는 각오하는 것이 원칙이다.

8. 종주 종합 결산

처음 목표한 것은 낙동강 분수령 일주산행이었다. 그러나 백두대간의 피재 위 부분을 보충하여(10일간) 대간 종주도 완성하는 성과를 올렸다.

처음부터 끝까지 완전히 단독종주이고, 시점과 종점을 순차적으로 연결함으로써 구간종주이면서도 연속종주와 같은 결과를 얻었다.

일반교통편을 이용한데다 단독종주라 비용이 훨씬 많이 들 것으로 예상했는데, 오히려 적게 들었으며 시간도 상당히 단축되었다. 낙동강 분수령 일주산행은 55일에 488시간 1,000,000원, 백두대간 종주는 33일, 319시간에 830,000원, 낙동정맥 종주는 20일 소요에 172시간 350,000원, 낙남정맥 종주는 13일, 109시간 150,000원이 소요되어 산악회 안내를 받아 갈 때보다 오히려 절약을 했다. 전체 일정을 보면 2월 3일에 시작하여 11월 19일에 모든 종주산행을 마쳐 65일간에 588시간 걸려 1,330,000원 비용이 소요되었다.

이제 장거리 산행을 잠시 멈추고, 일 주일에 한 번씩 근교산행을 하고 세 번씩 뒷산 약수터에 오르내리는 정도로 건강을 보전하여, 2년 후에 정년퇴직 기념으로 지리산에서 진부령까지의 백두대간을 반대 방향으로 종주를 계획해 본다.

안내등산의 문제점

　나는 등산경력이 많지 않아도 산을 무척 좋아해, 매주 산행을 한다. 금년에만도 1박 2일과 당일로 지리산 종주를 두 번 하였으며 이번 일요일에 50차 산행을 계획하고 있으니 좀 극성인 편이다.

　소속된 산악회가 없으니까 안내등산의 일일회원으로서 가고싶은 산이면 어디라도 자유롭게 따라갈 수 있어서 안내등산을 주로 하는 산악회에 대해 평소에 감사하는 마음을 가지고 있다.

　이런 중에 부산 M산악회가 기획한 지리산 당일종주산행에 참가했다가 몇 가지 느낀 점이 있어 등산 동호인으로서 등산이 건전한 레저 스포츠로 발전하기를 기원하는 마음에서 안내등산의 문제점을 짚어 보고자 한다.

　지리산 당일종주는 안내등산으로는 무리였다. 하오 9시 예정이던 출발시간이 회원 몇 명 더 태우려고 30분 지연되었다. 그러나 과속운행으로 오히려 예정보다 50분 빠른 이튿날 상오 1시10분에 성삼재에 도착했다. 당초 산행 계획은 상오 2시30분에 출발, 하오 6시30분 중산리로 하산하여 하오 7시 귀가 예정이었다.

　상오 1시 30분 천왕봉을 향한 산행이 시작되었고 선두는 하오 2시에 하산했다. 그러나 예정시간인 하오 5시30분까지 하산한 것은 10명 미만, 하오 7시40분이 되어서야 모두 내려왔다. 선두와 후미의 시차가 무려 5시간 이상이 벌어졌다. 하오 4시부터 비가 내렸고 6시께 어둠이 깔렸는데도 예정 시각에서 2시간 정도밖에 늦지 않은 것은 다행스러운 일이었다.

그러나 밤 8시10분께 출발을 바로 앞두고서야 낙오자가 2명 있는 것을 알았다. 억수같이 퍼붓는 빗 속에 큰 일이 났다. 다리를 심하게 부상 당한 일일회원과 그를 혼자서 하산시키려던 바보 같은 집행부 요원이 구조된 것은 밤 11시 가까운 시각이었다. 결국 다음날 상오 1시가 넘어서야 부산에 도착해서 참가자들에게 집까지 가는 택시비를 제공하는 것으로 무박 2일의 산행이 끝난 것이다. 이 경험을 통해 몇 가지 문제점을 제기한다.

첫째, 안내등산이 상업화하고 이윤추구의 대상으로 되어 가는 점이다. 돈벌이를 위해 산악회를 조직하고 마구잡이로 회원을 모으는 것이다. 산악연맹이나 관계기관에서 적절히 감독할 수 있는 제도적 장치가 요망된다.

둘째, 산악회의 전문인력 구성과 장비 보완의 문제다. 앞에 소개한 사례의 경우 무전기만 준비했어도 문제가 되지 않았을 것이다.

셋째, 집행부의 해박한 지식과 용의주도한 계획수립이 필요하다. 사전답사나 확실한 산행지식을 가지고 정확한 시간계획을 수립한 후에 안내등산을 해야 한다. 또 산행에 관련된 모든 지식과 유의점을 회원들에게 미리 숙지시켜야 한다.

넷째, 교통수단의 안전성 문제이다. 야간운행 장거리운행 과속운행 등 많은 위험이 따르며 전용버스의 경우 보험가입 여부와 안전도 검사 규제가 필요하다.

다섯째, 산행에 참가하는 회원들의 소양, 준비, 협조 문제다. 등산은 야유회와 구분되어야 한다. 자연을 보호하고 산을 아끼는 마음가짐으

백두대간의 시작이며 끝인 지리산. 천왕봉 일출은 항상 운해 위에서 뜬다

로 산에서 취사하는 것은 피해야 한다.

끝으로 산악회를 운영하는 전문가들이 안내등산을 통해 일반회원들의 등산문화를 바로잡아 주고 건전한 등산애호가의 폭을 넓히는데 기여할 것을 바란다.

무식, 무모, 무리가 빚은 낭패

  1993년 3월 28일. 부산 M산악회에서 기획한 태백산맥 구간종주의 첫 산행인 진부령에서 미시령까지의 제1구간에서 있었던 일이다. 그 해는 폭설에 폭설로 눈이 많았던 겨울이다. 남도 부산에는 이미 개나리가 만발하고 벚꽃이 꽃망울을 터뜨릴 채비를 하고 있는 3월 말인데도 이 곳 바람은 여전히 쌀쌀하고 신선봉 근처에는 아직 잔설이 1.5미터 이상 쌓여 있었다.

  최근에 백두대간 구간종주가 유행이 되어 전국 여러 산악회에서 시도하고 있지만, 1993년 당시는 백두대간이라는 말조차 그다지 알려지지 않았다. 태백산맥을 단체로 종주한다는 그 자체가 개척 산행으로 생각되던 시기였다.

  그 전 해에 단독으로 태백종주를 마친 산행대장이 의욕적으로 기획한 획기적인 산행 패턴이었고, 설악산맥을 종주하고 싶었던 나의 욕구와 맞아 떨어졌기에 무박 2일의 종주산행에 동참하게 되었다.

  토요일 저녁 9시 전세버스로 부산을 떠나는 50여 회원들은 희망에 가득 차 설레는 모습이다. 산행대장이 자작한 개념도와 종주계획서를 나누어주면서 태백종주의 의의와 이번 산행 요령을 설명해 준다.

  진부령에서 시작하는 것이 정도이지만, 오늘 산행은 버스 운행시간 편의상 미시령에서 역방향으로 진행한다고 한다. 버스는 경주 – 포항

– 울진 – 강릉을 거쳐서 설악산까지 밤새도록 달려가야 한다. 다음날의 산행을 위해 잠을 청하지만 기분이 상기되어 좀처럼 잠이 오지 않는다.

미시령에 도착하니 아침 5시, 아직 어둠이 걷히지 않은 미시령 휴게소는 조용하다. 산행준비를 서둘러 끝내고 한참 올라가서야 먼동이 트기 시작한다. 건너편 황철봉 능선이 눈에 덮여 큰 나무들만 드문드문 보이고 백담사 쪽 내설악도 아직 겨울옷을 벗지 못한 채 조용하다.

미시령까지 구름이 차 올라서 구름바다가 되고 울산바위 쪽으로 고만고만한 봉우리들이 섬을 이루고 있다. 이윽고 동해 쪽 구름바다 위로 붉은 태양이 솟구친다. 정말 장관이다. 모두들 감탄한다. 종주산행의 출발을 격려해 주는 것 같다.

너덜지대와 암릉 지역을 지나면서 선두와 후미의 간격이 벌어지기 시작한다. 산행대장은 아침식사를 지시하며 산행속도를 조절한다. 빵으로 아침을 대신하고 암봉에 올라 사진을 찍고 설경을 감상한다. 구름바다가 밀물처럼 차 올라 낮은 봉우리의 섬들이 하나 둘 잠긴다.

겨우내 아무도 지나간 흔적이 없는 눈길을 더듬어 나아가자니 산행속도가 느려진다. 2미터이상 쌓였던 눈밭이 봄소식에 몸을 풀다간 다시 굳어져서 럿셀은 필요 없지만, 길 흔적은 물론이고 안내표지마저 대부분 눈 속에 파묻혀 길 찾기가 어렵다.

1,239미터봉에 오르니 전망이 탁 트인다. 북쪽으로는 신선봉 옆으로 우리들이 걸어갈 능선이 굽이치며, 마산 넘어 진부령이 어림되고 향로봉 능선이 북한 땅을 가로막는 것처럼 보인다.

남쪽으로 뒤돌아보니 지나온 암릉이 멋지고 황철봉 뒤쪽으로 대청봉이 아련하다. 회원들이 모두 도착한 후 기념사진을 촬영하고, 태백종주와 오늘 산행을 무사히 마치도록 기원하면서 야호 삼창으로 상봉식을 대신했다.

진행할수록 눈이 많이 쌓여 있고 길이 험하다. 당연히 산행속도가 느려진다. 안부에 내려섰을 때는 안개에 가려서 지형지물이 보이지 않는다. 신선봉 쪽 능선으로 올라서는데 뒤따라온 안개가 전망을 덮어버린다.

신선봉은 주능선에서 동쪽으로 벗어나 있으므로 신선봉까지 갔다가 되돌아와야 하는데, 전망도 없고 시간도 빠듯하므로 그냥 주능선만 타기로 한다. 능선 좌우를 넘나들면서 조심조심 진행, 암봉으로 이루어진 날카로운 능선에 왔을 때 안개가 장애가 되어 주능선의 방향이 보이지 않는다.

암봉 왼쪽으로 이어진 능선을 따라 20분쯤 내려 간 후에 지형과 방향을 확인하니 능선이 아니다. 되돌아 올라가야 하는데 시간도 너무 늦었고 길 찾기가 쉽지 않다. 집행부는 능선의 개념도만 가졌을 뿐 지

첫 도하작전 - 모두 빠지지 않으려고 안간힘을 쓴다

127

형도가 없다. 나침반이 있어도 소용이 없다. 어디쯤인지 어떻게 탈출해야 할지 대책이 서지 않는다.

그러나 눈이 많은 깊은 산 속에서는 어디론가 빨리 탈출하는 것이 상책이다. 결국 마장터 계곡으로 하산하게 된 것이다. 계획은 능선 종주산행이었는데 뜻밖에 계곡산행으로 바뀌니 모두들 실망이다.

계곡 상류에서는 눈과 얼음 아래 눈 녹은 물이 흘러내리면서 속삭이는 봄 소리가 운치 있게 들렸지만, 차츰 물이 모이고 계곡이 넓어지면서 우리들은 계곡 물을 넘나들며 가야 한다.

돌 위에 눈과 얼음이 미끄럽다. 아이젠도 준비하지 않아 징검다리를 건너기가 어렵다. 계곡 언저리에 길이 있겠지만 눈으로 덮여 분간이 되지 않으므로 군용 전화선을 길잡이로 물길 따라 계곡의 하류로 더듬어 내려갈 따름이다.

마장터쯤에 이르렀을 때 계곡 물은 상당히 많아졌고 아무런 도구도 없이 건너기가 무척 어렵다. 신발을 벗어들고 조심해서 건너지만, 잘못하여 넘어지기도 하고, 걷어올린 바짓가랑이가 젖기도 하여 신발을 벗은 효과가 없어진다. 이번만 건너가면 될 것 같았는데 또 건너야 할 물이 나타나고, 하류로 갈수록 물은 깊어지고, 더 이상 신발을 벗을 수도 없다. 할 수 없이 그대로 질척이며 계곡산행을 할 수밖에 없다.

여름철 계곡산행은 시원하고 운치가 있지만, 눈 녹은 얼음물 계곡산행을 하다니 어처구니없는 일이다. 깊은 곳은 허벅지까지 물이 차고 바지는 이미 젖은 지 오래다. 한 시간 이상 같은 상황이 반복되다 보니, 청년들도 힘든데 노약자나 아가씨들은 죽을 지경이다. 집행부는 당황하고 모두들 한숨이다.

다행히 차도를 만나 비로서 수중산행에서는 벗어났지만 해가 저물 때가 되니 한기가 몰려온다. 추위도 이기고 시간도 단축하기 위하여 걸음을 재촉한다.

1시간쯤 걸려서 군부대가 있는 국도에 나올 수 있었다. 시각은 16시 20분, 11시간의 강행군이다. 태백종주 첫 산행으로는 완전히 실패다. 그러나 얼음물 속을 헤매면서도 사고 없이 산행을 마치고 무사히 부산으로 돌아가는 것이 천만다행이라고 생각된다.

위의 이야기는 태백 단독종주기의 한 구절이다. 420차 산행을 마친 오늘, 내 228차 산행의 기록을 다시 읽으면서 새삼 경악을 금치 못하고 문제점을 되짚어 본다.

잔설이 너무 많았고 안개 때문에 지형지물을 이용할 수 없었다. 계곡에 물이 그렇게 불었으리라고는 상상조차 못했고, 현지 지형에 익숙하지 못했기 때문에 일어났던 사건이다.

현지 사정을 충분히 파악하지 않고 안내산행을 떠나는 무식함, 지형도도 없이 적당히 감으로만 산행을 강행하는 무모함, 요령 없이 힘으로만 해결하려는 무리함 등이 겹쳐서 큰 사고가 일어날 뻔했던 사건이었다.

지도와 나침반이 있었다면 종주산행이 계곡산행으로 돌변하지는 않았을 것이며, 마장터에서 작은새이령을 넘어 창암으로 1시간 정도에 탈출할 수 있는 임도를 곁에 두고도 계곡산행을 강행하는 과오를 범하지는 않았을 것이다.

이 에피소드는 안내산행 때의 일이긴 하지만 더구나 단독 또는 그룹산행의 경우라면 더욱 세심한 준비와 연구를 하는 산행습관이 요망된다. 나는 이 산행을 교훈 삼아 그 이후에는 지도와 나침반은 물론이고 철저한 산행준비를 게을리 하지 않는다.

국립공원 입장료와 문화재 관람료
통합징수는 과연 옳은가

백두대간 종주산행 중 이화령 – 버리미기재 구간에서 있었던 일이다.

2002 FIFA 월드컵 예선경기의 막바지, 우리나라가 포르투갈을 상대로 16강에 도전하던 6월 14일 오후 5시 반에 승용차로 산행 출발지인 이화령으로 떠나는 극성을 부렸다.

축구 중계를 보기 위하여 대부분 일찍 목적지로 가버려서, 길이 한산하여 차를 운행하기도 좋고, 라디오에서 흘러나오는 "슛 골인"이라는 아나운서의 흥분된 외침에 신이 나서 차는 더욱 잘 달린다. 덕분에, 이화령휴게소에 일찍 도착하여 경기 후반부를 TV로 보면서 환호하는 대열에 동참했다. 조 1위로 16강 진입에 성공해서 기분이 좋아 차에서 자려던 생각을 바꾸고 방을 얻어 안락하게 흐뭇한 하룻밤을 보냈다.

다음날 새벽 4시에 일어나서 김밥으로 아침식사를 마치고 이화령 산행 기점에 서니 4시45분이다. 주능선은 통행금지 구역이라, 남쪽 비탈로 나 있는 우회로를 따라 681.3미터 헬기장에 올라서 주능선에 이르니 5시5분이다.

여기서 황학산까지 5킬로미터 이상 되는 구간은 능선이 쭉 뻗어 있으며, 오르내림이 거의 없이 완만하게 올라가고, 낙엽송 조림지역으로 숲이 아름다우며, 돌이 없고 낙엽이 융단처럼 깔려서 발길의 촉감이 아주 좋다. 백두대간 중에서 가장 좋은 길이라고 생각된다.

이 지역의 대표산인 백화산에 오른 시각이 7시10분이라 냉커피를 곁들인 10분간의 휴식을 했다. 계속하여 평전치, 뇌정산 갈림길, 사다리재, 곰틀봉, 이만봉, 시루봉 갈림길, 견훤성터를 지나서 희양산 어깨 전망대에 오르니 11시15분. 시야가 확 트이며 경치가 아주 좋다. 혼자 보기엔 아까운 그림이다.

몇 년 전 종주 때 희양산 정상에 올라서 일출을 맞이하던 일을 회상하며, 대간길로 복귀하여 지름티재로 내려오는데, 여기서부터는 길이 절벽이고 몹시 험하여 단독산행의 외로움을 느끼게 된다. 뿐만 아니라 재에 깊이 빠져들수록 건너편에 보이는 구왕봉의 절벽을 오를 일이 더 걱정된다. 암벽이 층층이고 오르는 길이 가늠되지 않는다.

재에서 휴식하면서 힘을 북돋워 도전해야겠다고 마음을 다지며 재에 도착했다. 그런데 그곳에 스님 한 분이 정좌하고 참선에 들어 계신다. 산행 7시간만에 처음 만나는 사람이다. 조용히 다가가서 반갑게 인사를 드리는데, 어디서 왔느냐고 하면서 눈을 부라린다. 뜻밖의 질책에 놀라고 어리둥절해서 백두대간 종주 중이라고 했더니, "이곳은 봉암사 사유지로서 출입금지 지역이며 누구도 통과시키지 않는다"며 단호히 막는다.

나는 불교 신도이며 부산 B대학 불자교수회 회원으로 봉암사에 순례한 적도 있고, 스님께서 참선하는 마음과 꼭 같은 마음으로 '마하반야바라밀'을 수 없이 외우면서 대간 능선을 걷고 있노라고, 양해를 구하여 간신히 허락을 얻고 통과하게 되었다.

스님과 5분 정도 이야기한 것을 휴식으로 대신하니, 쉬려고 했던 생각이 없어지고 계속 오르기 시작한다. 80도 정도 되어 보이는 급경사

길을 30여분 계속하여 오른다는 것은 보통의 마음으로는 불가능하며, 구도의 자세와 통하는 것이라 생각이 들었다. 오르면서 스님과 이야기한 대목을 되새기며 몇 가지 생각에 잠긴다.

백두대간은 옛 조상들이 만든 「산경표」에서 백두산으로부터 지리산까지 이어진 능선이며, 그것을 주축으로 하여 1정간 13정맥이 갈라지고 다시 지맥으로 나뉘어져서 우리 국토를 이룬다는 지형적인 요소가 기본이다. 그러나 지형적인 것 이외에 우리 민족에게는 많은 정신적인 의미를 가지고 있다.

백두산의 정기가 대간을 타고 뻗어내려 산줄기를 따라 흘러내리고, 거기에서 발원된 강줄기에서 우리의 민족정신이 생겨난다고 믿어왔다. 그래서 백두대간을 체험하는 것은 민족정신의 뿌리를 확인하고 애국애족하는 계기가 될 것으로 생각된다. 이러한 대간 종주를 사유재산이라는 이유로 막는다는 것은 명분이 미약하다.

또 한편으로, 나는 지금 불교 신도라고 생각하며 절에 가면 절을 하고 시주하고 부처님 말씀에 귀를 기울인다. 내가 어릴 때 할머니 손잡고 절에 가본 적은 있지만 불교를 나의 종교로 생각하지는 않았다. 그런데 산에 다니기 시작하고 나서 절이 좋아졌다.

능선에 올라 멀리서 들려오는 목탁소리, 염불소리를 들으면 마음이 가라앉고 끌려서 발길이 저절로 절로 옮겨가고, 절에 가면 절을 하게 되고 법문에 귀가 솔깃해져서 어느덧 절에 동화되니, 이제는 부처님께 귀의하는 마음이다. 이것이 바로 불심인 것 같다.

그리고 산에 다니는 사람들 대부분은 악인이 아니며 나와 비슷한 마음이라고 생각한다. 등산로를 가로막고, 이러한 등산 애호가들을 배타적으로 밀어내면 누구를 불러 불심을 전하겠는가?

희양산 – 구왕봉 – 이만봉을 잇는 백두대간 능선이 봉암사의 사유재산이고 스님들의 수도 정진에 방해가 되기 때문에 통과할 수 없다는 주장과 내 생각은 분명 차이가 있다. 봉암사가 외부와 단절된 절대적인 수도처이고 그 엄격한 수련을 겪어야 고승이 될 수 있다는 점에는 공감한다.

그러나 그것이 전부라고 한다면 문제가 있다고 본다. 사회와는 고립된 폐쇄적이고 독단적이며 자기중심적인 종교나 성직자가 되어서는 좋지 않다고 생각하기 때문이다. 오히려 사유재산인 이 구간의 등산로를 잘 정비해두고, 출입을 막기 위해 지키고 서 있는 곳에 식수를 준비해두고 종주자의 애국정신과 노고에 격려를 보내면서 산행질서와 공중도덕을 계도하면 좋지 않을까?

나아가서 봉암사가 일반 절과 어떻게 다르고, 여기에서 수련 정진한 스님들이 어떻게 우리 불교계를 이끌어 이 사회의 정신적인 지주로 사셨는가 하는 자랑스러운 이야기를 유인물로 만들어 나누어주면 좋지 않을까? 우리 불교가 스님들께서 자신의 성불을 위한 수련 이외에 대중들 속에 파고들어 함께 호흡하고 교화하는 그러한 종교가 되면 좋을 것 같다.

최근에 국립공원 입장료와 사찰의 문화재 관람료를 통합 징수하는 문제 때문에 스님들이 이처럼 신경을 곤두세운다는 생각에 이르니 열이 조금 오른다. 사찰은 분리를 주장하는데 그렇다면 통합징수라는 말은 왜 나와야 하는가? 나는 국립공원 입장료로 단일화하여 징수하고 그 일부를 사찰에 할당해 주는 것이 옳다고 생각한다.

국립공원이란 경치 경관 만으로 성립되는 것이 아니라, 고찰이나 문화유적 같은 볼거리가 있기 때문에 국립공원으로 보존하는 것이다. 그리고 국립공원 입장료는 사찰 덕분에 징수 실적이 오르기 때문에 그 일부를 사찰에 나누어주는 것이 마땅하다.

사찰이 있는 곳은 대부분 절의 소유일 것인데 사유지 덕분에 더 많이 거둔 국립공원 입장료를 공단에서 모두 챙긴다면 사유재산 침해가 될 것이다. 사유재산 이용료에 대한 개념으로 나누어주어야 한다고 생각된다. 물론 국립공원 입장료를 문화재나 볼거리에 따라서 차등 책정하는 데는 기술적인 문제가 따를 것이다. 또한 이 주장은 사찰측에서 일반 관람객이나 등산인들에게 무엇인가 보답하는 서비스 정신이 있을 때 설득력이 있다고 생각한다.

　여러 가지 생각을 하면서 도를 닦는 마음으로 어려운 코스를 단숨에 오르고 은치재에 내리니 13시가 되어 중식을 겸하여 휴식을 취했다. 5시간 정도의 산행을 더하여 13시간의 대장정을 버리미기재에서 마무리짓는 산행이었다.

백두대간은 보존되어야 한다

백두대간 종주산행 중 속리산 국립공원 구간을 지나면서 느낀 문제점과 그 해결에 대한 나의 견해와 제안을 정리한다.

악휘봉 – 장성봉 – 버리미기재 – 곰넘이봉 – 블란치재 – 대야산 – 밀재 구간과 밤티재 – 문장대 – 비로봉 – 천황봉 – 피앗재 – 형제봉 구간이 속리산 국립공원에 포함되어 경치 좋고 이름난 산들이 많다. 뿐만 아니라 아주 위험한 곳도 두 곳이나 있어 특히 동절기에는 세심한 주의가 필요하다. 대야산 오르는 길과 문장대 오르는 암릉 구간이 그렇다. 내 경험으로는 다른 어느 곳보다 더 힘들고 위험한 것 같다.

버리미기재에서 시작해 대야산을 넘어야 하는데, 등산로 입구에 '훼손과 위험 때문에 백두대간 속리산 국립공원 구간의 출입을 통제한다' 는 내용의 경고문이 설치되어있다. 보는 순간 멈칫 했지만, 준프로급이라고 자처하는 산행경력을 믿고 조심스럽게 종주를 진행했다. 원칙적으로는 가지 않아야 하지만 백두대간 종주에 대한 열정 때문에 돌아설 수 없었던 것이다.

대야산 오르는 직벽은 자일이 설치되어 있는데도 힘들었고, 상당한 훼손 상황을 목격하고 보니 가슴이 아프다. 대야산은 풍치가 굉장히 좋아서 힘들여 오른 수고에 대해 충분한 보상을 받는 느낌이다. 밀재로 내려서서 국립공원영역을 벗어나고 조항산, 청화산, 늘재를 거쳐 밤티재까지 종주를 하루에 무사히 마쳤다.

다음 구간을 시작하는 밤티재에도 똑같은 내용의 입간판이 설치되어 있다. 문장대 오르는 암릉은 노약자나 초보자는 통과하기 어려울 정도로 힘들며 자주 사고가 나는 구간이다. 암봉에 오르는 급경사 부분을 제외하면 훼손의 여지는 별로 없지만, 국립공원 관리공단에서 통제할 만한 구간임에 틀림없다.

어렵게 문장대에 올라서 천황봉까지 가는 것은 크게 힘들이지 않고 안전하게 진행할 수 있었다. 이 구간은 일반 등산로여서 관리공단에서 안전시설을 충분히 설치하여 안전을 도모하였으며, 훼손도 최소화 할 수 있었다고 생각된다. 다만, 천황봉 오르는 길은 물에 씻겨 파인 것이 흠이다.

여기서 몇 가지 문제를 짚고 해결방안을 제안하고자 한다. 출입통제와 금지 · 경고가 자연을 보호하고 경관을 보존하는 가장 좋은 방법일까? 가만히 앉아서 손쉽게 할 수 있는 이상적인 방법이라고 생각할지 몰라도, 가장 소극적이고 현실성 없는 방법인 것 같다. 합리적으로 개발해서 안전장치를 설치하여 많은 사람들이 이용해도 훼손을 막을 수 있는 적극적인 방법을 찾는 것이 좋다고 생각한다.

속리산 문장대에서 천황석문 구간 개발이 이 주장을 뒷받침하고 있다. 특히 국립공원 관리공단이 요금만 받는 사무소가 되어서는 안 된다. 환경 전문가, 조경 전문가, 공학 기술자 등 다양한 연구 인력을 갖추어서 공원을 가꾸어 나갈 수 있어야 하며, 모든 국민들에게 개방해도 국민의 안전과 환경 보존에 지장이 없도록 대비해야 한다.

백두대간의 의미는 여기서 굳이 논하지 않더라도, 백두산에서 뻗어 내린 대간 줄기에서 정맥이 갈라지고 골마다 흐르는 물이 강물을 이루어 금수강산이 되었다고 생각하는 우리 민족 정서로부터 국토사랑, 나라사랑의 마음이 샘솟는 것이 사실이다.

이러한 백두대간을 종주하는 것은 등산인들에게는 선망의 대상이다. 뿐만 아니라 최근 주5일 근무제 도입으로 여가선용의 패턴도 달라져 등산 인구가 급증해 대간 종주를 시도하는 사람들도 많아졌다. 이러한 보통 사람들의 욕구를 충족시키려면 금지 일변도 정책은 바뀌어야 하며 새로운 대안이 필요하다.

언젠가 한번 백두대간 등산로를 개발하여 회사나 사회의 조직원들이 종주를 하게 하고 민족정신과 애국심을 고취시켜야 한다고 주장한 사람이 있었다. 그런데 개발은 곧 훼손이라는 환경단체들의 반대에 꼼짝없이 후퇴해 버렸다. 산장이나 대피소를 지어서 돈벌이나 하려는 발상으로 오해를 받은 것이 아닌지 모르겠다.

나는 개발이 아닌 등산로 정비라고 표현하고 싶다. 위험요소 제거와 훼손요소 방지에 주안점을 두고 등산로를 다듬어야 한다. 또 대간을 넘나드는 도로를 확·포장할 때 능선을 수십 미터 혹은 100미터 이상 절개하는 것은 피해야하며, 이미 그렇게 된 곳이라도 암거식 터널로 바꾸어서 동물 이동통로 겸 대간 등산로로 고쳐야 할 것이다. 방치해 두는 것이 자연보호에 최선책이 아님을 강조하고 싶다.

능선 등산로를 가장 잘 정비한 구간의 표본으로 낙동정맥 영양군 지역을 들 수 있다. 영양군은 우리나라 대표적인 산간 오지로서 낙동정맥의 가장 긴 부분이 통과하고 있다. 군청에서 관내에 속하는 등산로를 6개 구간으로 나누어 이정표를 설치하고, 등산로에 장애가 되는 잡목을 제거하고, 토사유출이 예상되는 부분을 정비해 둠으로써 종주하는 사람들이 그 구간을 지날 때 안락한 산행이 되도록 큰 도움을 주고 있다.

나도 그 구간을 지날 때 감사하는 마음이 저절로 솟았고, 그 고장의 특산물 영양고추를 애용하고 선전해 주고 싶은 마음이 생겼다. 그 반대로 등산로 때문에 자연이 훼손되는 대표적인 경우는 사람의 발자취를 따라서 물이 흐르는 까닭에 토사가 유출되고 도랑이 만들어지는 경우이다. 이것은 적절한 간격으로 물길을 돌려주면 해결될 수 있다.

그리고 등산인들의 시각과 태도가 변해야 한다. 그들은 위험한 암벽에 설치해둔 인조 구조물(사다리나 철책)을 보면 자연훼손이라고 야단법석이다. 등산로는 암벽을 탈 수 있는 전문가들만의 전유물이 아니고, 보통사람들도 안전하게 오르내릴 수 있는 모든 사람들의 것임을 이해할 필요가 있다.

또 계단을 만들거나 다니는 길을 정리해 둔 경우에도 굳이 옆으로 길이 아닌 곳을 다녀서 훼손하는 사례가 자주 보인다. 길옆에 있는 풀 한 포기라도 밟는 일을 두려워해야 할 것이다. 더불어 국립공원 입장료를 자발적으로 내는 자세도 필요하지 않을까?

자연은 우리 모두의 것이지 나 개인만의 것이 아니므로 항상 소중하게 생각하며, 이용할 때는 대가를 지불해야 하고 보존하는데 적극적인 동참 정신이 필요하다.

마지막으로 한 가지 더 제안한다. 백두대간 중 우선 국립공원 구간에 대하여 공단 수입과 국고 보조금으로 등산로를 정비하고, 종주자에게 국립공원 입장료 납부와 동시에 종주를 신고하게 하고 이를 허가해 주는 일종의 실명제를 실시하면 적극적인 자연보호 의지가 함양되고 등산로도 보호할 수 있지 않나 생각한다. 나아가서 지방자치단체별로 해당 구간을 정비하고 관리하면 총체적인 보존이 이루어질 것이다.

다시 찾은 구룡령

백두대간 단독 구간종주 중 단목령에서 대관령까지의 구간을 위해, 10월2일 밤 11시30분 속초행 심야버스로 양양으로 향했다. 다음날 5시30분 대용식으로 아침을 해결하고, 시내버스로 오색초등학교 앞까지 이동해서, 1시간 30분 걸려 단목령에 오른 것이 8시20분이었다. 바로 산행을 시작해 양수발전소 상부 댐 건설 현장을 보았고, 조침령을 거쳐 구룡령까지 12시간의 종주산행을 마치고 특산물 전시관 뒤에서 비박을 했다.

다음날 오전 6시 반에 출발하여 약수산, 응복산, 두로봉, 동대산을 거쳐 진고개까지 10시간의 종주산행을 마쳤다. 덤으로 다음 구간에 해당되는 노인봉산장까지 주파해 마음 편하게 휴식을 취하고, 다음 날 노인봉에서 일출을 보기를 기대했으나 무산됐다.

오전 6시10분에 출발하여 대관령에 도착하니 12시50분, 이 구간도 8시간 20분이 소요되어 3일 동안 32시간 이상 산행을 했다. 하지만 피로감이 느껴지지 않고 남쪽으로 더 달려가고 싶은 기분이었다.

출발하기 전에는 연가리골샘터, 신배령, 노인봉산장에서 자고 4일간 산행을 할 계획이었다. 그러나 제3일 오후부터 제4일까지는 비가 온다는 일기예보가 있었고, 첫날 산행이 예정보다 빨리 진행되어 구룡령까지 연장한 것이다. 갈전곡봉부터는 랜턴을 밝히고 구룡령 오르는 차들의 불빛을 벗삼아 어둠을 가르며 구룡령까지 달렸다.

구룡령 절개지 아래 넓은 차도로 차들이 무섭게 달릴 것을 생각했다. 그러나 터널이 만들어져 대간 능선이 인공으로 이어져 있었다. 나무도 제법 자라고 있어 너무 뜻밖이었다. 건너가서 오른쪽으로 내려서니 시꺼먼 구조물이 나타났다. 으슥한 느낌이 들었는데 산림전시관(겸 휴게소)이었다.

하루저녁 쉬어갈 자리를 찾아서 건물을 돌아보는데 안에서 희미한 빛이 새어나온다. 문을 두드리니 관리인이 나와서 문을 열어준다. 불빛이 나가면 동물들이 놀란다고 철저히 등화관제를 하고 있다고 했다. 늦은 시각이고 일기도 불순한데 어떻게 왔느냐며 방이 없어도 전시관의 깨끗한 자리에 잘 수 있도록 배려해 준다.

그러나 안에는 물도 없고 화장실도 없어 곤란했다. 호의를 사양하고 바람이 불지 않는 건물 뒤편에 자리를 깔고 라면으로 저녁식사를 해결했다. 배를 불리고 침낭에 들어가니 옛날 이곳에서 비박 했던 일이 생각난다.

1993년 10월1일 태백산맥 종주를 위하여 진고개에서 구룡령을 거쳐 단목령까지 2박3일간 단독으로 산행을 하면서 이곳에 왔었다. 그 때는 도로공사가 한창이던 기억이 난다. 능선이 절개되는 모습이 험악해 자연훼손의 심각함을 개탄했지만 어쩔 수 없었다.

마침 추석 다음날이라 공사장은 쉬고 있었다. 절개지에 박아둔 파이프에서 나오는 지하수로 저녁을 지어먹고 비박 하려는데, 약수산에 먹구름이 밀려들어 비가 올 것 같았다. 비를 피할 곳이 없었다.

할 수 없이 공사장 자갈 파쇄기 밑에 합판을 깔고 누워 하룻밤을 보냈다. 그 때를 생각하니 오늘 밤 잠자리는 호텔급이라고 생각된다. 깊은 잠에 빠져들었다.

다음날 새벽 5시에 일어나서 아침 식사를 하고 오전 6시30분부터 여유 있게 산행을 시작했다. 구룡령을 떠나며 주변을 돌아보니 별천지였다. 터널 위의 인공능선, 그 옆에 멋지게 지어진 정돈된 전시관과 휴식 공간, 저녁에는 동물들의 자유로운 활동을 위해 불을 켜지 않는 배려, 이 모든 것이 마음에 들었다. 절개지 일부가 지금은 속살을 드러내고 있지만 10년 후에는 완전히 푸른 옷을 입을 것 같다. 다른 고개의 훼손된 부분도 이 정도로 복원되기를 바라면서 산행을 시작했다.

구룡령에서 약수산으로 오르는 길목에 '오대산 국립공원까지는 생태계 보존지역이므로 지정등산로 이외에는 출입을 금함' 이라는 산림청 안내문이 보였다. 그러나 신배령에 이르니 '여기서 두로봉까지는 오대산국립공원구역으로 등산로에 안전시설이 없어서 위험하고 동식물 보호를 위하여 백두대간 등산로를 폐쇄한다' 라는 관리공단의 경고문이 있었다.

돌아갈 수도 없고 탈출로도 마땅치 않아 그냥 진행하였다. 이 구간은 위험지역이 전혀 없었으며 동식물 보호를 위해서라면 산림청의 안내문과 같은 내용으로 충분할 것 같았다. 동일한 취지의 생태계 보존을 놓고, 산림청은 지정등산로를 열어주는데, 국립공원 관리공단은 입산하면 거금의 벌금에 처한다는 경고문을 설치하여 통행을 금지하고 있는 것은 지나친 조치라고 생각한다.

두로봉에도 같은 내용의 경고문이 있었다. 그러나 헬기장 북쪽 대간 길 입구에는 친절하게 ' 백두대간' 이라는 안내 피켓이 오대산 관리사무소장의 이름으로 설치되어 있었다. 경고문과 길 안내표지가 함께 있는 모순을 보고 경고문이 형식적이라는 생각이 들었다.

그리고 백두대간 종주자가 이 경고문에 따라서 이 구간을 포기하고 건너뛰는 사람이 과연 얼마나 될까 싶었다. 나는 이곳의 경고문을 다음과 같은 내용으로 바꾸어 주도록 당국에 건의하고 싶다.

'백두대간을 아끼는 등산 애호가 여러분! 오대산국립공원 구간의 통과를 진심으로 환영합니다. 이 구간은 생태계 보존지역이므로 지정등산로 이외의 출입을 금해주시기 바랍니다. 국립공원을 사랑하고 자연을 사랑하여 금수강산을 만드는데 동참합시다'.

백두대간의 생태계 보존을 위한 노력은 우리 모두의 소망이다. 그래서 양수발전소 상부 댐 공사가 자주 거론된다. 우리나라 전력의 주류는 원자력 발전이므로 피크타임의 전력수요와 유휴전력의 효율적 이용을 위해 양수발전소는 필수적인 시설이라 한다.

점봉산 지역의 양수발전소는 발전량의 측면에서 택한 것 같으며, 훼손의 손실보다 실익이 크다고 했다. 우리나라의 동북방 오지에 너무 치우쳐 있어 송전선로와 송전시설에도 문제가 있으며, 고압송전탑 건설로 인해 너무 많은 곳이 훼손되지 않을까 하는 걱정이다. 한국전력에서는 그밖에도 전국에 무수히 많은 송전탑을 설치해놓았으며 양수발전소도 훼손이 심각해 특별한 대책이 요망된다.

이번 산행에서 대관령목장을 지나면서 광활한 목초지를 보니 숲이 있는 것보다 더 가슴을 부풀게 함을 느꼈다. 그러나 이 목장으로 인한 생태계 파괴는 양수발전소 건설의 수천 배에 달한다고 생각하니 가슴 아프다. 그런데도 환경단체에서 크게 거론하지 않는 것은 개발된 지 오래되었기 때문일까? 기왕에 개발된 부분을 좋은 측면에서 받아들이고 싶지만, 더 심한 훼손의 빌미를 제공하게 된다면 문제다.

동해전망대에서 선자령까지 능선 근처에 있는 목초지는 이미 버려진지 오래 됐다. 전력회사에서 땅을 매입했다고 하며, 풍력발전소를 건설하기 위하여 열심히 측량을 하고 있는 것을 보니, 조만간 세부 설계가 이루어지고 대규모의 공사가 시작될 것 같다.

풍요로움을 자랑하는 대관령 목장지대 – 여기 풍차가 들어서면 백두대간은 어떤 흉물로 둔갑할까?

입지조건도 검토하지 않고 목장개설을 위하여 나무를 베었으니 바람이 너무 심하여 목초지로서의 사용이 불가능하게 됐고, 이제 그 바람을 이용해 풍력발전을 하겠다는 발상에 이르게 된 것은 개발의 악순환을 보는 것 같다.

숲으로 복원되어야 할 백두대간 능선에 즐비하게 늘어설 풍차를 연상하면서, 목장 이상의 명물(?)이 될 것으로 생각되지만, 자연훼손의 심각성은 보지 않아도 상상이 간다. 영향평가가 이루어지고 환경단체가 반대운동을 전개하겠지만, 계획대로 진행된다면 시설 개발 주체가 자연훼손을 최소화하고 생태계 보존의 측면에서 자연친화적으로 시설을 계획해 주어야겠다.

백두대간 보존을 위한 제언

　나는 등산애호가로서 월간 〈山〉2003년 1월 호 안중국 차장의 '국립
공원관리공단은 등산인들을 무시했다' 는 글과 관련 기사를 읽고, 백
두대간을 사랑하는 마음으로 관련 당국에 건의한다. 국립공원을 보전
하고 우리 금수강산을 지켜 나가는 분야에서 일하는 정책 입안자께서
귀 기울여 주시고 정책 수립에 참고해 주시기를 바란다.

　나는 산을 사랑하며 산악환경 파수꾼이라고 자부하고 있다. 나는 건
강사정으로 금정산 약수터에 오르내리다가 차츰 반경을 넓히고 시간
을 늘려서 등산취미를 가지게 되었다. 50세가 넘은 1989년부터 본격
적인 산행을 시작하여 산행경력은 일천하다. 그러나 4시간 이상의 산
행을 1회 차로 헤아려서 14년 동안 739차 산행을 다녀왔으니 좀 극성
스러운 취미생활이랄 수 있겠다. 그와 맞물려 항상 생태계 보전에 관
심을 가지고 있으며 환경오염 방지를 위한 캠페인을 선도하고 쓰레기
줍기에 솔선수범하고 있다.

　정년 퇴임을 얼마 남기지 않은 2002년에는 안식년 휴가를 얻어 주말
을 이용하여 마음놓고 산행을 할 수 있었다. 그래서 5월 말부터 10월
말까지 혼자서 백두대간 답사산행을 하게 되었다. 구간으로 나누어서
2, 3일씩 연속으로 33일간 319시간으로 산행을 마쳤다. 그런데 1차 종
주(1994년~95년) 때와는 격세지감이 느껴질 정도로 산천은 변해 있었

다.

 먼저 백두대간 등산로의 실태를 살펴본다. 최근에 등산애호가 대부분이 대간 종주에 관심을 가지고 적극 동참하였기 때문에 등산로가 대로를 이루게 되었다. 지도와 나침반이 없어도 길을 잃지 않을 정도다. 그 결과 등산로로 인한 자연훼손의 문제가 수반된다. 제일 심각한 곳이 동대산 – 진고개 구간이다. 그 외에도 서북릉 – 한계령, 희양산 남쪽, 대야산 북쪽 등 무수히 많다. 모든 곳이 사람의 발길 따라 물길이 이루어져 산의 선을 훼손하고 면의 훼손을 유발하고 있었다.

 이보다 더 큰 훼손 현장이 많았는데 그 대부분이 면의 훼손이다. 백복령의 자병산은 산이 통째로 없어졌으며 추풍령 동쪽 금산(370m)봉도 반쪽만 남아 있다. 도로의 확·포장으로 능선이 100미터이상 절개된 곳도 있다. 목장개발, 과수원이나 농장개발 등도 문제이며, 대관령 풍력발전소 건설 계획은 훨씬 심각한 문젯거리로 대두될 것 같다.

 백두대간 보존은 면 개념으로 접근해야 하고, 국립공원 내 식생 보존의 문제도 면 개념에서 접근해야 한다. 면 개념이 성립하려면 우선 선이 잘 보전되어야 한다. 길(선)이 길로서의 구실을 제대로 할 때 주변의 환경(면)은 잘 보존될 것이다. 그 한가지 예를 소백산 비로봉 주변에서 볼 수 있다. 봉우리 전체(면)가 길인 것처럼 마구 밟았는데, 이제 길을 잘 만들어둠으로써 길 아닌 곳은 출입이 억제되어 식생이 복원되고 있다.

 아직 이용객들의 의식 수준이 못 따르지만 10년 후에는 그 효과가 나타날 것으로 생각된다. 지리산 주능선의 등산로 정비도 상당한 효과가 눈에 띄게 보인다. 길을 막지 말고 잘 정비하여 선을 잘 보전할 때, 면은 저절로 보존되는 것이다.

 또 휴식년제의 허실을 살펴보자. 휴식년제의 목적은 자연훼손을 막

백두대간의 설악산 공룡능선을 보면 금강산이 부럽지 않다

고 생태계를 보존하는데 있다. 상당히 효과가 있다는 평가도 있고 어떤 곳은 영구폐쇄 해야 된다는 의견도 있다. 그러나 휴식년 해당 구간은 출입금지에만 역점을 두고 저절로 복원되기를 기다리는 소극적인 방법으로 일관되는 것이 아닐까 의심이 간다. 한가지 예로 한계령 – 서북릉 – 끝청 구간은 휴식년제를 끝내고 허가제로 통행이 재개되었다. 휴식년 기간에 등산로가 잘 정비되었으므로 허가제로 출입을 시킨다고 믿었다.

허가 받는 방법을 몰라 편법으로 답사를 하였는데, 옛날 휴식년제를 하기 전보다 상태가 더 나빠진 것을 보고 깜짝 놀랐다. 휴식년제 기간 동안 당국은 어떻게 대처해야 할지 재고할 필요가 있다고 생각된다. 이런 식이라면 휴식년이란 의미는 방치한다는 것과 별다를 바 없지 않은가?

또한 진고개 – 동대산 구간(1.7킬로m)을 휴식년제로 묶어서 완전히 출입을 통제해야 그 구간이 복원된다는 국립공원관리공단의 결정을 보고 놀라움을 금할 수 없다. 내가 이곳을 지나면서 국립공원 구간에 도 이처럼 훼손된 곳이 남아있다는 사실에 놀랐었다. 물론 태풍 루사 의 피해 현장이라 이해한다 쳐도 그전에 한번도 돌본 흔적이 없는 것 같이 황폐할 뿐 아니라 사람이 다닐 수 없을 정도로 패여서 옆으로 새 로이 길이 나고 있는 지경이었다.

휴식년제로 몇 년간 통행을 금한다고 복원될 수 없는 상황이다. 금 년 우기가 오기 전에 예산을 투입하여 물길을 분산시키고 등산로를 다 듬어야 더 심한 훼손을 막을 수 있을 것 같다.

그리고 백두대간 종주자와 관리요원 사이에 심하게 마찰을 빚고 있 는 한계령 – 점봉산 구간은 휴식년이 해제될 것으로 기대했는데, 풀리 지 않고 연장된다고 하니 실망이 크다. 내가 답사한 결과로는 3년 동 안 출입만 금지시키고 보완은 하지 않아서 복원된 흔적이 거의 없는 것 같았다.

뿐만 아니라 안전을 위하여 메어두었던 자일마저 철거하여 위험성 만 가중시켜놓았으니, 휴식년을 연장해야한다는 결론이 나오는 것은 당연한 일이다. 휴식년 기간 동안 훼손의 요소를 제거하고 위험한 곳 의 안전시설을 보완하였다면 지정등산로를 개방하여도 식생의 보존 에는 전혀 문제가 없을 것이라고 생각되니 영 아쉬움이 남는다.

우리나라는 휴식년제가 아니더라도 11월1일부터 12월15일까지, 3월 1일부터 5월31일까지 산불 방지를 위하여 입산을 통제하고 있으니 1 년에 4개월 이상 휴식을 취하고 있는 것이다. 동대산 등산로 1.7킬로 미터의 경우 휴식년제를 도입하지 않아도 당국의 의지만 있다면 내년 5월말까지 충분히 등산로를 보전할 수 있다고 생각된다.

결국 휴식년제라는 명분으로 방치해두는 것이 능사가 아니며, 등산 로를 정비하고 보전하여 지정등산로 이외에는 출입을 엄격히 통제하는 것이 훨씬 적극적인 식생 보존 대책이라고 생각한다. 나아가서 백두대간 종주자를 환경보호 파수꾼으로 활용하는 것도 좋은 방법이 아닐까?

이상에서 살펴본 문제점을 해결키 위하여 두 가지 방안을 제안한다.

첫째, 백두대간 종주자에 대하여 '입산허가제'와 '입산료선납제'를 도입하는 것이다. 입산료는 다음 방법으로 산정하여 법령으로 정하면 될 것이다. 즉 '국립공원 입장료×국립공원 통과 일수 + 국립공원 입장료의 반×(총 일수-국립공원 통과일수) + 적정 수준의 등산로 보전료.' 이에 따른 종주자의 의식변화도 필요하다.

우리의 자연 자원을 공짜로 쓴다는 생각을 버리고 우리 다음 세대를 위해서 적정한 비용을 지불해야 하며, 지정등산로 이외에는 출입을 자제하고 자연을 보호하는 마음으로 산에 들어가야 한다.

둘째, 국립공원 관리공단 내에 백두대간 보전과를 설치하여 충분한 인력을 배치하는 것이다. 물론 비슷한 업무를 담당하는 부서가 있다면, 그 산하에 백두대간 보전계를 두어도 좋다. 입산허가와 입산료 징수업무, 무단출입 통제업무, 등산로 보전 기획업무 등을 맡아서 처리하며, 국립공원 아닌 구간까지 관리 감독하도록 한다. 또 이 조직을 운영하는 데는 예산이 필요하며, 등산로를 선 개념으로 보전하기 위해서도 돈이 있어야 한다. 입산료 전액을 이 목적으로 사용하고 모자라는 부분은 국비에서 대폭 지원하는 정책이 필요하다.

이와 같이 휴식년제라는 방법으로 입산을 금지시키는 소극적인 방법을 지양하고, 선 개념으로 등산로를 보전 관리함으로써 백두대간 전체가 보존될 수 있도록 하는 적극적인 대책을 시행할 것을 주장한다. 또 나아가서 민족정기가 서려있는 백두대간의 종주길이 완전히 이어질 수 있도록 등산로를 열어주기 바란다.

제4장

나를 돌아보는 시간

관산의 정기를 받다

2002년 3월3일 7시30분 애기재(아화 뒷고개)에서 출발하여 야산을 지나 관산에 오르니 9시 조금 넘었다. 커피 한 잔으로 휴식을 취하면서 관산이 나에게 준 의미를 되새겨본다.

관산은 경주시 서면과 영천시 북안면의 경계인 낙동정맥 위에 위치하며, 높이가 394미터로 별로 높지는 않아도 부근에서는 제법 우뚝하여 군계일학처럼 빼어나며, 모양이 베레모처럼 특이하게 생겨 관산이라 불린다. 낙동정맥을 따라 남북으로 100미터 정도 능선이 길게 이어져서 베레모의 위 부분을 이루며, 양쪽 끝 부분이 절벽처럼 쏟아져 급경사를 이루고 있다.

관산의 동쪽 지능선이 멀리 뻗어 내린 끝자락, 애골과 마채에서 흘러내린 골물이 합해지는 곳에 당리마을(경주시 서면 도리)이 있다. 이 마을 한가운데 제일 좋은 위치에 제법 괜찮은 집이 있으니 그 곳이 나의 안태고향(출생한 곳)이다.

어머님께서 위로 두 아들을 잃어버리고 세 번째로 나를 낳기 위하여 친정인 이 집으로 오셨다. 무인년 섣달 스무날 외숙모님의 도움으로 내가 태어났고 외삼촌께서 명 길게 오래 살라고 나의 이름을 위조(渭祚)라고 지어주셨다.

구정이 가까워진 때라 첫 7일도 되기 전인 생후 3일 되던 날, 강보에 싸여 외숙모님의 등에 업혀 시모골을 지나 애기재로 낙동정맥을 넘어, 20리 넘게 떨어져 있는 뻬골의 본가로 갔다고 한다.

그리고 1년이 지난 후에야 살아남을 것으로 확신하고, 숙부님께서 인환이라는 이름으로 출생신고를 해주셨다. 그러나 아홉 살이 되어서 초등학교에 입학할 때까지 위조로 불렸으며 특히 외가에 가면 반드시 위조라 부르셨고 육십이 넘은 지금도 그렇게 부른다.

그 이유는 나의 외가에 대하여 잘 몰랐던 숙부께서 외조부의 함자와 같은 이름으로 조카의 이름을 지어주셨기 때문이다. 외삼촌은 생질에게 당신의 부친 함자를 부를 수 없었으며, 외사촌들도 고종동생에게 자기 할아버지 함자를 부를 수 없었던 것이다. 어머님께서도 위조라고 불러야만 했다.

내가 고등학교에 다닐 때까지는 일 년에 몇 번씩 외가에 다녔다. 내

관산은 마치 중절모처럼 잘도 생겼다

151

가 태어난 집에서 외삼촌과 외숙모님께서 오래도록 살다가 돌아가셨고, 지금은 둘째 외사촌 형님의 아들이 살고 있다. 내가 성장해 대학교수가 된 후 외가에 가면 명당의 정기를 외손이 모두 받아 가버렸다고 야단이었다.

그 후에 그 집에서 태어난 외사촌 큰 형님의 아들이 대구에 나가 대학을 마치고 사법시험에 합격하여 법관이 되고 대학교수로 자리를 옮겼다가 지금은 고등법원 판사로 발탁되었으니 외가 어르신들도 명당자리에 대한 원을 이루게 된 것이다. 쳐다보고만 다니던 관산에 오늘 올라와서 출생지를 내려다보니 만감이 교차한다.

빼골은 내가 유년시절을 보낸 첫 고향이다. 낙동정맥 주능선 북쪽에 있으면서 경주시에 속해 있는 반달같이 길게 생긴 마을을 윗빼골(上推), 아래빼골(下推)이라고 하며 행정구역으로는 경주시 서면 아화 3리다. 물길이나 지형으로 보아서 영천시 북안면에 속하는 것이 순리일 것 같으나 경주의 세력에 끌려서 경주시에 속했는지도 모른다.

들판이 없는 계곡에 십여 호가 옹기종기 모여 사는 아래빼골 중간쯤 초가삼간이 우리 집이었다. 문을 열면 오봉산이 수문장처럼 바로 들어왔다. 초등학교 때 그림을 그리면 언제나 오봉산을 그리곤 했다.

아홉 살 되던 해 8월에 해방이 되었고 10월에 초등학교에 들어갔다. 교과서도 없어서 친구의 책을 보고 베껴서 교재로 사용하는 형편이라 제대로 배울 수가 없었다. 그러나 2학년 때는 3×3 마방진을 쉽게 완성시켜 일찍 귀가하는 특전을 얻은 적이 있다. 또한 구구단을 잘 외우고 셈본(산수)을 잘 하여 성적이 앞선 까닭에 선생님께서 4학년으로 월반하라는 제의를 하셨건만 그것이 좋은 건지 나쁜 건지 개념조차 없어 그냥 3학년으로 진급했다.

이처럼 어리석고 바보 같은 어린애였던 나는 이 애기재를 넘나들면서 3킬로미터 정도 떨어진 아화초등학교에 4학년 중간까지 다녔다.

애기재는 해발 50미터정도 되는 낙동정맥 주능선 중에서 낮은 고개에 속한다. 그러나 절개되어 통과된 중앙선 철길은 꽤 높은 고개였던 것 같다. 해방 직후 증기기관차가 다니던 시절, 비나 눈이 오는 날이면 아화역을 출발한 기차가 고개를 200미터 정도 남기고 올라가지 못하고 칙칙대다가 뒤로 미끄러져 내려가는 것을 여러 번 보았다. 아화역으로 내려간 기차는 증기를 모아서 힘을 돋운 다음 레일에 모래를 뿌리면서 가속을 붙인 후에야 간신히 넘어갔다.

해방 후 대구·경북 지역의 10·1 폭동과 빨치산의 횡포에 진저리가 나신 할머님께서 20여 년간 살던 좁은 골짜기(빼골)을 버리고 친정 (나의 진외가)사람들이 많이 살고 있는 넓은 들판(신평)으로 이사를 한 곳이 오봉산의 남쪽 기슭에 자리잡은 가척이라는 마을이다. 그래서 오봉산을 바라보면서 자라온 내가 오봉산 바로 밑에서 오봉산과 더불어 살게 되었으니, 내 인생에 하나의 큰 전기가 되었다.

한국전쟁 격전지에 얽힌 이야기

2002년 3월 3일 낙동정맥 6차 구간을 지나면서 떠오른 기억들이다. 마지막 시티재에 내리기 직전 호국봉이라는 나지막한 봉우리가 있다. 1/50,000 지형도에는 높이 표시도 이름도 없는 봉우리이지만, 영천 지역 호국용사회에서 '호국봉/해발340m' 라는 자그마한 나무패를 설치해둔 곳이다.

그들은 여기에서 자주 모임을 갖고 50여 년 전 안강전투 격전 현장을 기념하고 치열한 혈전 끝에 이 능선의 전투에서 살아남은 것을 되새기며 장렬히 순국한 동료들의 정신을 기리고 있는 듯하다. 이 봉우리에 앉아 나의 어린 시절과 한국전쟁을 회상해 본다.

나는 일제 말엽에 유년기를 보냈다. 태평양전쟁 막바지에 일본이 최후의 발악을 하던 시기다. 개를 키우면 식량을 축낸다고 금지하던 때여서 긴 장대 끝에 갈고리를 달아서 길가에 어슬렁거리던 개의 항문을 꿰어 낚아채는 것을 보고 놀랐던 일이 기억난다.

또 누에고치를 풀고 명주를 짜서 곡물과 바꾸어 끼니를 잇던 것이 우리 집안 형편이었는데, 어떤 날 감시원이 오는지 망을 보라는 어머니의 말씀에 마을 어귀에서 지키고 있었다. 그 때 낯선 사람이 오는 것을 보고 놀라서 "엄마 잡으러 온다!"고 외치면서 황급히 집으로 뛰어들어갔다.

그 사람은 곧장 내 뒤를 따라 들어와서 베틀에 걸린 베 바닥을 가위로 잘라 버리고 어머니를 끌고 갔다. 일본 관리는 늘 너무도 무서운 대상이었다. 이처럼 어리석게 자라면서도, 송진기름으로 전투기 연료를 보충한다고 학생들에게 관솔을 따게 하던 시절 학교에 보내지 않았던 아버지의 항일정신도 어렴풋이 알았다.

해방이 되고 나서 대구 10.1폭동 때 면장을 끌어내어 뭇매질하던 것도 보았다. 빨치산들이 저녁에 통신 전주를 톱으로 베어 넘기므로 편찮으신 아버지 대신 할머니와 함께 밤중에 보초를 서기도 했다. 국군 방위대에서 빨치산을 토벌하던 최 아무개 지휘관이 집에서 빨치산 노릇을 하던 아내를 차에 태우고 애기재 근처 도둑골 못에 데리고 와서 산으로 도망가게 해놓고 총으로 사살하는 일도 있었다.

저녁에는 불도 제대로 켜지 못하는 형편이었다. 이런 상황 속에서 맘 편히 살기 힘든 빼골을 벗어나서 가척으로 이사한 것은 정말 다행이었다.

1950년 6월25일 북한이 남침하여 계속 밀고 내려오니 국군 병력으로 막아내기엔 역부족이라 유엔군이 참전하여 전열을 가다듬을 때까지 밀릴 수밖에 없었다. 그래서 낙동정맥 능선이 최후의 저항선이 된 것이다. 경주를 사수한다는 최후의 결단이 내려지고 인해전술이 펼쳐졌다. 애기재에서 유엔군이 건천으로 물러서던 날 이제 피난을 가야하는데 우리는 갈 곳이 없었다.

그래서 밤새 격렬했던 안강전투와 시티재 능선의 사투를 멀리서 구경하게 되었다. 이처럼 지척에서 치열하게 전투가 진행 중인데도, 피난도 가지 않고 집에 앉아서 전쟁의 참상을 모면했으니 우리가 사는 곳이 곧 명당이라는 생각된다.

중앙 산간지역으로 안동 – 의성을 거쳐 영천까지 내려온 인민군과 동해안을 타고 포항까지 내려온 인민군이 모두 지쳤고 또 유엔군의 저항이 컸기 때문에 개별적으로는 경주를 함락 할 수 없게 되어 시티재를 넘어 안강에서 합세하여 경주를 공략할 계획이었던 것 같다.

상황이 그러하니 만큼 전투는 치열할 수밖에 없었고, 그 즉시 경주를 비롯한 동부 영남지역의 학생들이 총알받이 노릇을 하게 되었다. 학생들은 대부분 자원을 하였고 하루 정도 총기 다루는 방법만 배워서 바로 전선에 투입되었다. 특히 경주중학교 학생들이 대거 참여하고 많이 전사했기 때문에 휴전 후에 경주고등학교 교정에 위령탑을 세워 장렬히 산화한 어린 학생들의 숭고한 애국정신을 기렸다.

우리들은 고등학교에 다닐 때 위령탑 앞에서 선배들의 뜻을 새기며 공부한 탓에 반공정신과 민주정신이 몸에 배이게 되었다.

안강전투의 최대 격전지 중에서 시티재와 어임산을 잇는 낙동정맥 능선은 빼놓을 수 없는 곳이다. 유엔군 전투기 폭격의 목표 지점이었고 많은 인명피해가 있었던 곳이다. 시티재 아래 영천군 고경면 청정리에 살고 계셨던 둘째 외삼촌의 이야기에 의하면, 인민군이 퇴각하고 수복된 후에 산비탈에는 시체가 부지기수로 널려 있었다고 한다. 피아간 많은 인명피해를 입으면서 최후의 보루인 경주를 지켰던 호국의 현장이다.

이 치열한 전투에서 부상을 당했지만 그래도 살아남은 사람들은 정말 행운이었다. 이 전투에 참전했던 용사들(지금은 이미 70세를 넘긴 분들)이 주축이 되어 호국용사회가 만들어 졌다고 생각하니 고개가 숙여진다. 지금도 그들은 애국애족 정신으로 이 곳을 찾으며 나라사랑 정신을 고취시키고 있는 것이다. 한번 더 그들에게 감사를 드리면서 시티재에 내려서 산행을 마무리한다.

산과 맥에 감사한다

소년기와 청년기를 보낸 내 두 번째 고향은 경주의 오봉산 기슭, 초등학교 4학년 후반기에 좁은 산골(빼골)에서 넓은 들판(신평)으로 이사를 와보니 마을도 크고 친구도 많았다. 건천초등학교로 전학을 했는데 마치 촌사람이 성내에 나온 것 같았다. 이 시기에 나의 가슴은 저절로 넓어지고 꿈은 자라났다.

당고개 – 애기재 구간의 낙동정맥이 내가 살던 경주시 건천읍과 서면(옛날에는 두 곳을 합하여 서면이었다)을 둘러싸고 있다. 그 중 숙재 남쪽 봉우리와 그 봉우리 동쪽에 있는 오봉산 사이의 고원지대에 신라시대의 성인 부산성(富山城)이 있다. 낙동정맥 봉우리에서 산성 안쪽으로 뻗어 내린 지능선에 우리 선조의 묘가 있고 유물이 남아있다.

옛날 부산성에는 30여 가구가 여기저기 흩어져 살고 있었고 산성분교가 있었는데, 3공화국 이후 현대화 물결을 따라서 차츰 주민이 줄어들었다. 또 대구에 있는 어느 재벌 기업가가 산성 안쪽의 땅을 매입하여 민가를 철거시키고 목장을 개발했다.

개발 명분으로 부산성의 유적지를 마구 훼손시키는 것에 분개하여 그 현장을 건천읍의 유지들이 고발하여 목장사업은 중지시켰으나 훼손된 유적은 복원되지 않고 훼손의 현장이 지금도 그대로 남아 있다. 지금은 축사 몇 동과 산성분교 건물이 남아 있으며 목장 관리소로 사용하던 건물에 한 가구가 살면서 염소를 기르고 있다. 목초지는 밭으로 개간하여 평지 사람들이 고랭지채소 농사를 짓고 있다.

그리고 오봉산 동남쪽 능선 지맥에 오묘하게 생긴 여근곡이 있고, 그 아래는 들판이 넓어 섭들이라고 한다. 그것을 한자로 표시하여 신평(薪坪)이란 행정구역이 생긴 것이 경주시 건천읍 신평리이고 그 중에 한 단위 부락이 가척이다. 한 때는 50여 가구가 살았는데 마을 가운데로 경부고속도로가 지나가면서 지금은 쇠락한 작은 부락으로 되고 말았다. 나는 초등학교 4학년 때부터 대학을 졸업할 때까지 이곳에서 살았다.

1950년 초에 전학하여 학교에 익숙해지기도 전에 한국전쟁이 터져서, 학교에는 군인들이 주둔하고 학생들은 떠돌이 신세가 되었다. 그 당시 아버님이 편찮으셔서 내가 집안 농사일을 돌봐야 했으므로 공부는 뒷전이었다. 이런저런 상황이 공부에서 거리가 멀어지도록 만들었고, 시간이 흘러 초등학교를 졸업하면 자연스럽게 농사꾼이 되는 운명이었다.

1952년 초에 본교사로 복귀하고 학기가 바뀌어 4월에 신학기가 시작되니 친구들은 중학교에 진학하려고 야단들이었다. 그래도 나는 아버지가 편찮으신 관계로 많지도 않은 농사를 짓기로 되어 있었던 터라 진학은 상상도 못하고 있는 상태였다.

그러던 어느 날 할머니와 함께 친척집에 다니러갔다가 그 집 아들(우현)도 중학교에 간다는 말을 들었다. 그 집보다는 잘 산다고 생각하던 우리가 애를 중학교에 보내지 않으면 되겠느냐고 할머니는 아버지를 설득하셨다. 입학원서 마감 날이 되어서야 겨우 진학해도 좋다는 허락을 받아 속성으로 사진을 찍고 나무 막도장을 파서 가까스로 원서를 접수할 수 있었다.

한 순간의 선택이 운명을 좌우하는 일이었다. 이 일을 회상하면 나는 '사람 팔자 시간 문제' 라는 생각이 든다.

그 당시 입학전형 방법은 국가고시형태로, 공동으로 문제를 출제하여 동시에 시험을 치르고 그 성적으로 각자가 지원한 중학교에 진학하는 제도였었다. 진학준비를 하지 않았는데도 성적이 뜻밖에 잘 나와 경북중학교에도 들어갈 수 있는 점수였지만, 선 지원 후 시험 제도이었으므로 건천읍에 있는 무산중학교에 들어갔다.

내 중학교 입학은 아버지의 자식 교육에 대한 인식을 바꾸어 놓았다. 가르쳐야 한다고 생각하시게 된 계기가 된 것

정혜사지 13층석탑

도덕산 아래 시조 숨결이 느껴지는 정혜사지와 홀로 남은 국보 제40호 13층석탑

이다. 그 덕분에 밑으로 다섯 동생과 함께 우리 6형제의 운명도 바뀌게 되었으니 지금의 우리 형제를 있게 해 준 밑거름이 되었다 할 수 있다.

우수한 성적으로 중학교에 들어갔지만 여전히 공부는 뒷전이고 집안의 농사일이 주업이었다. 공부는 학교에서만 하는 것이고 마치면 바로 집으로 달려가 일을 해야 했다. 아버지가 편찮으시니 머슴에게 일을 시키는 것도 나의 몫이다. 어린 나이에 말로는 시킬 수가 없으니 내가 먼저 일을 함으로써 따라 하지 않을 수 없게 하는 방법밖에 없었다.

나는 중학생이니 학교를 못간 머슴보다 일도 더 잘 해야한다는 생각이었다. 뿐만 아니라 농번기에 일이 밀리면 결석도 자주했다. 그러다 보니 성적은 중간 정도를 유지할 수밖에 없었다.

일은 농사일만 있는 것이 아니다. 초등학교 때는 소를 먹이는 일과 소 풀을 뜯는 일, 중학교 이후에는 나무하는 일이 추가되었다. 이 모든 노동의 터전은 오봉산과 부산성이었다. 벽처럼 깎아지른 오봉산을 오르내리면서 소를 먹이고 약초와 산나물을 캐고 땔나무를 하던 일이 기억에 생생하다.

그리고 방학 때는 오봉산에 올라가서 나무를 하는 것이 통상적인 일과였다. 대학에 다닐 때(1959년)는 산이 황폐하고 땔나무가 부족하여 방학중에 부산성 안쪽까지 올라가서 풋나무를 베어서 말린 후 등짐으로 져 나른 일도 있었다. 그것도 지게 두 대에 짐을 싣고 하나를 져다 놓고 쉬는 시간에 되돌아 올라가서 다른 짐을 교대로 지고 오는 교대짐 방식으로 날랐던 것이다.

이처럼 오봉산을 오르내리고 부산성에 드나들던 성장기의 일상 노동 덕분에 다리가 튼튼하게 다져졌고, 그 굵어진 다리로 오늘도 백두대간 주능선을 달릴 수 있게 된 것이니 산과 맥에 감사를 드리지 않을 수 없다.

기차 객실 공부방

중학교에 들어가는 행운은 얻었지만 학교에 다니면서도 항상 농사일이 먼저이고 공부는 뒷전이었다. 그러니 성적이 저조하여 중간 정도의 수준을 유지하기도 어려웠다. 그러던 중에 3학년이 되어서 고등학교 진학에 관심을 갖게 되었다.

그래서 고입 종합참고서를 구하여 낮에는 일하고 밤에는 호롱불 밑에서 밤샘도 해보았는데 큰 성과가 없었다. 그런데도 내가 다니던 중학교가 시골학교이고 전반적으로 공부를 열심히 하지 않던 시대적 분위기 덕분에 졸업할 때는 우등상을 받을 수 있었다.

그래서 학비가 적게 들고 직장이 보장되는 대구사범학교에 응시했는데 실패하고 말았다. 그것으로 끝이라고 생각했다가 주경야독으로 공부한 것이 아까워서 경주고교에 시험만 쳐보기로 하고 응시했다. 턱걸이하는 수준으로 간신히 합격은 되었지만 부모님의 후원이 걱정이었다.

그러나 상당한 경쟁을 통하여 함께 응시한 친구들 중에서 뽑히는 행운을 얻었기에 중학교 들어가던 때보다는 더 쉽게 승낙을 받을 수 있었다.

고등학교에 들어가니 완전히 다른 세상이다. 경주중학교를 졸업한 친구들과 실력 차가 너무 나는 것 같아 겁이 났다. 그리고 기차통학을 하면서 학교를 다녀야해 더욱 더 따라가기 힘들 것 같았다. 하지만 기차통학이 기초실력 부족을 극복하는 계기를 만들어 주었으니 뜻밖의 일이었다.

중학교 때는 걸어다니면서 내가 공부할 시간을 모두 농사일에만 빼앗겼지만, 고등학교에 들어가고는 기차를 타기 위해 집에서 나가는 시각부터 기차에서 내려 집으로 돌아오는 시각까지는 어느 누구도 방해할 수 없는 나만의 시간으로 이용할 수 있었기 때문에 공부하는 시간이 충분토록 많아졌다.

집에서 역까지 30분, 기차 타는 시간 30분, 내려서 학교 가는 시간 20분을 합해 1시간 반정도. 귀가 길은 기다리는 시간이 일정하지 않지만 더 많은 시간이 소요되기 때문에 결과적으로 하루에 4시간 이상 내 시간이 생겨난 것이다.

이 시간을 최대한 활용해야 하는 나의 일과는 몹시 빡빡했다. 6시에 기상하고 수업시간표에 따라서 가방을 챙겨두고, 그 날 배울 영어 진도 범위에서 모르는 단어를 사전에서 찾아서 단어장에 정리하고, 아침를 하고 7시 반에 집을 나선다. 역으로 가는 시간은 단어를 위에서 아래로 하나씩 외우는 시간이다.

차에 오르면 그 날 수업이 있는 중요 과목을 예습한다. 역에서 학교까지 걸어가면서도 단어 외우기가 계속된다. 방과후에는 학교에서나 열차 중에서 중요 과목을 복습하고, 차에서 내려서 집으로 가는 시간은 밑에서 위로 단어 외우기가 계속된다. 집에 도착하는 시각이 오후 6시 반쯤이므로 낮이 긴 하절기에는 어두울 때까지 들에 나가서 2, 3시간 노동을 한다. 저녁식사 후에는 졸음을 피하기 위하여 수학 문제풀이를 1시간 정도 한다.

그 때 통학기차는 정상적인 객차가 아니었고 화물차를 약간 개조한 것이었다. 짐을 싣는 커다란 문이 있고 공기 창이 네 개 있는 박스로서 주변에 판자를 둘러놓아 걸상으로 사용했다.

전기불도 들어오지 않아 터널에 들어가면 남학생들끼리 모자를 벗겨 여학생 있는 곳으로 던지고, 짓궂은 남학생 옆에 있는 여학생은 비명을 지르기도 했다. 또 증기기관차가 끌기 때문에 터널을 지나면 석탄 연기가 들어와 콧속이 숯검정으로 검어지기도 했다.

손잡이가 없어서 출발하거나 정차할 때 출렁거려서 넘어지기도 했다. 이러한 객차에서 공부를 하려고 애를 쓰면서 기차통학으로 고등학교를 다녔다.

동절기에 낮이 짧으면 통학열차가 출발할 즈음 어두워지기 때문에, 양초에 불을 밝혀 한 손에 들고 다른 손에는 노트를 들고 30분 정도의 시간을 이용했다. 그래서 책가방에는 항상 양초와 성냥이 들어 있었다. 물론 집에서는 양초와 석유램프를 쓸 정도의 여유가 없기 때문에 호롱불을 이용하던 시절이었다.

복잡하고 시끄럽고 좋지 않은 분위기에서 어떻게 공부가 되겠는가? 시끄러움을 극복하려면 정신집중이 필요하고, 소음 속에서 소음을 차단한 상태로 정신집중을 이루면 학습효과가 크게 나타난다. 뿐만 아니라 농번기에는 1주일 정도 결석하고 농사일을 도우면서 나 홀로 가정실습을 했는데도, 이렇게 1년 동안 기차통학을 하고 나니 다른 친구들을 따라잡아 우등생이 될 수 있었다. 이것은 결국 고생스러운 기차 통학이 나에게 준 선물이었다.

고등학교 2학년 기간은 검정고시를 쳐서 1년 빨리 고등학교를 마치겠다는 욕심 때문에 외도를 하게 되고, 학교 공부는 수업시간에 열심히 듣는 것만으로 그치고 등한시하여 중간 정도의 수준을 유지하는데 그쳤다. 그러나 검정고시는 몇 과목 때문에 통과하지 못하고 3학년이 되어 새 출발을 하게 되었다.

검정고시 준비과정이 전과목 예습과정으로 되었기 때문에 3학년에서의 학업은 쉽게 풀려나갔다. 제2차 모의시험에는 전교 1위를 하여 학교를 놀라게 했으며, 졸업성적에 수학(해석)과목을 만점으로 기록했으며, 졸업 때 특별상을 수상하는 영광을 얻었다. 이 모든 것이 기차의 공부방 덕분이었다고 생각한다.

기차 통학은 대학에 들어가서도 계속되었다. 그 당시에는 내가 살고 있는 건천에서 대구까지 통학열차는 2시간 반정도 걸렸다. 집에서 건천역까지 30분, 대구역에서 경북대학교까지 걸어서 40분 이상 걸리므로, 집에서 학교까지 가는 시간은 4시간 가까이 걸리고 귀가시간은 그보다 더 오래 걸려 통학에 8시간 이상 소요되었다.

대학생활 4년 중에 이러한 생활이 3년 정도 지속되었으니 나와 통학열차는 불가분의 관계에 있었다. 특히 대학 다닐 때는 전공이 수학이므로 객실에서 문제를 풀기 시작하면 풀릴 때까지 깊이 빠져드는 경우가 자주 있어 명실공히 객실이 나의 공부방임에 틀림없었다.

어려운 시기에 힘든 생활을 했지만 내 인생에 큰 도움을 준 나날이었다.

쌀포대 등짐의 고학생활

  요즘 고등학교를 졸업하면 대학 입시에 응시는 당연한 상식이고 누구나 대학에 가야한다고 생각하는 것이 보통이다. 그러나 옛날 중학교도 보내지 않으려던 집에서 대학에 보낸다는 것은 상상할 수도 없는 일이었다. 그래서 나는 장학금으로 대학교육을 받을 수 있는 곳을 찾을 수밖에 없었다.

  조선대학교에서 특차로 학비 전액면제와 생활비 보조라는 파격적인 특별장학생을 선발하는 제도가 있어, 나는 약학과에 지원했으나 낙방했다. 제2지망인 생물과에 학비만 면제해주는 1급 장학생으로 합격시켜준다고 했지만 광주까지 오가는 교통비나 생활비가 무서워 포기하고 말았다.

  그리고 나서 서울대학교에 지원하려고 1차 시험을 생각해 보았지만, 조선대 응시로 돈을 써버리고 차비 조달이 어려워서 결국 대구에 있는 경북대학교에서 제일 어렵다는 사범대학 수학과에 지원했다. 시험을 칠 때 자신이 있다고 생각했던 수학 문제를 제대로 풀지 못해 낙방의 고배를 마실 각오로 합격자 발표 날을 맞았다.

  그 와중에 대안으로 고학의 길을 생각했다. 우선 차비라도 벌어야 했기 때문에 시골에서 계란을 모아서 한 상자를 짊어지고 대구로 올라갔다. 어디에서 어떻게 팔아야 하는지도 모르면서 합격자 발표 장소에는 가지 않고 음식점, 상점, 다방 등 사람들이 모이는 곳을 찾아 계란을 팔러 다녔지만 좀처럼 팔리지 않았다.

어느 다방에 들어갔는데 한 손님이 신문에서 경북대학교 합격자 명단을 보고 있어 어깨 너머로 살짝 들여다보니 내 이름이 보였다. 뜻밖이라 계란 상자를 진외가(할머니 친정 집)에 맡기고 학교로 갔다. 내가 합격한 것을 확인하고 등록 서류를 받아보니 수업료는 국비이므로 면제되고 기성회비만 내는데도 제법 큰돈이었다.

물론 입학한 후에 별도로 국비장학금이 나온다고 해도 액수가 얼마 되지 않아 큰 도움이 되지 않을 것 같았다. 진외가로 돌아와서 합격 소식을 전하니 박수로 축하하면서 이웃 사람들에게 계란을 나누어 모두 팔아주었다. 이것이 나에게 큰 용기를 주었으며 내가 등짐 장사하는 계기가 되었다.

그 후 대학에 입학해서 기차통학을 하면서 아침 등교 길에 매매차익을 얻을 수 있는 물건들을 가지고 다녔다. 계란 한 상자를 팔아봐야 이익이 별로 크지 않으므로 주종목을 쌀로 바꾸었다. 첫 시간 수업이 없는 날 쌀 두말(40 l, 32㎏정도)을 지고 간다. 아버지가 정미소에서 쌀을 사서 건천역 앞에 있는 친척집에 맡겨두면 내가 등교시간에 조금 일찍 달려가 짊어지고 기차로 대구로 간다.

대구역에서 15분 정도 걸리는 진외가에 두고 가면 진외할머니가 실수요자에게 팔아 준다. 이것을 세 번만 하면 건천 – 대구간 3개월 승차권(패스권) 구입대금이 해결되지만, 이것만 가지고는 대학생활의 고학 수단으로 충분하지 못했다. 그래도 그것을 지고 다닌 마음이 내 앞날에 물질 이상의 도움을 주었다.

나의 대학생활은 등짐만으로 이루어진 것이 아니다. 여름방학에는 농사일을 했다. 대학생이면 대학생답게 농사일을 잘 해야 한다는 것이 나의 신념이었다. 산에 나무 해오는 일까지 무슨 일이나 닥치는 대로 해냈다. 겨울에는 농한기라 온 가족이 한마음이 되어 가마니 짜기로 돈을 벌었다.

이러한 농촌생활은 대학생으로서 감당하기 힘든 일이었다. 그러나 등록금을 낼 때는 비축된 돈이 적어 금융조합(현재의 농협)에서 빚을 내어 감당하고 일년 동안 농사일로 생긴 수입으로 연말에 갚는 방식이 반복되었다.

지금 생각하면 훨씬 쉬운 방법도 있지 않았을까 생각해 본다. 가정교사 제도는 그 당시에도 있었다. 그러나 지금과는 달리 입주하여 숙식을 제공받고 차비를 약간 받는데, 공부에 지장을 받고 자유롭지 못하다는 생각에 구해보지도 않았다.

그러던 중, 3학년 중반기(여름방학)부터 학교 도서관에 시간제 근무(파트타임) 요원으로 채용되어 도서정리 업무를 도우면서 약간의 수입을 얻어 학교 생활에 도움을 받았다. 그때 가정교사 자리도 맡게 되어 기차 통학을 할 때 보다 더 바쁜 생활이 진행되었다.

처음으로 중고시계를 구하여 내 시간를 따라 생활해보았다. 좀 무리하였는지 열병을 앓게 되어 반 달 정도의 공백기를 맞았다. 그래서 가정교사를 두 달만에 마감하고 도서관 일을 하며 학업에 전념했다. 하숙을 할 여유가 없으니 기차통학을 계속하면서 바쁜 일과가 흘러갔다.

집에 시계도 없는 상황에서 아침 5시 반에 집을 나서는 기차 통학을 2년 넘게 하면서 한 번도 열차를 놓친 적이 없었다. 이것은 오로지 어머님의 정성 덕분이었다. 안동으로 가는 통학 열차가 내가 탈 기차보다 1시간 일찍 건천역을 통과하므로 그 기차의 기적소리에 시간을 맞추어 일어나셔서, 나를 깨우고 아침밥을 지어 먹이고 도시락까지 준비하여 학교로 보내셨다.

내가 대학을 다니는 동안 어머님의 정성은 이것만이 아니었다. 어려운 살림에 농사일과 길쌈에 골몰하시며 그 때까지 바깥일을 모르고 사셨는데도, 계란을 모으는 일을 계기로 집에서 생산한 채소나 농산물을 시장에 내다 파는 일을 하시게 되었다.

그래서 산에 가서 산나물을 채취하고 모아서 내 등교시간에 함께 대구로 가서 대구 칠성시장 한 모퉁이에 보따리를 내려 드리면, 어떻게 팔았는지 몰라도 저녁때는 상당한 수익금을 움켜쥐고 집으로 오셨다. 아들 학비 마련을 위하여 애쓰시는 어머님의 마음은 나를 감동시켰으며 나를 곁눈팔지 못하도록 지켜주셨다. 지금도 그 은혜에 항상 감사하면서 살고 있다.

나의 대학 진학을 계기로 우리 집안이 한가지 과업 즉 대학 뒷바라지에 총력전을 펼치니, 그 와중에 희생을 당한 것은 바로 밑의 동생이었다. 초등학교를 졸업하고 중학교 진학을 포기한 채 6년 전 내가 감당하기로 되어 있던 농사일을 맡게 되었다. 어린 나이에 집안 일을 해내는 동생이 정말 대견스럽고 고마웠다. 내 대학생활이 힘들긴 했지만 동생에 비하면 호강스러운 것이라 생각되어, 집에 있는 시간이면 언제나 동생과 함께 즐거이 농사일을 할 수 있었다.

내가 도서관에서 일을 하던 사무실에 급사 자리가 비어 관장에게 내 동생이 그 일을 하도록 부탁해 그 곳의 급사로 오게 되었다. 그 때부터 동생에게도 입지전적인 인생이 시작되었다. 그 때 동생과 함께 자취를 시작해 나의 기차 통학은 종지부를 찍었다.

동생은 야학으로 공부를 하면서 말단의 직장인이지만 성실하게 근무하여 모든 사람의 인정을 받게 되었고, 고등학교를 졸업한 후에 군에 입대했다. 제대 후에 도서관의 임시직으로 시작하여 사서서기보, 서기, 주사보, 주사로 승진하고, 경북대학교의 모범 공무원으로 복무하게 되었다. 대단한 집념으로 사서관 시험(일반 고등고시와 같음)에 합격하여 과장으로 근무했으며, 방송통신대학에서 학사 학위를 받았다.

그리고 우리나라에서 다섯 번째로 사서서기관에 승진하여 서울대학교 도서관 과장을 거쳐 지금은 경북대학교 도서관 과장으로 근무하는 대단한 노력가다. 동생의 고생과 노력을 생각하면 감격스러우며, 나의 대학생활에 도움을 준 것을 생각하면 깊이 고개가 숙여지고 감사의 눈물이 나온다.

내가 대학교를 다니던 시대에는 아무나 대학교에 가는 것이 아니고 집안이 넉넉해야 갈 수 있었으며, 논 열 마지기는 팔아야 대학을 졸업시킬 수 있던 때였다. 우리 집은 논 팔아 대학 다닐 형편이 아니었다.

그래서 집안이 총체적으로 하나가 되어 노력한 덕분에 무사히 대학을 졸업하게 되었으며, 졸업하던 해에는 오히려 논을 살 수 있었다. 그 덕분에 우리 육 형제가 모두 고등교육을 받고 사회의 지도층으로 성장할 수 있었다고 생각한다. 이 모든 것이 가능하도록 보살펴 준 부모님과 형제들에게 다시 한 번 더 감사를 드린다.

고생 끝에 영광

나의 대학 생활은 사회가 급변하는 과도적인 시기였다. 자유당 말기에 접어들어 이기붕의 아들 강석이 이승만 대통령의 양자로 들어가고 그를 사칭한 사기사건이 터져 사회의 부패상을 대표했다. 3선개헌에서 서울대학교 수학과 최 아무개 교수는 사사오입의 유효성을 유권 해석하여 어용교수의 표본이 되기도 했다. 1960년 대통령 선거운동과정에서 청중 강제동원 등 부정이 태동할 때 대구에서는 2·28규탄 대회가 열리지만, 3·15선거에서 부정이 재현되고 자유당은 이승만을 대통령으로 당선시켰다.

부정선거 규탄이 전국적으로 확산되는 중에 김주열 군의 시신을 마산 앞 바다에 던져 유기하는 사건이 도화선이 되어 4·19의거가 일어나고, 결국 4월26일 이승만 대통령이 하야하게 되는 정치적 과도기를 맞았다. 그때 대학생들은 치안유지와 새 헌법에 의한 민·참의원 선거에 자원봉사를 했다. 나도 건천으로 내려가서 봉사활동을 했는데 처음 대학생으로의 자긍심을 느꼈다.

학교에서 어용교수들이 물러나고 모든 보직교수가 바뀌었는데 우리 지도교수께서 도서관장으로 취임했다. 도서관 쇄신 차원에서 학생들을 파트타임으로 채용하여 도서정리를 맡겼으며 운 좋게 나도 그 일에 동참하게 된 것이다.

각 대학에서 뽑힌 남녀 학생이 모두 18명이었으며 수업이 없는 시간에 도서관에서 일을 하면서 작업 시간이나 정리한 카드의 양에 따라서 보수를 받았다. 우리들은 동아리를 만들어서 CC회(Copy Club - Copy는 같은 책이 여러 권 있을 때 C(copy)=1, C=2, … 등으로 붙여서 정리한다)라는 이름으로 특별활동을 하였고, 20년 후에 만나자(After twenty years)는 약속을 하기도 했다. 남녀 학생의 수가 비슷하여 자연스럽게 파트너가 만들어져 그 중에는 결혼을 한 사람도 나왔다.

남자들은 병원장, 국영기업 경영인, 고급공무원(상공부 차관), 학교장, 교수, 성직자, 이민간 사람 등 바쁜 생활에 쫓기고, 여자 친구들은 주소를 몰라서 재회의 뜻을 이루지 못하였다. 이제는 어언 40여 년이 지났다. 지금은 동아리 활동이 활발하여 한 학생이 여러 모임에 참가하지만, 그 당시에는 동아리를 상상도 못하던 시기였기 때문에 나에게는 잊지 못할 낭만적인 추억으로 남아 있다.

새로 구성된 민주당 정권은 지나치게 자유분방하여 사회적인 불안을 초래했다. 결국 1961년 5월16일 박정희를 주축으로 군사혁명이 일어났고 목소리가 지나치게 높던 단체나 개인이 퇴출을 당했다. 그러나 도서관에서 봉사하는 우리들에게는 변화가 없었다. 일부가 졸업하였기 때문에 숫자가 줄었을 뿐이었다.

1960년 말에 가정교사로 들어가 아들을 부속중학교에 입학시켜준 곳이 경상북도 내무국장 집(관사)이었다. 혁명 후에 바로 쫓겨난다고 생각했는데 전혀 변화가 없었다. 내무국장은 예천 출신으로 학력이 초등학교 졸업뿐이지만 사법고시, 행정고시를 모두 합격하였고 그의 득점을 깬 사례가 없었다고 했다. 생활이 아주 철두철미하여 부정과 야합하지 않았으므로 오히려 모범공무원으로 보호를 받게 되었다.

부지사제도가 신설되어 전남부지사로 전근되면서 가정교사의 인연은 마무리되었지만, 그 집의 생활방식과 생활신조가 나에게 큰 영향을 주었다.

군사정부의 사회적, 정치적 개혁으로 세상이 많이 달라졌는데, 교육 제도에도 큰 변화를 가져왔다. 입시제도와 학위수여제도를 국가고시 제로 바꾸고 구조조정을 통하여 학과를 통폐합하여 부실 학과를 정리 하였다. 즉 62학번부터는 대학입시에서 학과를 먼저 지원하고 국가고 시를 거쳐 그 점수로 대학을 선택하는 이른바 선 지원 후 시험제도가 도입되었다. 이것은 시험부정을 막고 입학정원을 통제하기 위한 수단 으로 도입된 제도였다.

자유당 시대에는 중학교나 고등학교에도 보결로 학생을 입학시켜 정원이 지켜지지 않았다. 교사 1인당 한 사람씩의 보결학생을 넣는다 는 이야기가 보편화된 통념이었다. 그 한 예로서, 내가 고등학교를 졸 업할 때 한 학년에 4학급 240명 정원인데 310명 정도가 졸업을 했다.

사립대학의 경우, 입학정원이 50명인 학과에 한 학년에 1,500명이 재학하는 경우도 있었다고 한다. 입학시험에 응시하면 시험결과에 따 라 정원 이내로 합격자를 발표하고, 나머지 응시자에게는 등록금을 내 면 합격시켜줄 수 있다는 안내문을 보내어 뒷문으로 입학시켜 주는 것 이었다.

이 때문에 농촌 학생들 중 재산을 줄여서(논을 팔아서) 대학을 다니는 경우가 많았고 수학 능력이 모자란 학생들도 많았다. 어떤 대학은 재 학생 수가 정확히 얼마가 되는지 모를 정도였다고 한다. 그것을 바로 잡고 대학생의 질을 높인다는 명목으로 도입된 것이 학사자격국가고 시 제도였다.

우리가 4학년이던 1961년 9월쯤 그 제도와 시험요강이 발표되었다. 과목은 국어, 영어, 국사, 자연과학(이공계)을 모아서 200점, 전공과목

300점, 합하여 500점 만점에 객관식 문제로 시험을 친다는 것이다. 갑작스런 새로운 제도 도입에 대비할 시간도 없이 사범대학 학생들은 교생실습이라는 과정으로 고등학교에 파견되어 교사 연습을 하게 되었다. 틈틈이 전공과목을 복습·정리하고 국사와 자연과학을 공부했다. 학교에서는 교수들의 특강이 제공되고 모두들 시험 준비에 분주했다. 드디어 시험 날이 다가왔다.

12월 말 하루 종일 치러지는 시험에 국어와 영어는 고등학교에서 배운 기억을 동원했고, 자연과학과 국사는 준비한 내용이 효험을 보았다. 전공과목은 배운 내용이 많이 출제되어 걱정하던 것보다는 안심이 되었다.

별로 신경 쓰일 일이 없어 마음 놓고 고향에 내려갔는데 우리 집에 화재가 발생하여 아랫채가 없어졌다. 그래서 집을 재건축하는 집안 일 등을 도우면서 방학을 보내고, 시험 결과가 발표되는 날 대구로 올라가 친척집에 들르니 모두들 야단법석이었다. 내 이름이 신문에 났으며, 수학과 전국 수석으로 합격했단다.

신문에는 전반적인 결과 분석과 함께 20개 정도의 중요과목 수석합격자가 발표되었다. 국문과와 수학과는 경북대학교 사범대학에서 수석을 차지했으며, 연세대가 두 과목, 고려대가 두 과목을 차지하고, 나머지는 모두 서울대학교에서 수석이 나왔다. 서울대학교 문리대와 사범대학 수학과 학생들을 제치고 수석을 차지하게 된 것은 나의 영광이며 경북대학교의 명예로서 대구 지역을 떠들썩하게 했다.

학교에 나가 확인해보니 그것이 사실이고, 그런 중에 동료 몇 명이 낙방한 것은 가슴 아픈 일이었다. 이 일로 지방신문 기자들이 찾아와서 인터뷰를 요청하고 처음으로 매스컴을 타게 되었다. 난생 처음이라 수줍음이 앞서고 하고 싶은 이야기가 생각나지 않아 나중에 기사를 읽어보니 촌스럽기 짝이 없었다. 하여간 뜻밖의 영광을 얻고 이웃의 박수를 받으면서 대학을 졸업했다.

그 당시 경북대학교 수학과는 학술활동이 대단하여 학과의 학술논문집을 발간했으며, 세계 여러 나라의 저명한 대학들과 학술교류를 하고 있었다. 그러한 저력으로 서울대학교를 비롯하여 거의 대부분 대학에 경북대학교 수학과 출신의 교수를 심어 놓게 된 것이다.

사회 기여를 찾아 방황하던 시절

제1회 학사고시 수학과 전국 수석합격의 영광을 안고 대학을 졸업하여 교사임용 배정을 경상북도에 받았지만, 병역 미필이라는 이유로 발령을 받지 못하고 실업자로 전락했다. 1960년도에 징병신체검사를 받았고 1961년에 입영 적령기를 맞아 대학 재학생의 자격으로 입영연기를 받았었다.

같은 나이로 갑종 판정을 받은 사람 중에서 아주 극소수만 전반기에 징집되고, 군사혁명 후에는 그 사이에 병역을 기피해오던 많은 사람들을 군에 수용하느라고 적령기의 장정들이 입영을 못하고 병역미필자로 남았다.

대학원 진학을 권유받았지만 화재로 가정 형편이 더 어려워진 상황에 고학을 하는 처지로 대학원 공부를 한다는 것이 사치스럽게 느껴졌다. 게다가 대학원 입시가 지나버린 시기여서 정상적인 입학은 불가능하므로 우선 연구생으로 등록하여 학점을 따고 나중에 시험을 쳐서 입학하면 학점이 인정된다고 했다.

그러나 대학의 구조조정으로 사범대학 수학과는 문리대 수학과에 통폐합되고 교육학과만 남았으며, 부산대학교 수물과도 경북대학교에 흡수되는 와중에 지도 교수님마저 서울로 올라가 버리는 등 아무런 비전이 보이지 않았다.

결국 졸업한 후 1년 동안은 가정교사 등으로 생활은 해결되었지만 공백기를 맞게 되었다. 그러던 중 1963년에는 병역미필이라도 기피사실이 없으면 취직할 수 있도록 규정이 완화되어서 마산에 있는 한 사립고등학교 수학교사로 발령을 받았다. 그곳에서 모범교사로 인정을 받았지만 학생들에게는 별로 인기가 없었다. 사립학교 교사로 주저앉으면 나중에 아무 것도 남지 않을 것 같아 발버둥 치며 직장을 버리고 부산으로 올라왔다.

　수학과 대학원에 진학하여 교수 요원으로 나갈 것도 생각해보았으나 한번 빗나간 길을 되돌리기는 어려웠다. 그래서 수학과에서 배운 것을 기초로 응용분야를 찾아 사회에 기여하기로 정하고 부산대학교 토목공학과에 학사편입 하려고 부산으로 내려갔다. 가는 열차에서 우연히 기계공학과에 다니는 고교 동기생을 만나 기계공학에 대한 자랑을 듣게 되었다.

　이종사촌형님 댁에서 하루 저녁 자고 다음날 부산대학교로 가려는 참에 일제 시대 부산공업중학교 기계과를 졸업하고 모회사 설계실 책임자로 계시던 형님께서 토목공학보다는 기계공학이 좋다는 조언을 해주셨다.

　그래서 전화로 약속했던 토목공학과에 가지 않고 기계공학과 학과장을 만나 상담하게 되었다. 이 일이 지금의 나를 있게 한 결정적인 계기가 될 줄이야! 학사편입 절차를 밟아 3학년에 입학하여 결국 1962년도에 국가고시를 거쳐 입학한 우수한 학생들과 동급생이 되었다.

　또 1962년도에 경북대학교로 통폐합될 때 수물과에서 기계공학과로 넘어온 학생들도 있었다. 그 때 1962년에 입학했던 학생들은 자긍심이 대단해서 그들과 함께 공부하게 된 우리들에게 동참례(동참하는 것을 영광으로 생각하고 한턱내는 일)를 내라고 할 정도였다.

2년 동안 기계공학과 전공과목을 모두 이수해야 하므로 1 · 2 · 3학년 강의실을 넘나들면서 강의를 들어야 했다. 그러나 공학은 수학에 비하면 아주 쉬워서 수학과에서 단련한 논리적 사고의 힘으로 쉽게 좋은 성적을 얻을 수 있어 늙은 학생이 젊은 학생을 앞질렀다. 비축했던 돈과 몇 가지 부업으로 생활을 하면서 학비 감면의 장학 혜택도 받으니 크게 무리 없이 학업이 계속되고, 3학기 동안에 필요한 학점도 대부분 딸 수 있게 되었다. 그러나 4학년 2학기에 모두들 기업체에 취직을 하는데, 나는 또 병역문제와 연령 때문에 제외되었다.

그 때 모교인 경주고교에 수학교사 자리가 비어서 나에게 제의가 들어왔다. 조금 남은 학업을 마무리하는 중에 또 다시 뿌리치고 나왔던 수학교사로 되돌아간 것이다. 기계공학과를 졸업하고 나서 모교에 수학 선생으로 1년 간 봉사하다가 공학공부를 계속하기 위하여 우선 직장을 부산공고로 옮기고 부산 사람이 되었다.

물론 담당과목은 기계공학이다. 영어 · 수학선생이 우대를 받고 제일이던 시기에 전공과목 선생으로 내려앉았으니 밥 팔아 죽 사먹는 꼴이 된 것이다. 과외수업으로 돈을 벌던 수학과 동기생들과 만날 때는 경제적으로 너무 처져서 민망할 때가 많았다.

그러던 중 1970년에 부산 수산대학(현 부경대학교) 시간강사로 나가게 되고 이듬해부터 부산대학교 강사를 맡았으며, 1974년 전임으로 발령 받았다. 기업체에 가서 공학으로 사회에 기여하려고 했는데 결국 교수가 되고 말았다. 교수가 될 바에야 수학을 계속하는 것이 지름길이었는데 괜히 우왕좌왕 돌아 뒤늦게 같은 길을 걷게 되었으니 크게 잘못된 것 같다. 그러나 모든 것을 나의 운명으로 돌리고 받아들여 지금까지 순리대로 살아왔다고 생각한다.

별동대 삼총사

　나는 지금 재부 경주중고교 동창생들의 모임인 '수봉산우회' 산행 대장을 맡고 있다. 이 일이 동창과 모교에 대한 나의 마지막 봉사일지도 모른다. 선후배와 친구들이 땀흘리면서 함께 즐기는 건강한 모임이기에 회보를 정리하는 마음이나 산행을 안내하는 마음은 항상 즐겁다.

　회원들 중에는 선생님이라 부르는 후배들이 한 무리 있다. 그들은 나를 호랑이선생이었다고 한다. 항상 매를 들고 있었고 한 대라도 맞지 않았던 사람이 없었을 정도였다니 그럴 수밖에! 그들을 대하니 정말 미안하고 민망스럽다. 좋은 가르침을 주지 못한 것을 미안하게 생각한다. 한편으로는 훌륭히 성장하여 사회에 크게 봉사하는 제자들을 보면서 보람을 느낀다. 그들과 함께 산행을 하며 선생이었던 그 때를 돌이켜 본다.

　30여 년 전의 일이다. 모교 교단에서 후배들 앞에서 선생 노릇하던 때는 20대의 꿈 많았던 청년이었다. 경륜도 없고 덕도 없이 오로지 열성만 가지고 학생들 앞에 섰으니 지식 말고는 본받을 게 하나도 없는 돌팔이선생이었던 것 같다. 그것도 학생들이 싫어하는 수학을 가르친다고 떠들었으니 오죽했을까? 선생님의 선생님을 모신 손자선생으로서 학생들 속에 뛰어들어 좌충우돌 별나게 굴었던 기억이 난다.

　그 당시 우리 학교는 한 학년이 4학급 240명의 학생으로 이루어져 있었고 다소 침체되어 있었던 시기였다. 새마을 운동이 한창이던 때라 우리 학교에도 새 바람이 불었다. "공부시키자! 그러려면 생활 기율을 잡아야 한다"는 캐치프레이즈를 걸고 학생들의 생활지도에 비상이 걸렸다.

현재의 교장선생님이 학생지도부주임을 맡으셨으며, 지금의 교감선생님을 비롯하여 선배님들 몇 분과 우리들은 학생지도를 위한 별동대를 조직했다. 그 중에서 햇병아리 선생 세 사람이 선봉에 서서 행동대원으로 활동하였으니 '별동대 삼총사'라고 불러본다.

내가 한 학기 먼저 왔고, 1966년 3월 신학기를 맞아 새로 부임해온 동기와 후배, 우리 세 사람이 교내 외 언제든 어디나 출몰하면 태풍이 일었다. 개병대 K(현재 K대 영어영문학과 교수)는 해병대 장교 출신으로 지휘봉을 손에서 떼지 않는 영어선생, 불곰 K(현재 T고교 교감)는 눈을 부라리면 산천초목도 떤다는 국어선생이었다. 나의 별명이 무엇이었던가 몰라도 호랑이보다 더 무서운 괴물이었을 것이다. 모두 선배라는 미명 하에 학생들 위에 군림하는 기율부장처럼 무서운 존재였다. 그것도 영·수·국 세 과목이 그들의 손 안에 들었으니 학생들은 얼마나 괴로웠을까?

지금 생각하면 모두 야만적인 교사였음에 틀림없다. 의욕만 앞섰을 뿐 성과는 별로 없었다. 우리들은 그것으로 최선을 다한다고 생각했던 것 같다. 우리는 모두 경북대학교 사범대학에서 교육학을 배웠고 페스탈로치를 따르기로 했었다.

그러나 존경받는 스승이 되지 못하고 그처럼 악명 높은 선생이 되고 말았다. 지금 그러한 악질(?)선생이 있다면 당장 쫓겨날 것이다. 결국 나는 일 년만에 지쳐버렸고, 그것이 참된 스승의 길이 아님을 느끼면서 어딘가 새로운 탈출구를 찾고 싶었다.

나는 쉽게 선생의 길을 포기했고 새로운 학문의 길을 택하여 부산으로 떠나게 되었다. 그러나 삼총사의 별동대를 떠나던 나의 마음은 괴로웠다. 동료에게 신의를 지키지 못한 점이 그러했고, 악질선생이었지만 스스로는 학생들을 사랑한다고 생각했기 때문에 3년 정도라도 함께 하지 못한 것이 미안했다. 또 훌륭한 선생보다는 존경받는 스승이 되어야 하는데 그렇지 못한 자신이 원망스러웠다.

교장선생님의 만류를 뿌리치고 후배들에게 등을 돌린 선배에게 학생들은 속 시원히 박수를 쳤을지도 모른다. 그러나 두 K선생은 그들을 졸업시켜 대학에 많이 보냄으로써 악명을 미명으로 바꾼 것 같다.

우리들은 그렇게 떠났지만 엄격했던 교내생활의 전통이 후일까지 이어져서 명문고교의 역사를 이룩하는데 조금은 기여하지 않았을까 생각하면서 스스로 위로해 본다. 그 후에도 많은 선배 선생님들이 후배들을 가르치고 있으며 열과 성을 다하고 있을 것이다. 우리들처럼 너무 욕심을 부리지는 말아야 할텐데, 그들도 우리들 마음과 같을 것 같다.

그 후 나는 부산대학교에서 그 때 제자들을 여럿 만나 다시 사제지정을 나눌 수 있었다. 나에게서 영향을 받아 수학선생을 지망한 학생이 있다는 이야기가 다소나마 위안이 되었다. 또 많은 후배가 부산대학교에 진학하였고, 수봉회를 조직하여 나에게 지도교수를 맡아 달라고 부탁도 했다. 회원수가 백 명을 넘어선 해도 있었는데 나의 간접적인 영향이 있었다는 후문에 흐뭇했다.

뿐만 아니라 어느 해 스승의 날, 그 때 괴로움을 당했던 그 졸업생 후배들이 우리 삼총사와 별동대에 속했던 선생들을 한 자리에 불러서 사은의 뜻을 보였을 때, 그 정성에 대한 고마움과 더불어 지난날의 미진함에 위로가 되었다.

선생님들이 너무 무서웠지만 지나고 보니 도움되는 점도 많았다는
것이다. 요즘 체벌에 대한 시비는 많아도 추억 속의 매는 이처럼 정당
화되는 경우도 있나보다. 이제 제자인 후배들과 같이 늙어 가는 나이
에 그들과 함께 되돌아보는 재미있는 이야기의 한 토막이다.

※ 이 글은 경주고등학교 교지인 (창간 50주년 특집호)〈秀峯〉 '나의
재직시절' 난에 실린, 모교에 봉직했던 시절 회고의 글이다.

가슴 뜨거운 제자들

　나는 매년 연말에 부산공고 졸업생들의 홈커밍데이 행사에 초대받고 있다. 벌써 몇 년째 반복되는 행사인데 졸업한지 30주년이 되는 해에 전체 동기생들이 모이는 뜻깊은 모임이다. 졸업생들 상호간에 친목을 돈독히 하고 은사님을 초대하여 사은행사도 하고 성금을 모아서 학교에 후원금으로 제공하기도 한다. 이러한 행사를 하는 몰라보게 성숙한 제자들을 대할 때마다 대견스러워 마음이 기쁨으로 충만해진다.

　뿐만 아니라 그 당시 함께 근무하던 동료 교사들을 만나 그 때의 회고담으로 즐거운 시간을 보낼 수 있으니 이 얼마나 좋은가. 30년이란 세월을 보내면서 모두들 많이 변했다. 선생들은 모두 노인으로 이마에 주름살이 가득하고, 학생들도 쉰을 넘겨 선생님들과 함께 시대의 동반자가 됐다.

　한때는 대학교수가 중등학교에 근무했다는 이력이 별로 자랑스럽지 못한 것이라고 생각했던 적이 있다. 중등학교는 교육을 하는 곳이지 연구하는 곳이 아니기에 그만큼 연구기간이 짧아지는 반증이기 때문이다. 혈기왕성한 젊은 시기에 연구에 전념해야 유능한 연구자, 훌륭한 학자가 될 수 있을 것이란 생각이다.

　그럼에도 불구하고 중등학교에서 교육을 한답시고 학생들과 생활했고 고등학교의 얕은 지식을 가르치며 시간을 보냈으니 연구에는 뒤지

182

는 것이 사실일 게다. 그러나 교수란 연구 이외에도 교육과 학생지도 임무를 가진다. 그런 의미에서 중등학교에 근무한 경험이 오히려 상당히 유익한 것이었다고 생각하면서 그 때를 회상해 본다.

지난해에는 3학년 때 담임을 맡았던 학생들의 동기회에 부부동반으로 초대를 받기도 했다. 2년 전 홈커밍데이 행사로 만났던 기계과 동기생들이 과별 동기회를 결성하여 자주 만난다고 한다. 전체 동기회 행사와는 전혀 다른 분위기였다. 대부분 사회에 중추 역할을 해온 50대 초반의 노숙한 모습들은 믿음직스러웠고, 게다가 그들은 끈끈한 인정이 넘쳐흐르는 가슴 뜨거운 사람들이었다.

그들의 학창시절, 담임이었던 나는 출석부를 보지 않고도 출석을 부를 정도로 이름도 성격도 잘 파악하고 있었다. 그 이름은 아직도 머릿속에 많이 남아있지만 얼굴 모습은 알아볼 수 없을 정도로 변해 있었다. 30여 년의 연륜이 우리들을 이처럼 달라지게 만들었고 그 자리에 있는 동안 옛날로 돌아가서 그 때의 추억으로 나를 서게 했다.

나는 서른도 안된 새파랗게 젊은 나이에 의욕이 넘쳐흐르던 욕심 많은 청년이었다. 수학선생을 포기하고 기계공학으로 전공을 바꾸어 기업체에 나가 기술 발전에 기여하려던 뜻이 퇴색되어 다시 선생으로 돌아왔던 때였다.

수학선생을 하고 있는 대학 친구들이 과외 수업으로 짭짤한 수입을 얻고 있는데 반해 가정형편이 어려운 아이들을 데리고 기계과 실업교육을 하고 있던 나는 경제적으로 형편없이 뒤쳐져 있었다. 그런 환경에서도 주어진 일에 충실하려고 애쓰며 살다 보니 학생들에게는 별로 인기 없는 선생일 수밖에 없었던 것이다.

그 당시 학생들은 내게 '안마사' 라는 별명을 붙여주었다. 지금 생각하면 부끄러운 별명이다. 수업준비를 철저히 하여 학생들로 하여금 기능

인으로서의 능력을 배양하는데 도움을 주려고 노력했다. 나아가서 직업인으로서 갖춰야 할 윤리와 사회에 봉사하는 마음을 가지도록 훈육에도 심혈을 기울였다. 그러한 방향의 결과는 학생들의 학교생활에 있어서 규율과 학칙 준수를 강조하게 되는 것이다. 이러한 선생의 교육 소명과 자유롭게 자라나는 학생들의 자유분방함 사이에는 갈등과 마찰이 항상 나타나게 된다. 결국 사랑의 매라는 미명 아래 체벌이 가해졌다.

나는 매를 가지고 다니지 않았다. 그 대신 학생들의 잘못을 보면 언제나 어디서나 바로 지적을 하고 잘못을 타이른 후에 학생들의 이마에 '꿀밤'을 주거나 뺨을 때리는 경우가 많았다. 지금 생각하면 좀 야만스러운 방법이었던 것 같다. 또 그때 나는 검은 색이 조금 들어간 안경을 쓰고 다녔다.

그래서 안마사라는 별명이 붙게 된 것이다. 지금 같으면 전혀 용납될 수 없는 폭력선생 낙인을 받고 물러나야 할 터이지만 그 때는 묵인이 되던 시절이었다. 그 때 맞았던 학생들이, 지금 돌이켜보면서 선생님의 안마실력이 대단했으며 그 때문에 자기들이 이렇게 사회의 중추적인 역할을 하고 있는 것이라고 미화해서 말해주니 조금은 위안이 된다. 우리들 사이에는 그 때부터 몸으로 부딪치는 끈끈한 인정이 싹튼 게 아닌가 생각해본다.

그들의 모임에 격려를 하고 노래도 한 곡 불러주고 떠나면서 깊은 감회에 빠져들었다. 일류 인문고등학교를 졸업한 사람들은 각자 자기 잘난 멋에 살기 때문에 이처럼 인정 어린 모임을 갖기 힘들 것이라고 생각된다.

그러나 실업계 고등학교를 졸업하고 사회에 지도층으로 있으면서 서로 도우며 함께 살아가는 모습은 보기 좋았다. 이처럼 가슴이 뜨거우며 더불어 살아가는 마음이 풍부한 제자들을 두었다는데 대하여 보람을 느꼈다.

곰의 철학

　나는 백곰이라는 애칭(?)을 가지고 살아왔다. 어떤 집단에 속하여 어울려 살아가다 보면 누구나 별명이 있게 마련이다. 그러나 곰이란 별명은 그다지 자랑스럽지는 못하다. 곰이란 게 미련한 동물의 대명사며 느릿느릿 둔하다는 인상이 먼저 와 닿는다. 그러나 한가지 재주는 가지고 있는 밉지 않은 동물이다.

　그래서 나는 이 호칭에 대하여 싫다고 생각해본 적이 없으며, 오히려 곰의 철학으로 미화하여 나의 공직생활 신조로 삼아 오며 자부심을 느끼고 산다.

　1974년 가을 어느 날의 일이다. 학생들이 개강 파티를 하자고 졸라대어 함께 금정산성에 올라가서 막걸리파티를 즐기던 때다. 술잔이 한차례 돌고 나서 몇 학생이 일어서더니 노래를 부른다. 그 당시 가수 최희준의 히트곡 '나는 곰이다' 라는 노래가 유행하고 있었는데 멋지게 열창을 하니 듣기도 좋았고 모두들 손뼉을 치면서 웃어댄다.

　그리고 나서 나에게 그 노래를 불러보란다. 나는 원래 음치라서 노래를 잘 부르지 못하는데 피할 수 없는 분위기여서 다른 가사는 접어두고 '나는 곰이다' 를 몇 번이나 외치니 학생들은 자기들의 뜻이 이루어졌다고 좋아서 난리다. 그래서 학생들 사이에 통하는 나의 별명이 백곰이라는 것을 알게 되었다.

그 당시 나는 교수 초년생이었다. 그리고 학생들은 대부분 기계공학과 69학번들로 군대에 갔다온 복학생들이었다. 나는 몇 년간 강사생활을 하면서 강의실에서 자주 만났으므로 완전한 초면은 아니었다. 나는 당시 교수들 중에서 제일 젊었으며 학생들의 이름을 대부분 불러줄 수 있을 정도로 친근했다.

그러니 학생들도 별명을 부를 정도로 형님처럼 대하고 있었던 것이다. 그러면서도 휴강도 하지 않고 미련스럽게 수업시간을 완전히 채우면서 좀 통하지 않는 구석이 있었기에 곰이라는 별명을 붙여준 것 같다. 좋은 호칭은 아닐지라도 이처럼 빨리 별명을 얻은 것은 영광스러운 일이라고 생각되었다.

그 후로 나는 이름보다 별명으로 불리는 것이 보통이었다. 학생들은 나를 만나서 백곰교수님이라고 바로 부르지는 않았지만, 동료교수는 그냥 백곰이라고 했으며 선배교수는 백곰선생으로, 후배교수는 백곰형이라 불렀다. 함께 길을 가다가 우리 집 아이를 만나면 백곰 새끼라고 놀려줄 정도였다.

그래서 아이들이 아버지 별명을 알게 되었고 엄마에게 일러 바쳤다. 엄마는 웃으면서 그 별명 근사하다면서 학생들의 직관력을 칭찬해 준다. 집에서나 학교에서나 나의 생활방식과 이미지가 비슷한 모양이었던 것 같다. 나도 이러한 호칭에 대하여 별로 거부감을 가지지 않았으며 오히려 친근감을 느꼈다.

나는 별명을 계기로 곰에 대하여 자주 생각해 본다. 재주는 곰이 넘고 돈은 중국놈이 먹는다는 속담이 있다. 어릴 때 서커스공연장에 갔을 때 느릿느릿 몸을 뒤채면서도 날렵한 재주를 부리는 곰을 보면 신기했다. 그렇게 둔하면서 묘기를 연출하는 그 모습에 입장료가 아깝지 않았다.

그리고 그 돈을 챙기는 사람이 누구라는 생각은 해본 적이 없다. 어른들이 곰의 재주로 벌어들이는 돈에 관심이 있어서 이러한 속어가 나온 것 같다. 곰은 돈이 어떻게 되든 자기가 할 일만 열심히 할뿐이다. 말을 바꾸어 곰의 재주는 봉사정신의 요체라고 표현한다면 지나친 비약일까? 나는 곰처럼 재주는 없지만 직장생활을 하면서 곰처럼 묵묵히 봉사하려고 노력했다. 그것이 나의 별명에 대한 이름 값이라고 생각해 왔다.

또 곰은 꼬리가 없다. 여우가 꼬여서 연못의 얼음 속에 꼬리를 담그고 앉아서 고기를 잡으려다가 얼어버렸는데 굉장히 큰 고기가 걸린 줄 알고 미련하게 잡아 당겨서 꼬리를 잃었다는 이솝우화가 있다. 이것은 곰의 미련함을 대변하는 이야기이다.

나는 이 별명 덕분에 곰의 미련함을 배웠다. 미련함은 끈기와 집념으로 승화하여 나의 생에 조금 도움을 주었다. 그러나 잔재주를 부릴 줄 모르고 미련하게 살다보니 크게 남는 것이 없었다. 그렇지만 곰이면서도 꼬리가 빠지는 일은 없었으니 큰 후회는 없다.

내가 산에 다니는 스타일도 별명처럼 미련한 편이다. 지리산 당일야간 단독종주나 백두대간 +낙동정맥 +낙남정맥을 혼자서 10개월 만에 종주를 마치는 집념은 나의 참 면모이다. 집안 사람들은 조금 걱정되겠지만 언제나 나를 믿어준다. 친구들은 혹시 짐승이라도 만나면 어쩌겠냐고 걱정한다.

그 때 나는 "내가 곰이니 짐승이 나타나면 대화라도 하면서 함께 갈 작정이지만 내 눈에는 보이지 않는다"고 농담으로 받아넘겼다. 그렇지만 건강을 생각해서 무리하거나 너무 미련하면 안 되는 것을 알면서도 산행 습관이 조금 지나친 편이다. 다행히 지금까지는 별로 문제가 없었어도 이제 나이도 들었고 체력이 부칠 때가 되었으니 조심할 작정

구룡령에서 진고개까지 걷고도 모자라 노인봉까지 올랐으니 아직도 곰일세!

이다.

이처럼 내 인생이 좌우되던 별명을 요즘 학생들은 모르고 있다. 특성화를 통하여 학생수가 몇 백 명으로 불어나니 사제간의 정이 말라가고 있는 결과였다. 50명에서 100명으로 불어날 때까지는 학생들의 이름을 대부분 기억하고 불러줄 수 있었는데 100명을 넘어서니 갑자기 10여명의 이름조차 외워지지 않았다.

그에 따라서 모든 것이 사무적으로 바뀌어 버리고 끈끈한 인간미가 없어져 가는 것이다. 제자의 숫자는 많아졌지만 사제간의 정을 나눌 수 있는 제자는 없어지고 말았다. 이처럼 교육이 메말라가니 별명을 불러주던 그 때가 그립다. 이제 백곰의 이미지도 퇴색해 버리고 퇴임의 문턱에 다가서니 옛날의 추억이 새삼스러울 뿐이다.

교수생활 30년

나는 부산대학교에 30년이나 근무하면서 내세울 만한 연구업적도 남기지 못했으며, 대학에 기여할 만한 보직도 갖지 못하고, 평범한 교수로서 지내왔다. 그러나 동료교수들과 더불어 대과 없이 지나올 수 있었던 것을 큰 행운으로 받아들이고, 주위의 모든 분들께 감사를 드리면서 잠시 돌아보고자 한다.

연구실도 없었던 초임시절

나는 1972년부터 강사로 출강하면서 부산대학교 기계공학과와 인연을 맺었다. 부산대학교가 1973년에 기계공학 특성화대학 지정을 받으면서 입학정원이 50명에서 200명으로 대폭 증원되어 교수 T/O가 늘어났을 때 나는 1974년 9월에 전임강사로 채용되었다. 처음에는 교수연구실이 없어서 다른 교수님의 방을 함께 사용하게 되어 집기도 없이 캐비넷 한 개만 지급 받았을 뿐이다.

1975년 7월에 기계관 서쪽 날개 4층을 신축하여 강의실 하나를 학과 사무실로 사용하면서 그 한쪽 편에 책장 등의 집기로 칸막이를 만들어 연구실로 사용했다. 나보다 1학기 늦게 부임한 L교수, 조교, 사무보조원과 함께 사용하게 되었다. 강의실이 부족하므로 어쩔 수 없었고 남향의 본체와 동쪽 날개를 4층으로 증축하는 중이라 주변 분위기도 엉망이었다.

증축이 완료되었는데도 2층에 공대본부가 들어오고 금속공학과가 4층을 쓰게 되어 자리는 넉넉하지 못했다. 그래서 동쪽 날개 3301호실을 배정 받았다. 겨울에는 춥고 여름에는 더워서 생활하기 어려웠지만, 혼자 사용할 수 있는 연구실이기에 감지덕지할 따름이었다.

마지막으로 5층 전체가 증축 완료되어 남쪽 방인 3506호실을 배정 받아서 급하게 입주했다. 연구실의 전기콘센트와 전화박스에 전선과 전화선이 들어 있지 않은 채 마감한 엉터리 공사였으니 그 당시 부실공사의 한 단면을 체험할 수 있었다.

이상과 같은 외적인 과도기현상 뿐만 아니고 교수의 내실도 문제가 있었다. 강의담당시간 수가 20여 시간 이상 되었으며 반별 학생수도 70, 80명이 보통으로 강의부담이 과중한 상태였다. 발전계획, 실험실습 내실화계획, 기자재 구매계획 등 기타업무가 많았고, 시설에 비하여 학생이 넘쳤으므로 강의시간표 작성까지 신경을 써야 하니 교육 이외의 잡무가 너무 많았다. 이러한 일들을 통하여 봉사에 열중하다 보니 연구는 뒷전으로 밀려 1년에 한 편의 논문을 쓰는 것도 힘이 들었다. 교수로서의 정상적인 생활이 어려웠던 시기였다.

제대로 대접받지 못한 첫 보직 - 부속공장장

학생 수는 많고 교수는 부족하여 강의부담은 말할 것도 없으며 다른 잡무도 과중한 상태였다. 학과장이 있지만 혼자서 모든 일을 처리할 수 없으므로 업무를 나누어 도와야 했는데 교무담당 업무가 나의 몫이었다.

그러던 중 1978년 2월1일자로 공과대학장의 발령으로 부속공장장 보직을 맡게 되었다. 부속공장이 법으로 정해진 기관인데도 학칙에 명시되어 있지 않아서 보직수당은커녕 강의 시간수 면제도 받지 못하는 형편이었다. 그러나 현장에서 요구하는 학생들로 교육하기 위해서 마련된 교과과정에서 기계공작법 실습을 이수시키는 일은 매우 중요한 업무였다. 그래서 실습과정 계획, 시설보완, 효율적 운영을 위하여 기초를 확립하는 일을 하면서 1979년 9월에 일본 동경공업대학에 연구차 출장을 떠날 때까지 공장장을 맡아서 봉사했다.

1980년 1학기부터는 전공이 설치되어 생산기계전공으로 소속이 바뀌고, 1980년 7월15일 생산기계 전공주임을 맡게 되었지만 무보수로 봉사하는 보직이었다. 다시 1981년 3월에 학과 편제가 바뀌어 생산기계공학과장 직무대리를 맡았는데 역시 무보수로 2년간 봉사했다. 강의시간 수 감면혜택도 받지 못하고 그냥 봉사하면서도 그러려니 하면서 지나온 시기였다.

정식 보직을 맡아서 봉사하던 시절

1989년 4월1일 교수로 승진하고 공과대학 교무과장 보직을 맡았다. 나이에 비하여 늦게 맡은 일이지만 열심히 했다. 그 당시 공과대학은 150여명의 교수들과 20개 학과로 구성되어 살림이 워낙 크기 때문에 할 일이 많았다. 그런 중에도 대학본부의 학사 업무에 참여하여 교과과정 개편에 일익을 담당하였으며 1989년 12월에는 문교부장관 표창도 받았다.

2년간의 교무과장 보직을 무사히 마치고, 1991년 3월7일 부속공장장 보직을 다시 맡았다. 옛날 잡아둔 기틀을 바탕으로 재정비하는 일에 심혈을 기울였다. 비교적 편안한 보직으로 교무과장의 어려웠던 노고에 대한 보상을 받는 기분이었다.

1993년 4월15일 공과대학 특성화 공학부장으로 자리를 옮겨서 다시 공과대학 운영에 참여했다. 공학부장보직을 수행하면서 힘들었던 것은 국책사업 계획서 작성이었다. 여러 가지 어려운 일도 많았으며 보람된 결과도 얻었다.

이처럼 오랜 기간 봉사를 하면서, 1990년 5월1일부터 1998년 7월31일까지 학사운영위원회(학칙 개정 분과) 위원으로 활동했으며 1996년 7월1일부터 1년 간 대학인사위원회 위원을 맡는 등 여러 가지 위원으로 활동하던 시기였다. 그리고 나서 몇 년간 휴식기간을 거친 후에 기계공학부장 겸 국책사업단장으로 마지막 봉사를 했다.

학회활동과 연구성과

나는 1970년경에 대한기계학회 회원으로 가입하여 지부 활동과 학술 활동에 참여했다. 평의원으로 활동하다가 2000년도에는 부회장으로 학회운영에 동참하였다 그리고 한국정밀공학회, 한국박용기관학회, 한국공작기계학회, 일본정밀공학회 회원으로 활동해왔다.

연구 논문은 '화상처리 기법을 이용한 변형률 해석'(박사학위 논문) 외에 30여 편과, 학술 발표대회 논문 30여 편을 발표했다.

저서로는 「공작기계 -구동기구 및 설계원리-」외 3종을 집필했다.

수상경력은 1989년 12월5일 문교부장관 표창, 1999년 5월15일 교육회 연공상 및 교육부장관 표창, 1999년 9월1일 기계공학부 우수강의상, 2001년 1월31일 교육부장관 표창, 2001년 5월19일 총장 표창(장기근속), 2003년 6월 20일 부산대학교 공과대학 교육상 등을 받았다.

다시 돌아보아도 자랑스러운 일이 별로 없으며 평범한 보통의 교수로 일생을 살아왔다.

공과대학 중점지원사업(국책사업)에 대한 애착

국책사업은 내가 공과대학 특성화 공학부장 재임시 힘들여 계획을 세웠고 내 공직생활에서 마지막 보직인 국책사업단장 겸 기계공학부장으로서 마무리를 짓기까지 나의 땀과 노력이 밴 사업이라 남다른 애착을 가지고 있다.

1994년 초 정부에서 공과대학 중점지원사업계획을 확정했다. 1973년에 시작되어 몇 번 궤도수정을 거치면서 계속되어 온 지방대학 특성화사업의 연장선상에서 새로이 지역거점대학 육성을 위하여 100억 원씩 4개 대학에 5개년간 지원할 2,000억 원의 예산이 확보된 것이다.

그래서 2월 초순에 부산대, 경북대, 전남대, 충남대 등 4개 대학의 특성화 책임자를 교육부로 불러 올려서 2월 말까지 계획서를 만들어 올릴 것을 지시했다. 특성화부장 보직을 맡고있던 내가 올라가서 구두로 받은 지시의 유효성이 문제가 될 것 같아서 문서로 내려줄 것을 요청하고, 내려와서 출장복명서를 제출하니 공과대학 교수들 사이에 의견이 분분했다. 뿐만 아니라 여타 지방대학에서도 항의가 빗발치니 교육부로서도 어려운 일이었다. 결국 계획서 심사와 교육여건 실사 과정을 거쳐 공개경쟁 방식으로 선정하는 쪽으로 시책이 바뀌었다.

그래서 4월 하순에 사업시행요강이 발표되어 5월 말까지 계획서를 제출하게 되었다. 정부로부터 500억 원 지원을 받는 큰 프로젝트였다. 거시적으로는 공과대학장의 책임 하에 계획서를 만드는 것이지만, 특성화공학부장이 실무자로서 세부적인 모든 것을 정리하고 계획서를 만들어야 했다.

첫째 난관은 지원분야 결정이다. 공과대학 전체교수회의, 학과장회의, 분야별 대표자회의 등 회의가 연일 계속되었다. 기계공학은 특성화과정을 통하여 많은 지원을 받았으니 다른 분야가 되어야한다는 주장, 경쟁 결과 4개 대학에 포함되려면 기계공학 이외의 분야는 경쟁력이 없다는 주장 등 의견이 분분하여 결론 도출이 쉽지 않았다. 한 달 이상 격론을 벌인 끝에 지원분야를 기계공학으로 하고 관련학과, 주변학과로 나누어서 공동발전을 모색하는 선에서 합의가 이루어졌다.

다음은 기계공학의 범위이다. 기존에 특성화공학부에 속해있던 조선공학과와 항공우주공학과를 포함시킬 것인가? 기계공학과에서 분파 하여 기계기술연구소에 동참하고 있던 산업공학과를 넣을 것인가? 이것도 어려운 문제였다. 마침 그 당시 학부제를 도입하라는 정부시책에 부응하여 기계공학에 관련된 학과를 모두 기계공학부로 통합하자는 의견을 수렴하는 과정에서 자연스럽게 분리되고 관련학과 군으로 분류되었다.

그리고 기계공학부 내부의 정비도 문제가 되었다. 기계공학 제1과 ~제4과 형태로 특별한 특징이 없이 형식적으로 나누어져 있던 4개학과를 융합하여 기계공학부로 만들고 전공별로 재정비하여 대학원을 특화하는 작업이었다. 교과과정 정리, 소속 교수의 편제 개편, 실험시설의 공유화 등 여러 가지 문제가 산적했다. 이러한 문제를 정리하기 위하여 매일 회의를 하고 분야별 자료를 정리하는 작업이 계속되었다. 자정을 넘기는 경우도 많아지면서 과로로 쓰러져서 병원으로 후송되는 교수도 있었다.

　기계공학부 교수 전체가 합심하여 계획서를 완료하기까지 1개월 이상이 소요되었다. 이렇게 심혈을 기울여 만든 계획서는 다른 대학에서 모범답안으로 참고하기도 하였다. 또 이 프로젝트의 한 가지 큰 특징이 정부에서 지원하는 금액 이상의 대응투자를 받아야 하는 것이다. 따라서 기업체에 나가서 약정서를 받는 작업도 했다. 우여곡절 끝에 만들어진 계획서는 6월15일 교육부로 제출되었으며 500억 원 지원을 받을 것으로 기대가 컸다.

　6월 말에 계획서 심사결과가 발표되었다. 2배수인 8개 대학이 선정되고 7월에 실사를 받았다. 우리는 최선을 다했다. 그러나 이 때부터는 정치적인 게임이 시작되었다. 국회의원을 비롯하여 권력층에 있는 모든 사람들이 동원되어 자기 출신지역대학을 적극적으로 밀어붙이니 교육부는 속수무책이었다. 결국 8개 대학이 모두 선정되고 예산이 절반으로 줄어서 연간 50억 원씩 250억 사업으로 변질되고 말았다. 그 결과도 8월 말에 발표되어서 벌써 시행연도의 3분의 2가 경과된 후였다.

　계획과정에서 고생한 것에 비하면 미흡했지만 받아들이지 않을 수 없었다. 예산에 맞추어 실행계획을 다시 만들면서 회의에 빠졌다. 지칠 대로 지친 심신이 건강유지에 부담을 주었다. 또 실행과정의 책임은 공과대학장이 맡기 때문에 내가 할 일은 끝난 것 같았다. 그래서 나는 11월30일 특성화 공학부장의 보직을 사직하고 평 교수로 돌아가서 건강을 돌보면서 강의에 열중했다.

　그 후 공과대학장이 사업을 추진하는 과정에서 지난 특성화과정에서 진행되었던 것과 유사하게 느슨하게 일이 진행되어 1차 연도에는 주의를 받았다. 2차 연도에는 국책사업단이 발족되었지만 경고와 더불어 감액처분. 3차 연도에도 역시 경고와 감액처분을 받았으니 탈락되는 상황이었다. 그러나 정책적인 배려로 명맥은 유지시킬 수 있어서 다행이었다.

1997년 8월 총장으로부터 부름을 받고 총장실로 올라갔더니 국책사업을 마무리지으라는 부탁이었다. 이제 막다른 골목에 왔으니 머뭇거릴 시간도 없고 극약처방을 하지 않을 수 없다면서 '결자해지'로 계획을 세운 사람이 맡아서 정리해야 한다는 것이다. 어느 사람이 맡느냐가 중요한 것이 아니고, 대학본부의 뒷받침과 조직이 정리되어야 성공하기 때문에 나는 맡을 수 없다고 거절했다. 몇 차례 논란 끝에 기계공학부의 구성요원 전체가 단합하여 총체적으로 해결할 수 있는 조직으로 개편하여 대학본부의 지원을 받기로 하고, 9월1일 기계공학부장 겸 국책사업단장으로 발령을 받았다.

먼저 행정체계를 정비했다. 학부사무실과 국책사업단 사무실을 통합하고 직원을 모아서 업무분장을 재조정하고 조교의 역할을 정립했다. 일을 시켜서 하는 것이 아니고 일을 하지 않으면 안 되는 조직으로 시스템화 하니 돌아가는 양상이 달라졌다. 기조실장과 부학부장의 도움을 받고 운영위원회를 강화하고 업무분장을 정비했다. 집행 부서에서 기획한 일들을 모든 교수들이 협조하니 하루가 다르게 분위기가 좋아졌다.

다음은 실험, 실습, 강의 등에 필요한 시설을 정비하는 문제이다. 통폐합 등 공간을 조정하고 기자재를 구입하여 정리하고, 교육내용을 현실화하여 누가 보아도 살아있는 교육현장임을 느낄 수 있도록 만들었다. 시청각교구의 보충으로 강의방법이 달라지니 학생들도 새로운 희망을 가지게 되었다. 조용하던 학부가 갑자기 살아 숨쉬는 것처럼 활기가 돌았다.

한편 국책사업을 추진하는 8개 대학의 국책사업단장과 기조실장으로 협의체를 구성하여 내가 의장을 맡았다. 서로 경쟁하는 관계에서 협조하는 관계로 바꾸어 함께 발전해 나가자는 것이 우리들의 목표였다. 창립은 영남대학교에서 가졌지만 먼저 우리대학에서 협의회를 개최하고 우리들의 변하고 있는 모습을 보여주었다.

모두들 눈이 휘둥그래지면서 이런 정도인데 어찌 경고를 받았느냐는 것이다. 두 달 가량 기간 동안에 일어난 변화를 보면서 나는 우리 기계공학부 교수님들이 힘을 합하면 무엇이든 할 수 있다고 확신했다.

8개 대학을 돌아가면서 매월 협의회를 진행하니, 서로 정보교환이 이루어지고 모자라는 부분을 보완하여 사업성과가 상향평준화로 발전해 갔다. 끝에는 별도의 자리를 마련하여 토론회도 가졌다. 1997년의 성과를 1998년 6월에 평가를 받으면서 협의회 회원들이 모두 동참하여 평가과정을 참관하고 질문도 하며 문제점을 지적 받을 때 자기 것으로 받아들여 보완하는 계기로 삼았다.

또한 각 대학별로 개발한 특별프로그램을 대한기계학회와 공학기술학회의 학술대회에서 발표하여, 국책사업에 포함되지 않은 다른 대학에도 전파하는 기회를 가졌다. 이렇게 10 개월 정도 추진한 결과, 협의회 사람들이나 심사위원들은 부산대학교의 사업이 가장 모범적이라고 칭찬했다. 결과적으로 예산도 얼마를 더 받게 되었으니 모든 사람들의 노력한 보람이 있었다.

다른 한가지 역점사업은 산학협동관 건설이었다. 삼성그룹에서 대응투자로 80억 원을 들여서 지어주기로 하고, S건설이 공사를 맡아서 건설 중이었다. 그런 중에 IMF 구제금융 사태를 맞아 모든 기업들이 자금을 동결함에 따라서 예산이 끊겼다.

1998년 2월 경 골조공사가 거의 마무리 되어갈 무렵 기성금을 주지 않으면 공사를 못하고 철수해야 한다고 아우성이었다. 그래서 일부 설계변경을 하고 국책사업비 예산을 이용하여 1997년도의 결과를 평가받기 전까지 외부 창호와 유리공사를 완료하는 조건으로 합의를 보았다. 합의대로 진행되어 평가받을 때는 평가위원들에게 완성된 겉모습을 보여주었다.

이 협상을 도출하는 과정에 S건설과 한가지 에피소드가 있었다. 1997년 9월에 국책사업단장 발령을 받고 얼마 되지 않아서 추석이 다가왔다. 모 백화점에서 갈비짝을 배달하려 하니 집을 알려달란다. 나는 평생 그런 선물을 받아본 일이 없는데, 기껏 국책사업단장을 맡았다고 이런 일이 있으니 기가 막혔다. 누구의 짓이냐고 물으니 S건설에서 부탁한 것이라고 한다. 되돌려 주라고 호통을 치면서, 다시 만나고 싶으면 그런 짓 하지 말라고 나무랐다. 그 후에 들리는 소문은 독한 주인 만나서 큰일이란다. 그 후로 공사협의를 하면서 원리원칙으로 따져서 찾을 것은 모두 찾아낼 수 있었다.

S건설이 공사장을 떠나고 40억 원 정도 들어가는 내부 마무리 공사가 남았다. 그래서 그것이 마지막 년도의 역점사업으로 되었는데, 교수로서 어디에서 그렇게 큰 예산을 끌어오나 걱정이었다. 고심 끝에 마지막 년도의 기자재예산 20억 원을 건축비로 전용하기 위하여 교수들의 합의를 도출했으며, 다른 기관의 입주비 5억 원과 부산대학교발전기금에서 5억 원을 입체하고, 나머지는 국책사업 잔여예산을 총동원하여 35억 정도의 예산을 확보했다.

공사를 발주하여 입찰을 보니 32억 정도로 낙찰되어서 대강당을 제외하고 완성할 수 있었다. 나의 평생에 가장 큰돈을 빌려서 공사를 한 것이며, 후임자에게 뒷정리를 넘기게 되었지만 잘 마무리되어 다행이었다. 지금도 산학협동관이 기계공학부 발전에 다소나마 도움을 주고 있으니 고생한 보람을 느낀다.

우여곡절을 겪으면서 국책사업을 무사히 마무리지었지만, 최종평가가 늦어졌기 때문에 종결을 짓지 못하고 1999년 9월 29일 건강사정으로 2년여의 보직을 사임했다. 최종결과는 보지 못했지만 전체적으로 성공한 국책사업이었다고 평가받았다.

그래서 후속지원으로 예산이 반영되었으며, 교육부장관 표창도 받게 되었다. 내가 지나온 교수생활 중에서 잊지 못할 일이었으며, 나로 하여금 기계공학부에 대한 애정을 갖도록 한 계기가 되었다. 이 사업의 성공적인 추진을 위하여 협조해준 여러 교수님들께 다시 한번 감사를 드린다.

주례

나는 쉰이 넘도록 주례를 맡지 않고 버텨왔다. 꼭 들어주어야 할 경우는 선배 교수님께 부탁드리면서 피했다. 그러다가 차츰 친구들이 자녀를 성취시킬 나이가 되어 부탁하는 경우에 더 이상 피할 수 없게 되어 할 수 없이 딱지를 뗐다.

그 후 나에게 주례를 부탁하는 사람이 많아졌다. 덕망이 높아서 그런 것이 아니고, 달변으로 주례를 잘 보아서 그런 것은 더욱 아니다. 내가 속해 있는 학과에는 남학생이 대부분이고 모두가 평범한 가정 출신이므로 장가들 때 스스로 주례를 모셔야 하니 스승을 찾을 수밖에 없는 것이다.

그러나 그들의 절박한 청을 들어주지 못하는 경우가 많아서 마음 아프다. 일요일에는 산에 올라 일주일간의 피로와 스트레스를 쏟아버려야 활력이 생기는데, 주례로 휴일을 빼앗길 수 없기 때문이다.

그 사정을 아는 졸업생 중에는 선생님을 주례로 모시기 위하여 일부러 토요일에 결혼을 한다는 사람도 있다. 이런 청은 들어주지 않을 수 없다. 또 친한 친구의 자녀 결혼식은 피할 수 없는데, 이런 날 결혼하는 사람은 시간과 장소가 겹치지 않으면 쉽게 승낙을 받는다. 하루에 세 곳을 순회한 경우도 있었다.

그리고 약속된 목적산행이 없으면 일요일 2시 이후의 결혼식은 가능하다. 아침 일찍 출발하여 근교의 산을 4시간 정도 산행하고 예식장에 갈 수 있기 때문이다. 주례가 아니더라도 산에 가는 일 때문에 길흉사에 집사람을 대신 보내고 결례하는 경우가 있으니 미안한 마음이 남는다.

이처럼 주례하기를 피해왔지만 어언 150쌍이 넘은 새 가정을 탄생시켰다. 주례를 맡을 때는 항상 주례사를 간단히 적어 가서 이야기한다. 좀 딱딱하다는 평을 듣지만 짧은 시간에 하고 싶은 이야기를 할 수 있어서 좋다. 문학적이거나 유머러스한 것도 없이 항상 비슷한 내용을 이야기한다.

내가 제일 존경하는 은사님이신 박을룡선생님의 말씀 – '친한 친구 중 대법관을 지낸 명 주례의 주례사가 매번 같은 것이므로 농담으로 물어보니 사건이 동일하므로 판결도 같을 수밖에 없다' 는 이야기를 떠올리면서 메모를 한다.

주례사 내용을 요약하면,

① 혼인서약에서 당신만을 사랑하겠다는 애정과 서로를 존중하겠다는 예의와 남편과 아내로서의 책임을 맹세했는데 평생토록 지키면 행복해진다.

② 즐거움은 나누면 2배로 커지고 괴로움은 나누면 반으로 줄어든다는 이치를 터득하여 격의 없는 대화를 통하여 마음의 풍요로움을 얻는 것이 재물보다 낫다.

③ 부모에 효도하고 동기에 우애하고 이웃을 사랑하고 사회에 봉사하는, 더불어 살아가는 마음이 화목한 가정을 만들고 나아가서 밝은 사회를 만드는 것이다.

④ 재물을 잃는 것은 적게 잃는 것이고 명예를 잃는 것은 크게 잃는 것이며 건강을 잃는 것은 모두를 잃는다는 명언을 간직하고 건강

에 유의하라. 이상을 실천하여 건강하고 화목하고 풍요롭고 행복한 가정을 이룰 것을 부탁한다.

이러한 내용의 주례사를 메모하면서 나 자신에게 물어본다. 내가 과연 이 이야기를 할 자격이 있는가? 나는 그러한 내용을 실천하고 있는가? 많이 부족하다고 생각하면서 실천하려고 다짐하는 시간을 갖기도 한다.

나의 주례는 이것으로 끝나지 않는다. 결혼하기 전이나 결혼 후에 반드시 나의 연구실로 와서 강의를 들어야 주례가 마무리된다. 제목은 부부학 강의, 주제는 딸을 낳지 않는 비법 = 만족스러운 부부생활, 내용은 4가지 이야기가 들어 있다. 딸을 많이 낳아본 사람만이 딸을 낳지 않는 비법을 이야기할 수 있다고 생각하면서 들려주는 이야기이다.

나는 사모관대를 쓰고 구식으로 결혼하여 재미없이 살아왔으며, 우리가 만족스러운 부부생활을 하지 못했다는 것을 뒤늦게 깨달았다. 젊은이들에게 구세대의 전철을 밟지 않기를 바라면서 주책 맞게 이야기를 들려준다.

이 강의를 들은 사람들은 나중에 찾아와서 유익했다고 한다. 아들과 딸을 낳은 제자의 이야기는 선생님의 말씀대로 실천하여 성공했다고 한다. 뿐만 아니라 내가 주례를 맡았던 가정은 대부분 잘 살아가고 있는 것으로 생각된다. 내가 주례를 잘 해서 그런 것이 아니고, 신랑이 심사숙고하여 나에게 주례를 부탁할 정도로 자신 있는 배우자를 구했기 때문에 부부생활도 원만하게 꾸려 나가는 것 같다. 그들 모두에게 한 번 더 축복을 빌면서 끝을 맺는다.

나의 뿌리는 도덕산 · 자옥산 아래

　낙동정맥 시티재 – 한티재 구간은 도덕산(道德山 ; 702.8m) 어깨를 지나간다. 오룡고개에서 도덕산 쪽으로 오르는 길은 거의 직선으로 곧추서 급경사를 이룬다. 힘들여 올라서면 도덕산 9부 능선이며, 시간을 내서 정상에 다녀오고 정맥능선 종주를 계속해도 발 품은 충분히 얻는다. 도덕산은 조망이 아주 좋아서 안강 들녘이 한눈에 들어오고 형산강 굽이도는 모양이 멋지다.

　남쪽에 있는 자옥산과 더불어 경주, 포항지역 사람들에게 인기 있는 산행 대상이다. 그 아래 옥산리에 있는 옥산서원(玉山書院 : 회재 이언적을 모신 서원)을 견학하고 정혜사지 13층 석탑(국보40호)을 돌아보고, 계곡으로 진입하여 도덕암을 지나 도덕산에 오른다.

　남쪽능선을 따라 안부에 내리고 자옥산으로 올랐다가 동쪽 능선을 따라 옥산리로 내리는 것이 보통이다. 체력이 모자라는 사람은 안부에서 정혜사지쪽으로 내려올 수도 있다. 또 오룡리에서 낙동정맥을 따라 올라가서 내려올 때는 안부나 자옥산에서 오룡리로 돌아 내려오는 코스도 있다.

　자옥산에서 옥산리로 하산하는 능선 꼬리 부분에 백씨 시조 묘와 제실이 있으며, 우리 조상의 숨결이 남아있는 유서 깊은 곳이다. 지금은 옥산서원 마을로 여주 이씨의 집성촌으로 되어있지만, 신라시대에는 백정승이 자리잡아 정혜사를 이룩하고 명성을 떨치던 곳이다.

그래서 '백씨 시조와 청도 백씨의 유래'에 대하여 기록을 요약 정리하고 후손들에게 기억을 새롭게 하고자 한다.

백씨의 시조 송계공(松溪公)은 이름이 우경(宇經)이며 자는 경천(擎天)이고 호가 송계(松溪)다. 공은 원래 당나라의 소주(蘇州)출신으로 인품이 고결하고 학문이 뛰어나서 당나라 조정에 나아가 관직이 첨의사, 이부상서에 이르렀으나 간신들에게 모함을 당하여 스스로 당나라를 떠나 신라에 건너오니 때는 선덕왕 원년(서기 780년)이었다.

시조 송계공의 신라 벼슬에 관하여는 조선 세종조의 황공희가 지은 「영락보」 서문에 '위지대상(位至大相)'이라고 명기되어 있고, 기해 대동보의 원계편과 시조 송계공의 망단비에 '신라의 벼슬이 좌복사사공대사도에 이르렀다'고 기록되어 있다.

공께서는 계림(경주) 자옥산 하에 영월당(迎月堂) 만세암을 지으시고 거처로 삼으니 선덕왕께서 친임하시어 암자의 이름을 정혜사라고 개명하시고 어필로 영월당의 현판에 경춘(景春)이라 쓰시고 또 시를 지으셔서 이를 각자하여 걸었다고 한다. 당의 황제께서 누차 불렀으나 공은 끝내 응하지 않으시고 영월당에서 후학을 널리 모아 교학에 전념하다 서거하시니 향년이 73세 이셨다.

공의 묘는 옥산(玉山) 남쪽 기슭에 있으며 인근 주민들은 옛날부터 지금에 이르기까지 백정승묘라고 부르고 있다. 시조공의 묘는 실전된 것으로 알려졌으나 경주지역에 거주하는 우리 문중(특히 雲煥 大人 樂潤 公)의 열성을 다한 노력으로 찾게 되었으며, 묘역을 중수하고 제단비를 건립하였으며, 1975년에는 화수회 중앙총본부가 주관하여 시조공 제실을 건립하고 영월당(迎月堂)이라 이름하였다.

매년 양력 5월 첫째 일요일을 시조 송계공의 제일로 정하고 전국의 일가들이 제사지내며 시조공의 유덕을 추모하고 있다.

신라 경명왕조(917-922) 중랑장(中郎將) 시중상장군(侍中上將軍) 백창직(白昌稷)을 중시조로 하여 일족을 이루고 있으며, 전국의 모든 백씨는 동일 자손으로서 모두 수원(水原) 백씨인 것이다. 그런데 오랜 역사를 거치는 동안 29개 파로 분파 하여 여러 가지 파본을 쓰고 있다가 한말 관향을 수원으로 통일하여 시행하기로 결의하고 대부분 수원으로 고쳤으며, 대흥(大興), 청도(淸道), 부여(扶餘), 임천(林川), 태인(泰仁) 등은 종래의 본관을 그대로 쓰는 경우가 있지만 모두가 동족인 것이다.

우리 청도 백씨는 오산군(鰲山君)파로서 경주 지방에 살고 있으며 관향을 옛날 그대로 쓰고 있는데, 타지역에 우거하여 살던 자손들은 호적상의 본관을 일괄정리 할 때 수원으로 고친 사람들이 상당수에 이르고 있다. 오산군파는 고려 공민왕 15년 오산현(현재의 청도)을 군으로 승격시켜 13세 손인 백계영(白桂英)을 오산군에 봉함으로써 파본된 것이며, 본관을 오산으로 하였으나 현 지명인 청도로 고쳐 사용하는 것이다.

청도 백씨는 청도, 경주 지역에 널리 살고 있다가 임진왜란 이후에는 경주 대추밭(현 경북 경주시 건천읍 조전리)에 집단으로 살아 왔으며, 상당한 재력과 향반으로 행세한 바 있으며 현재는 전국 각처에 흩어져 살고 있다. 자손은 「수원백씨대동보(水原白氏大同譜, 1997년 발간)」전 13책 중 제3권에 등재되어 있으며 등재에 누락된 사람을 합하여 수천 명 정도에 이른다.

나는 송계공 이후 30세 손이며 항렬자로 현(鉉), 흠(欽)자를 쓰는데 관명과는 달리 족보명으로는 규흠(圭欽)으로 되어있다. 아버지는 형제분이고 우리들은 6형제 8종반이고 아랫대는 한집에 한사람 꼴로 8명 (승주, 승진, 승현, 승용, 승엽, 승옥, 승대, 승화)이다.

제5장

더불어 살아가는 마음

구두쇠 작전으로 부자되기

나는 가난한 농사꾼의 아들로 태어나서 어렵게 살아왔으며 중학교
도 못 갈 형편이었다. 그러나 우연히 배움의 기회를 얻었으며, 학생이
라기보다 농사꾼으로서 역할에 충실하면서 중 고등학교를 다녔고, 고
학생의 마음으로 대학교를 마쳤다. 부모님이 그러했듯이 구두쇠 정신
으로 일관되게 살아왔기에 남에게 베푸는 마음이 부족했다. 그러면서
도 자신을 위한 욕심이 없어서 돈을 모으지 못했으며 그냥 서민으로
살아가고 있다.

결혼을 하고 직장을 가지고 월급을 받아 생활하면서도 그 월급봉투
를 움켜쥐고, 집사람으로 하여금 한 푼 두 푼 타서 시장을 보게 하는
생활방식이 15년 이상 계속되었다. 요즘 사람들 같으면 어림도 없는
일이겠지만 너무 어렵게 살던 옛날 사람들에게는 통할 수 있었다. 나
는 장남이라 부모님을 모셔야 하고 동생들 다섯이 공부하는 데도 보탬
을 주어야 했기 때문에 며느리, 형수로서의 집사람 역할을 덜어주기
위하여 어쩔 수 없다는 궁색한 변명을 하면서 양해를 구했다.

그 당시에 집사람이 적었던 가계부를 보면, 100원을 얻어서 콩나물
과 야채 20원, 생선 50원, 아이들 과자 20원 등 시장을 보고 나서 남는
돈 10원을 저축했다. 그렇게 구두쇠처럼 생활해도 직장에서 몇 푼씩
저축하는 것 외에는 남는 것이 없었고, 1년이 지나면 그 저축금으로

방세 오르는 것에 보태면 그뿐이었다. 1칸 짜리 사글세방에서 출발하여, 2칸 달세, 2칸 전세, 3칸 전세로 발전하고 처음으로 변두리에 자그마한 집을 마련하기까지 10년 정도 걸렸다. 대학으로 직장을 옮긴 후에도 월급봉투를 직접 관리하다가, 동생들이 학교를 마치고 직장을 잡아 결혼을 한 후에 드디어 내 월급봉투가 집사람에게로 넘어갔다.

이처럼 알뜰히 살아왔으면 부자가 되어야 하는데 그렇지 못했다. 사람들이 유행처럼 계를 모으고 돈놀이하고 재산을 모으려고 수단 방법을 가리지 않는데도, 우리는 아끼고 절약하는 것만 미덕으로 생각하면서 살아왔다. 부동산 투자로 재산을 불릴 수 있는 시대에 살면서도 이재(理財)에 밝지 못하여 항상 그대로였다.

예를 들면, 좀 더 큰집으로 이사를 할 때 빚을 내어 좋은 것을 사고나서 빚을 갚으면 재산을 키울 수 있는데 그것을 모르고 빚을 지면 그냥 망하는 것으로 생각했으니 돈버는 것과는 거리가 멀었다. 뿐만 아니라 가족 구성이 복잡하여 쉽게 이사를 하기 어렵다 생각하고는 돈이 될 수 있는 아파트로 옮겨서 재산을 늘리는 것도 하지 못했다.

나의 구두쇠 작전은 나 자신의 이익을 충족시키기 위한 것은 아니었다고 말하고 싶다. 나는 4대 봉제사(四代奉祭祀)를 하는 종갓집 장손으로 더불어 살아갈 수밖에 없는 운명을 가지고 태어나서 자라왔다. 아버지가 살아 계실 때, 어느 명절날 30여 명이 모여서 차례를 지낸 일이 있었다.

그 당시 우리 6형제 내외와 아이들을 합하여 아버지 밑에 딸린 가족이 정확하게 33명이었다. 이러한 대가족 제사와 명절 뒷바라지를 하는 집사람의 골몰은 눈물겨운 일이며, 나는 항상 감사하는 마음을 가지고 살아왔다.

아내를 도와 총책임을 져야하는 나에게는 뾰족한 대책이 없었으며,

나 자신을 버리고 우리를 위한 마음으로 살아가야 할 뿐이었다. 근검 절약하여 자수성가하고 가족 전체가 한자리에 모여서 명절을 보낼 수 있게 된 것은 오로지 집사람의 내조와 구두쇠 작전 때문이었다고 생각한다.

나는 결국 지금도 부자가 되지 못하고 서민으로 살아간다. 대학교수의 품위에 못 미치는 생활 수준이라고 탓할 사람들이 있을지 모른다. 그러나 나는 물질적으로는 부자가 아니지만, 정신적으로는 오히려 풍요롭다고 생각하는 것이다. 물질에 대한 욕심을 버리면 마음은 편안해진다. 너무 가난해서 기본적인 의식주 생활이 어려우면 곤란하겠지만, 집 있고 옷 입고 먹고사는 것은 걱정이 없으니 돈에 대해 애착을 가질 필요가 없는 것이다.

또 돈이 가장 적게 드는 건는 취미 – 등산을 마음대로 할 수 있으니 더 이상 바램이 없다. 지금으로선 자연과 더불어 흙을 밟으며 풀내음 맡으면서 유유자적 살아가는데는 더 이상 구두쇠 작전도 필요 없으며 무한한 너그러움만 있을 뿐이다.

나는 산에 다니면서 생활이 많이 바뀌었다. 구두쇠로 살아온 경직된 생활이 자연 속으로 확 풀리면서, 더불어 살아가는 마음이 자라났다. 친구들과 더불어 살아가는 마음, 남에게 봉사하는 마음, 많지 않은 물질이라도 나누어 쓰려는 노력, 이 모든 것이 등산을 하면서 생겨난 것이다.

그래서 산악회에 대한 봉사도 내가 걸을 수 있을 때까지 할 예정이다. 모교에 장학금을 기탁하는 일도 시도해 보았다. 현재 봉직하고 있는 학교에 장학기금을 기탁하겠다는 약속도 한 바 있다. 또 이 글을 출판하여 모두 장애자를 돕는 기금에 넣고 책의 판권도 기탁하고자 한다.

결과적으로 구두쇠 작전으로는 부자가 될 수 없었다. 그러나 기본적인 생활을 걱정 없이 하는 데는 도움이 되었다. 나아가서 남과 더불어 살아가려는 생각을 할 수 있었고, 마음의 풍요로움을 얻게 되었다. 그래서 나는 물질적인 부자는 아니지만, 정신적으로는 부자가 되었다고 생각하며 스스로를 위로해 본다.

장학금에 얽힌 사연

장학 제도는 나누어 가지는 과정이다. 장학금은 공부를 특별히 잘 하는 학생에게 포상하는 의미로 주어지기도 하며, 가정이 빈곤하여 학비조달이 어려운 학생에게 학비를 보조해주는 의미도 있다. 그러나 수혜자인 학생들 입장에서는 공부를 잘 하면 소득처럼 당연히 받는 것으로 생각해서는 안 되며, 집이 가난한 경우 구걸하는 마음으로 받아서도 안 된다. 그것은 우리 모두가 공유하는 재산이며, 누구나 나누어 받을 수 있는 것이기 때문이다.

장학금에 인연이 없었던 학창시절

나는 중 고등학교에 다니면서 장학제도가 있다는 사실도 모르고 있어 장학제도와는 인연을 맺지 못했다. 물론 성적이 최상위에 속하지 않았으니 받을 수 있으리라 기대조차 못했다. 그러나 중학교에 들어갈 때 학급에서 2위를 하였으니 해당 사항은 있지 않았을까? 그 때 혜택을 입었다면 성적유지에 힘을 썼을 것이고 농사일에 시간을 그렇게 빼앗기지는 않았을 것이다.

집안 일을 하느라고 학교에서 배우는 것 이외에는 공부를 전혀 하지 않았기 때문에 성적이 뒤 처지게 되었고, 우등생으로 졸업했지만 수업료가 면제되고 장학제도가 좋은 대구사범에 응시하여 낙방하고 말았다. 뿐만 아니라 성내에 있는 명문고등학교(경주고)에 들어가는데 겨우 턱걸이하는 형편이었다. 그러니 장학금 같은 것은 나와 전혀 관련이 없는 일이었다.

그러나 고등학교에 들어가서부터 열차통학을 하면서 공부할 시간이 많아져 1학년 말에는 우등생으로 발전했다. 2학년에 올라가서 학교공부를 계속 열심히 했으면 장학생으로 되었을지도 모르지만 외도하느라 성적이 중간 정도로 떨어졌다. 3학년 때는 진학이라는 동일 방향으로 친구들과 경쟁을 하니 성적이 회복되어 졸업할 때 300여명 중에 5등에 올랐다. 그러니 계속 학업에 매진했으면 1년 정도는 장학금 혜택을 받았을지도 모른다.

중학교에도 보내지 않기로 작정했던 집안에서, 한 순간의 선택으로 고등학교까지 마치게 되고 그러다 보니 대학에 가려는 꿈이 생겼다. 그래서 조선대학교 특별우대 장학생(학비면제 및 숙식제공) 선발에 응시하였는데 경쟁이 치열하여 낙방하고 말았다. 결국 장학생의 꿈은 사라지고 고학을 해서라도 대학에 가야겠다는 결심이 생겼다. 결국 경북대학교 사범대학 수학과에 입학하고 새로운 학창생활이 시작되었다.

장학금을 모아서 졸업여행을 가다

이 이야기는 대학생활에서 있었던 잊지 못할 에피소드 한 토막이다. 4학년 때 뜻깊은 졸업여행을 다녀온 이야기다. 40여 년 전의 일이지만 지금도 친구들이 모이면 그 이야기로 젊음을 되찾는다. 대학에 재직하는 몇 친구를 제외하고는 모두들 정년퇴직을 하고 조용히 여생을 설계하고 있는 노인들이다. 교장을 지낸 친구도 많으며 평교사로 평생을 보낸 페스탈로치도 있으며 유명을 달리한 친구도 있다.

우리들은 경북대학교 사범대학 수학과 58동기생들이다. 대부분 시골 태생의 가난한 가정 출신이라 정상적인 대학생활을 하기 어려운 상황이었다. 성적으로는 서울대학교에 들어갈 수 있는 수준이면서도 가정형편이 어려워 수업료가 면제되고 학비보조금(요사이 사도장학금)이 나오는 곳을 택하여 들어온 사람들이다.

하숙을 하면서 대학을 다니는 사람은 없고 가정교사나 갖가지 고학을 하면서 어렵게 학업을 계속하는 형편이었다. 이처럼 어렵게 공부하는 학생들로서 정상적인 방법으로는 학과에서 1/3 정도도 졸업여행을 갈 수 없는데, 우리가 어떻게 졸업여행을 갈 수 있었을까?

우리들은 1958년 4월에 입학하여 함께 공부하는 33명의 운명공동체가 되었다. 몇 사람이 휴학을 했을 뿐, 대부분이 3학년으로 진급하여 가족적인 분위기로 학창 생활을 영위하고 있었다. 그러면서도 우리들에게 주어지는 사도장학금이 절반 정도의 학생들에게 돌아가는 상황이므로 보이지 않는 경쟁심리가 흐르고 있었다.

그래서 이 장학금을 누구의 이름으로 받든 상관없이 전액을 모아서 4학년 때 졸업여행경비로 쓰자는 의견에 뜻이 모아졌다. 그 당시는 자유당 말기로 4·19의거가 터진 변혁기였지만 계획은 그대로 실천되어 결실을 맺었다.

4학년이던 1961년 4월 하순에 20여 명의 학생들이 추가부담 없이 졸업여행을 떠나게 되었다. 교수님들을 사모님과 함께 모셨으며, 주임교수의 장인어른(그 때 우리들은 그분을 관운장이란 별칭을 붙였다)까지 동행하였으니 그 가족적인 분위기를 짐작하고 남을 것이다.

대구 – 경주(1박) – 부산(1박) – 충무(1박) – 마산 – 대구로 돌아오는 3박 4일의 일정이었는데, 우리들의 추억에서 영원히 지워지지 않는 재미있는 여행이었다. 모두들 형제처럼 가족처럼 더불어 살아가는 마음으로 뭉쳐서 만들어낸 결실이었다.

학사편입생도 장학금이 필요한가?

나는 우연한 계기로 교사 생활을 포기하고 다시 대학생이 되었다. 즉 학사편입으로 부산대학교에서 대학 생활을 다시 시작하게 된 것이다. 함께 공부하는 학생들은 엘리트 집단이라는 프라이드를 가지고 있었다.

그들과 동급생이 된 것을 영광으로 생각하라면서 나를 보는 시각도 가지각색. 사대 수학과를 졸업하고도 직장을 못 갖는가? 지긋지긋한 대학을 무엇이 좋아 또 다니나? 한번 다니기도 힘드는데 얼마나 부자라서 두 번씩이나 다니는가? 등등.

그러나 쉽게 동화되고 적응할 수 있었다. 전공과목을 2년 동안 모두 이수해야 하니 큰 부담이었지만 생각보다 쉬웠다. 수학을 공부하던 습관에 기계공학 공부는 크게 어렵지 않았으며 쉽게 친구들보다 앞설 수 있었다.

그러나 우수장학생이 될 정도는 아니었던 것 같았다. 그런 중에 현역학생들 사이에는 편입생은 장학생에서 제외해야 한다는 이야기가 나돌았다. 현역학생들에 비하면 호강스럽게 다시 대학생활을 하니 장학금을 생각할 게재가 아니라는 것이다.

그러나 나는 학사편입 전 1년 동안 교사생활을 하면서 저축한 돈이 쉽게 바닥이 났다. 그래서 가정교사로 생활은 해결했지만 등록금을 내는 것은 힘들었다. 다른 학생들에게는 미안했지만, 비과세증명을 제출하여 학비를 일부 감면 받은 적이 있었다. 조금 부끄러운 추억이다.

입장이 바뀌어 장학생을 선발하던 이야기

매년 학기말이 되면 교수들은 지도하고 있는 분반의 학생들로부터 장학생 선발에 참고가 될 자료를 받는다. 성적우수 장학생은 성적평점과 석차까지 전산처리 되어 나오므로 선발에 큰 어려움이 없다. 장학금을 받지 않아도 된다는 양보의 미덕을 보이는 학생은 없기 때문에 거의 기계적으로 선발된다.

그러나 가정형편이 어려운 학생들에게 주어지는 장학생은 선발하기 어렵다. 구호대상자증명, 비과세증명, 본인진술서 순으로 가정 형편이 반영된다. 대학생 정도이면 앞의 두 가지 경우는 별로 없다. 결국 본인의 진술서로 가정형편을 판단해야 하는데 이것이 쉽지 않다.

어떤 학생은 과대 포장하여 극빈자처럼 꾸미기도 하지만, 정작 실제 형편이 어려운 학생 중에는 자존심 때문에 그냥 지나가는 경우도 있다. 형편이 비슷한 경우는 성적이 반영된다. 또한 어려운 형편에 대학을 다니면서 공부도 제대로 하지 않는 문제학생들을 가려내기 위하여 기준 성적에 미달하는 사람은 제외된다.

성적우수장학생은 전액면제와 일부면제의 등급이 있는데 받는 사람이 계속 받는 경우가 많다. 성적이 우수한 사람은 장학금 받는 것을 아르바이트로 생각하여 계속 공부를 열심히 하기 때문이다. 그래서 번갈아 돌아가면서 장학혜택을 받는 것이 어떠냐고 교수가 제의한다면 야단난다. 양보를 받기 힘든 일이다. 그런데 한번 시도해 성공한 사례가 있었다.

열심히 공부도 하지만 친구들과도 잘 어울리고 모범적인 학생 이야기다. 1등으로 2회 연속 우수장학생으로 전액면제를 받았는데, 다음 학기 성적이 또 1등이었다. 그 학생의 아버지가 조그마한 공장을 경영하고 있었으므로 학비걱정은 크게 문제되지 않는 상태였다. 같은 반에 아주 형편이 어려운 학생이 있었다.

그 학생은 야간에 직장을 다니며 벌어서 집안 생계를 유지하고 공부를 하기 때문에 기준성적에도 미달되어 장학생 대상에서 제외되었다.

그래서 우등생을 불러서 곤란한 학생에게 양보할 뜻이 없냐고 물었다. 선뜻 동의했다.

방법을 제시했다. 우등생이 그대로 등록금 전액을 받는 것으로 하고, 집에서 등록금을 받아 가지고 와서 어려운 친구의 등록금을 대신 내주는 것이다. 만약 수석이 장학금 수혜를 포기한다면, 전액면제에서 제외된 차점자가 이의를 제기할 수도 있기 때문이다. 그로써 두 사람의 우의가 좋아졌으며, 나중에 그 사실을 알게 된 다른 학우들도 박수를 쳐주었다.

이러한 선행을 학교당국에 알리니, 그 학생은 선행학생으로 총장표창을 받게 되었다. 개인주의가 팽배한 세상에 흐뭇한 일이었다. 표창을 받은 학생의 아버지는 아들의 올바른 처신과 학교의 지도에 감사한다면서 학과의 교수들을 초청하여 저녁식사를 대접하고 사모님과 아이들에게 주라고 케이크 선물까지 준비해 주었다.

대학교수로서 처음 받는 대접으로 모두들 흐뭇한 분위기였다. 그 학생은 계속 공부를 열심히 하여 한국과학원에 진학하였고 석사과정을 거쳐 박사학위까지 받은 후에 사회의 중추적인 역할을 하고 있다.

장학금은 불로소득이 되어서는 안 된다

최근에 장학제도에 대하여 논란이 분분하다. 학교 당국은 그냥 나누어주는 방법을 지양하고 성적우수자라도 무엇인가 봉사를 통해서 받도록 제도를 바꾸려고 한다. 학생들이나 교수들은 포상의 성격을 가진 성적우수장학생 제도는 유지해야 한다고 주장한다. 지금까지 장학금은 그냥 주어지는 것이고 공부만 잘하면 당연히 받는 것으로 생각해왔기 때문에 나오는 반론이다.

그러나 학생이 공부를 열심히 하는 것은 학생으로서 당연한 일이다.

열심히 하여 좋은 성적이 나온 것은 자신의 개인적인 성취로서 충분히 의의가 있다. 그것으로 소득이 발생하는 것은 일종의 불로소득이다. 경우에 따라서는 다른 사람이 자기보다 성적이 나빴기 때문에 생기는 반사이익이다. 이렇게 생각하다 보면 '그 돈은 누구의 것인가? 왜 그 사람이 받아야하는가? 하는 의문이 제기된다.

내가 국책사업을 맡아서 추진할 때 '도우미 장학생제도'를 도입해 보았다. 전액면제 우수장학생은 극소수로 하고, 많은 사람에게 골고루 혜택이 가도록 일부면제를 대폭 늘렸으며, 성적이 상위그룹에 해당하는 학생 중에서 전액을 받고 싶은 학생은 후배의 학습을 돕게 하고, 가정형편이 어려워서 학비조달이 어려운 학생은 학과의 일을 돕도록 하여 전액을 면제해 주는 것이었다.

호응하는 학생이 많지 않아 예산을 다 쓰지 못했다. 지금은 고학을 할 정도로 학생들의 생활이 어렵지도 않으며, 그냥 받던 장학제도가 습관이 되어 공짜 정신이 생겼기 때문이 아닐까 생각되었다.

우리가 장학금을 받으면서 이것은 공짜가 아니고 어떤 방법으로든지 되돌려 주어야 한다는 생각을 가진다면 상황은 달라질 것이다. 최근 대여장학금제도가 많은데도 학생들은 외면한다. 자기가 갚아야 하기 때문이다. 학교에서 주는 장학금은 공짜니까 받으려고 기를 쓴다. 이제 우리들은 생활수준이 높아졌으니 공짜정신을 버릴 때가 된 것 같다.

어떤 반에서 성적이 제일 좋은 학생에게 전액면제 장학금을 주고 그 학생에게 강의 시작 전후의 강의실 정리와 수업분위기를 정화하는 일을 돕도록 한다면, 그것이 바로 좋은 근로장학생제도가 아닐까? 그 정도의 봉사도 싫다면 아무리 공부를 잘 해도 장학금을 받을 자격이 없는 것이다.

교수님들이나 학생들이 생각하는 포상형 우수장학생제도를 그냥 놔두어도 좋다. 지금은 우선 공짜로 받아서 쓰고 졸업 후에 되돌려주면 될 것이기 때문이다. 그런데 받을 줄만 알고 되돌려주는 습관이 결핍된 사회풍조가 문제이다. 그래서 되돌려주는 마음을 위하여 캠페인을 벌리고 싶다.

그러면 어디에, 누구에게 돌려주어야 하는가? 꼭 자기에게 혜택을 준 학교가 아니라도 좋다. 그 장학금은 우리 모두가 공유하는 재산이기 때문이다. 이제 우리 교수님들부터 받은 것을 되돌려주고 다음 세대와 더불어 살아가는 운동에 솔선하자고 제의한다면 제가 너무 주제넘은 것인가요!

우리 대학교 교수님들 수준이면 재학시절에 어떠한 형태이든 장학금을 받았을 것이다. 그러니 우리가 돌려주는 전통을 만들 때 학생들은 따라오지 않을까 생각해본다.

고교 졸업장

저는 경주고등학교 졸업생임을 자랑으로 생각하면서 살아왔습니다. 졸업장이 없다는 사실도 까마득히 잊어버리고 40년을 지내왔으며, 동기생 선후배 동창들과 어울려서 모교를 자랑하면서 살고 있습니다.

3학년 마지막 등록금 미납으로 인하여 졸업장도 받지 못하였으니 고교생활의 마무리를 짓지 못한 채 졸업생으로 행세하고 있는 것이지요. 그 때의 선생님들께서는 모두 떠나셨지만, 새삼스럽게 저의 어려웠던 과거를 되새기며 이 글을 올립니다.

저의 나이 벌써 육십이니 고등학교에 다니던 것은 까마득한 옛날 이야기입니다. 그 당시에는 모두들 어려운 생활을 했고 저희 집도 마찬가지였습니다. 몇 년 전에 84세 일기로 돌아가신 선친께서는 그 때 아직 젊으셨지만 건강이 좋지 않았고 농토도 많지 않아 겨우 식생활을 해결할 정도였습니다. 할머니, 어머니 그리고 저희 6형제가 딸렸으니 자식을 고등학교에 보낸다는 것이 무리였습니다.

그런 중에 장남인 저는, 중학교도 보내지 않겠다고 하시던 선친의 뜻을 거역하면서 중학교를 나왔고 고등학교에까지 진학하였으니 대단한 행운을 얻은 것이었지요. 그러니 아무리 어려운 일이라도 극복하고야 말겠다는 각오가 대단했던 것이지요. 하지만 비록 신분은 학생이었지만 식생활 해결을 위한 농사일이 주업이었고 공부는 틈틈이 하는 부업이었습니다.

중학교 시절에는 일만 하다가 고등학교는 경주로 유학을 나오니 공부할 시간이 넘쳐 났습니다. 기차통학을 했기 때문에 기차를 타러오는 시간부터 기차로 귀가하는 시간까지 온종일 공부할 수 있는 나의 시간이었습니다.

오후에 귀가하면 어두워질 때까지 농사일을 거들어야 했고, 농번기에는 사나흘 씩 결석하면서 집안 일을 도와야 했지만 – 그것을 저는 개별 가정실습이라고 생각하며 불평하지 않았습니다 – 1학년말에는 우등생이 될 수 있었습니다.

부모님의 부담을 덜어드리기 위해 2학년 때는 검정고시를 준비하느라고 학교공부를 소홀히 하여 성적이 중간 이하로 저조하였습니다. 검정고시도 안되고 장학생도 안되었으니 부모님께 면목이 없었으며, 3학년에 올라가서는 더욱 어려운 생활을 할 수밖에 없었습니다.

지금은 수업료를 미리 납부하지만, 그 당시는 납기에 내는 사람이 드물고, 공납금을 내지 못하여 귀가조치 받거나 시험을 치지 못하는 일도 있었습니다. 저도 아버님께서 학교에 나오셔서 연기를 받고 언제까지 내겠다는 약속을 드린 후에야 중간시험을 치른 적이 있었습니다. 그 당시 집안 형편이 그토록 어려웠던가는 몰라도, 아버님의 구두쇠 정신이 너무 지나쳤다고 생각되어 원망스러웠습니다.

3학년 때는 성적이 향상되어 졸업할 때 우등상과 특별상(전체 5등)을 받았지만, 납입금을 못 내 졸업장을 담보로 잡힌 채 고교 생활을 마친 것입니다. 아버님의 구두쇠 주머니에서 서울 갈 여비를 얻지 못하여 서울대학교에 응시조차 못하였으니, 마지막 공납금을 내지 못한 것은 당연한 현실이었지요.

공납금을 정리하고 졸업장을 받았어야 했는데, 그 돈은 대구(경대)에 시험 치러 가는 여비로 쓰였습니다. 대학에 붙지 않았으면 소중한 최종학력 졸업장을 찾았을 것이었지만, 고학하는 대학생의 형편이 모든 것을 잊게 만들었습니다. 졸업장 없는 부끄러움조차 영영 잊어버리게 했습니다.

사회인이 되어서 돈을 벌면서도 부전자전으로 내려온 구두쇠정신 때문에, 저를 이렇게 키워준 모교의 은혜에 보답하지 못하였습니다. 새삼스럽게 졸업장을 받고 싶지는 않지만, 저의 잘못을 뉘우치면서 저처럼 어렵게 공부하는 후배를 위하여 작은 성의를 보내고 싶습니다. 졸업장을 받지 못하고도 이처럼 사회에서 역할을 다하며 살 수 있는 기반을 닦아준 모교에 대하여 다시 한번 감사를 드립니다.

(1997년 3월 20일 모교 교장선생님께 보낸 편지)

추신: 고등학교 3학년 학생 중에서 우등생이면서 가정형편이 어려운 학생 1명에게 1년간의 등록금을 제공하고자 일백만 원을 입금하였습니다. 선정하셔서 전달해주시기 바랍니다.

후기: 그 해부터 4년 간 일백만 원씩 송금하였는데, 장학 혜택을 받은 학생이 등록금이 저렴한 국립대학에 진학하지 않고 서울지역에 있는 삼류 사립대학에 진학한 것을 알았다. 이제 가정이 가난하여 대학에 진학하지 못하는 학생이 딱히 없는 것 같고, 성적도 중간 이하인 학생에게 주어진 듯했다. 그리고 마지막 해에는 몇 개월이 지나도록 장학생을 선발하지 않고 야구부 후원금으로 쓰려는 것처럼 보여 더 이상 지원하지 않기로 하였다.

보은하는 마음으로 장학기금 마련

아버님 날 나으시고 어머님 날 기르시고 스승님 날 가르치셨으니 그 높으신 은혜를 어찌 다 갚겠는가? 이제 이순을 바라보는 나이에 조용히 산행을 하며 뒤돌아보니 인생무상이 느껴지고 감개가 새롭다.

아버님은 10년 전 84세 일기로 돌아가셨다. 젊을 때부터 신병으로 항상 편찮으시던 어른인데 장수하셨다. 내가 볼 때는 너무 구두쇠이고 완고하고 지나치게 엄하셔서 부자지정은 느껴보지 못했다. 나의 선친께서는 일곱 살에 부친을 여의고 완전 무학이었는데도 한자를 그림으로 읽어서 남의 편지를 전해주는 재주를 가지셨다.

또 반장으로 모든 문서를 기억력으로 머리 속에 기록하여 마을 일을 처리할 수 있었으며, 스스로 유식함을 자랑하면서 거침없이 살다 가신 분이다.

어머님은 외유내강하시고 모든 일에 헌신적이었다. 남편에 순종하면서 모자라는 부분을 보충해 주셨다. 우리 형제들에게 말없이 사랑을 베풀어 주셨으며 우리 집안을 무에서 유로 바꾸어 놓으신 분이다. 지금 90세인데도 정신이 맑으셔서 내가 집에 돌아올 때까지 주무시지 않고 기다리신다.

내가 산에 가거나 외출해서 늦어지면 반드시 전화를 걸어서 늦어진다는 보고를 드려야 주무시며, 고맙다는 말씀을 잊지 않으신다. 몸도 마음도 편히 모시지는 못하지만 건강하게 오래 사시기를 기원한다.

선생님도 여러 분 계셨는데 나에게 강하게 영향을 주신 선생님을 돌이켜본다. 건천초등학교 5, 6학년 담임선생님이셨던 정정동 선생님은 작고하신 지 오래되었다. 한국전쟁으로 학교에 유엔군이 주둔하고 마을회관으로 피난하여 공부를 하던 때다.

그 마을에 선생님이 지내시던 집을 찾아가 농사일도 도와 드리면서 근실하게 살아가시던 선생님의 생활을 가까이에서 배우고 체험했던 기억이 있다.

무산중학교 권영돈(작고하셨음)선생님은 아버지처럼 엄하셨다. 그것이 스승의 참모습으로 내 뇌리에 각인되었다.

경주고등학교 1학년 담임이셨던 김형록 선생님은 자상하셨고, 2학년 담임이셨던 황호근 선생님은 예술적이어서 학생들에게 부푼 꿈을 키워주셨다. 3학년 담임이셨던 탁정식 선생님은 수학을 가르치면서 빈틈없는 논리 전개로 나의 마음을 사로잡아 나로 하여금 수학과로 진학하게 만들었다.

경북대학교 사범대학 수학과에 들어가서 박을룡 선생님을 만났다. 선생님께서 대학교 도서관에 파트타임 일자리를 구해주셨고 어려울 때 격려해 주셨으며 연구실 한 쪽에 공부할 자리도 만들어 주셨다. 졸업하던 해 사범대학에 수학과가 폐지되고 – 물론 다음 해에 수학교육학과로 부활했지만 – 선생님은 서울로 올라 가셔서 서울대학교에 오래 계시다가 정년퇴임 하시고 지난해에 작고하셨다.

존경하던 선생님께서 모교를 떠나시니 나는 전공을 바꾸게 되었고 멀리 산다는 핑계로 선생님을 자주 찾아뵙지 못하여 보은의 기회를 잃었다.

부산대학교 공과대학 기계공학과에 학사편입하여 대학에 다시 들어

왔을 때는 김규남 교수님, 백남주 교수님, 김만식 교수님, 민수홍 교수님, 이용락 교수님이 계셨는데 1학년부터 3학년에 걸쳐서 강의를 들으러 오르내리느라 선생님들과 면담할 시간을 얻지 못했다. 사제간의 정을 나누지 못한 채 졸업하고 수년이 지나서 교수로 들어오니 김규남 선생님과 백남주 선생님이 계셔서 은사님을 선배교수로 모시게 되었다. 두 분께 많은 것을 배웠고 도움을 받았다. 그러나 그 은혜에 보답하지 못하고 그냥 이렇게 살아가니 죄송할 뿐이다.

나는 김규남 선생님으로부터 큰 감명을 받았다. 선생님께서는 공과대학 학장직을 8년이나 맡으셨으며 기계공학과를 특성 화학과로 지정받아 크게 발전시키셨다. 기계공학과에 대한 애정이 남달랐을 것이다. 그래서 선생님께서 정년퇴임을 하시면서 기계동문회에 장학기금으로 거금을 남기셨다.

또한 후배교수들의 입지를 넓히고자 출강청탁도 거절하셨으며, 연구실을 1년 간 사용하실 수 있는데도 바로 비우고 떠나셨다. 끝마무리가 지나치게 깔끔하여 후배교수들에게는 아쉬움도 남았지만 선생님의 정갈한 성품과 처신을 보고 많은 것을 배웠으며 새삼스럽게 존경하게 되었다.

그때 나는 생각했다. 나는 정년이 된다면 선생님과 같이 유종의 미를 거둘 수 있을까? 어림도 없는 일이라고 생각했지만, 십여 년 후의 일이니까 노력해보자고 다짐했었다. 시간은 너무 빨리 흘러 벌써 10년이 지났다.

내가 부산대학교 기계공학과와 인연을 맺은 지 40 년 되었다. 배우는 학생에서 출발하여 이 곳에서 공직일생을 보낸 지금 기계공학과는 나의 분신이라고 생각된다. 이처럼 애정을 가지고 있고 또한 산에 다니는 동안 마음 비우기에 통달하게 되면서 장학기금 마련을 쉽게 결심할 수 있었다.

그 순간의 뜻을 실천하기 위하여 이런저런 사정으로 마음이 변하기 전에 학과 후배교수들에게 뜻을 밝혔다. 가족들에게도 이야기하고 양해를 구하니 높은 뜻이라고 동의해주었다.

그리고 공언한 것을 실천에 옮기려고 발전기금재단에 약정을 하게 되었다. 이제 공약을 했으니 뜻을 절반 이상 이루었다고 생각하며 날아갈 듯 가벼운 마음으로 실행할 것 같다.

조용히 적립을 시작하여 정년퇴임 하는 날 1억 원 장학기금을 기탁했다는 것이 공포되기를 바랐는데, 세상은 나의 마음 같지 않았다. 총장님께서 약정요식을 갖추니 방송에 보도가 되고 신문도 그냥 있지 않았다.

아래 내용은 조선일보 2002년 12월 25일자에 실린 기사 그대로이다.

백인환 부산대 교수, 학교발전기금 1억 기부: 정년을 2년 앞둔 교수가 근무해온 대학교에 장학기금으로 써달라며 1억 원을 쾌척했다. 부산대 기계공학부 백인환(62)교수는 24일 학교발전기금 1억 원 출연 약정서를 박재윤 총장에게 전하고 1차로 3,000만원을 내어놓았다. 부산대는 기탁한 기금을 백교수의 호를 따 '일봉장학금'으로 이름짓고 학생들을 위한 장학금으로 쓸 계획이다.

반응은 놀라웠다. 나를 잘 아는 친구들은 넉넉한 형편도 아닐텐데 백교수가 어찌 그런 거금을 낼 수 있느냐고 묻는다. 내가 부자가 아니기 때문에 낼 수 있는 것이라고 대답한다. 돈이 많으면 씀씀이가 크기 때문에 오히려 상대적 빈곤을 더 많이 느끼지만, 나는 오히려 그 정도 기부하고도 생활에는 지장이 없다.

226

내가 교수의 품위에 걸맞은 골프라도 치러 다닌다면 불가능한 일이다. 산에 미쳐 다니는 것이 나의 유일한 취미이기 때문에 재물에 대한 욕심을 버릴 수 있었는지도 모른다.

  여기에는 근검절약이 몸에 밴 집사람의 내조를 간과할 수 없다. 혹시 교수로서의 품위를 손상하지나 않을까 걱정하면서 살아가지만 마음만은 항상 부자로 살아간다.

  이 조그마한 일로 지금껏 은혜를 입은 모든 분들에게 보답하고자 하는 마음을 전하며 뜻을 함께 한 가족들의 협조에도 감사를 드린다.

장애인을 도울 길은 없는가

나는 장애인 마크를 부착한 승용차를 타고 다닌다. 가끔은 체면이 좀 안서는 것 같아 민망하게 느껴질 때도 있지만 어쩔 수 없다. 우리 집이 장애인 가정이기 때문이다. 그래서 여러 가지 혜택을 받고 있다. 차량 세금 면제, 통행료 할인, 연료비 절감, TV시청료 면제, 수도세 감면 등 여러 가지 득을 보고 있다.

그 중에서 가장 큰 혜택은 항공료 할인이다. 서울에 출장 가면서 장애인과 함께 가면 한 사람 요금으로 두 사람이 갈 수 있다. 이처럼 우리나라에도 장애인에 대한 배려가 상당히 잘 되어 있다. 국민소득 일만 불 시대에 진입하면서 살기도 좋아졌지만 사회복지제도도 선진국에 따라가고 있다는 생각이 들어 우리나라가 좋은 나라라는 자부심이 느껴진다.

장애인은 나의 평생 동반자인 아내다. 청각장애 2급이다. 후천적으로 생긴 것으로 물리적인 변화는 전혀 없기 때문에 남이 보기에는 멀쩡한데, 청신경이 약화되어 잘 듣지 못한다. 그 원인이 밝혀지지 않아서 치료나 수술의 방법이 없다고 한다. 달팽이관을 시술하는 방법이 있다고 하지만 부작용이 걱정되어 그냥 지낸다.

한 쪽 귀에만 조금 남아있는 청력을 보청기로 보정했지만 전화 통화는 거의 되지 않는 상태다. 일본까지 가서 정밀 진단을 받았으나 원인

불명이다. 많은 불편을 느끼면서 살아가는데 재미있는 몇 가지 에피소드가 있다.

우리 부부는 이웃으로부터 다정한 부부로 칭송을 받는다. 1994년 말 결혼 30주년 기념일을 맞아 일본 규슈(九州) 관광에 동참했다. 관광안내원이 우리말로 열심히 설명을 하는데 알아듣지 못하며 내가 통역을 해주어야 알아듣는 것 같으니까 일행들이 사모님은 일본 교포냐고 물어온다. 나는 빙긋이 웃을 뿐 할 말이 없다.

아내의 청력장애를 아는 사람은 고함을 질러서 대화를 하려고 애를 쓴다. 그럴 수록 아내는 이해가 어렵다고 한다. 우리는 눈으로 대화를 하고 중요한 것은 메모를 해준다. 모든 것을 서로 쳐다보고 살짝살짝 의사전달을 하니 다른 사람들 눈에는 아주 다정한 부부로 보인 것이다.

우리는 노래방에 가지 않는다. 친구들 모임에서 노래방에 가는 시간이면 우리는 조용히 집으로 온다. 나는 원래 음치였지만 아내는 젊었을 때 음성도 맑고 노래를 아주 잘 불렀다. 그러나 지금은 자기가 발성한 소리를 듣지 못하므로 음의 높낮이를 맞출 수가 없는 것이다.

그러니 다른 사람이 들으면 전혀 다른 노래가 되고 만다. 하지만 노래를 못한다고 해도 일상생활에는 불편이 없으니 상관없는 일이다.

그러면서도 아내는 후덕해 보이고 귀부인 인상을 유지하고 있는 것 같다. 주로 대중교통을 이용하여 나들이를 하는데, 길을 가다가 스쳐 지난 사람들 중에서 굳이 되돌아와 아내에게 길을 묻거나 안내를 받고자 하는 사람들이 많다고 한다. 그런데 대화가 순조롭지 못하여 도와주고 싶어도 그 사람의 불편사항이 무엇인지를 정확히 파악하지 못하니 민망스러울 뿐이라고 한다.

이러한 일들을 불편하다고 생각한다면 답답해서 하루를 편히 지나기 어려울 것이다. 그러나 눈이 어둡거나 사지불구로 거동이 어려운 사람에 비하면 훨씬 편하게 살아갈 수 있다고 자위하면서 살아가는 것 같다. 이제 도를 통하였다고 하는 표현이 맞을까!

이처럼 장애인과 함께 살면서 사회의 혜택도 누리기 때문에 우리보다 더 어려운 사람들을 위하여 무엇인가 도움이 될만한 일을 생각하게 된다. 도움을 받은 것 이상으로 남을 도와야 한다는 생각을 평소에 가지고 있었다. 우리 생활이 크게 부유하지 않아서 큰 도움은 줄 수 없지만 힘닿는 대로 돕고자 하는 마음은 항상 열려있다.

때마침 이번에 제자들의 도움으로 이 문집을 만들게 되어 그들의 도움에 나의 정성을 곁들여 장애인 복지재단에 기여할 좋은 기회를 얻은 것 같다.

이 책의 판권을 복지재단에 헌납하여 책이 많이 팔려 수익금이 복지재단에 들어가도록 하고자 한다.

이렇게 하여 나의 작은 정성이 장애인복지 향상에 조금이라도 도움이 된다면 좋겠다. 나아가서 이렇게 모아지는 금액이 많지는 않더라도 장애인을 위하여 유용하게 쓰이기를 바란다. 뿐만 아니라 이것을 계기로 보통사람들이 장애인들에게 더 많은 관심을 갖게 되길 바란다.

제주도 아줌마와 구혼여행

- 아내 한화자가 신문에 투고한 미발표 글

2002년 12월29일은 우리의 38회 결혼기념일이다. 남편이 공직생활에 바쁘므로 결혼기념일을 그냥 넘기는 것이 보통이었다. 그런데 금년에는 남편이 안식년휴가를 얻어서 취미생활도 하고 시간 여유를 가지게 되어 함께 제주도로 구혼여행을 갔다. 그곳의 후한 인심과 친절에 감동하여 즐거웠던 추억을 마음속 깊이 간직하고자 이 글을 쓴다.

새벽 일찍 서둘러 준비를 마치고 공항으로 나가니 연말연시의 관광객들로 붐빈다. 빈자리 없이 꽉 메운 승객들을 보니 이 비행기가 과연 뜰 수 있을까 하는 의문이 생긴다. 그러나 힘차게 박차 오르고 조금 있으니 한라산이 보인다. 어릴 때 소풍가던 마음으로 가슴이 설레면서 제주공항에 9시에 도착, 예약한 렌트카를 찾아서 기사양반의 친절한 안내를 받는다. 처음부터 기분이 좋다.

제주도는 무척이나 친근감이 가는 곳이다. 1998년 초 남편 회갑 때 한라산에 함께 올라 지내온 시간들에 감사를 드렸고 그 전에 몇 번 다니면서 일반관광지는 대부분 다녀 보았다. 그래서 이번 주제는 문화관광이다. 제주민속박물관과 국립제주박물관을 관람하고, 동쪽 일주도로를 따라 만장굴과 표선 제주민속촌을 돌아보고, 탐라목석원에 들려서 머리를 식히고 유익한 관광일정을 마쳤다.

발 닿는 곳 어디서나 자유롭게 쉴 곳을 잡을 수 있을 것 같아서 호텔을 예약하지 않았다. 저녁식사 할 곳을 '거부한정식'으로 정하고, 근처에 있는 제주그랜드호텔로 갔더니 방이 없다. 인근의 K호텔에 여장을 풀고 식당으로 갔다. 전과는 달리 크게 새 단장하여 기업 같은 식당으로 변해 있었다.

그런데도 서비스가 안방식당처럼 친절하고 깔끔했다. 식사는 돼지고기를 주로 하는 정식이지만, 아주 푸짐하여 부자 집에 간 손님처럼 대접 받았다. 6,000원짜리인데도 육지에서 몇 만원 짜리식사를 한 기분이었다. 관광도시다운 서비스였다.

거부가 된 기분으로 식당을 나오니 과일이 생각나 제주도 명물인 밀감을 사려고 과일가게나 슈퍼를 찾지만 보이지 않는다. 한참동안 걸으면서 물으니 아파트 안에 수퍼마켓이 있다고 했다.

아파트 사이 길로 들었는데도 보이지 않아서 지나가는 아주머니 한 분에게 물으니 자기를 따라오라면서 과일가게로 안내해 주었다. 길을 가면서 어디에서 왔느냐고 묻는다. 자기도 부산에 몇 년간 살았던 적이 있다고 한다. 어둠 속에 잘 보이지는 않았지만 60대 초반으로 보이며 곱게 늙어 가는 인자한 모습이었다.

고맙다는 인사를 하고 밀감을 1킬로그램 정도 사서 돌아오는데, 아주머니는 기다렸다가 우리를 따라오며 "그 정도 먹을 것을 조금 사는 줄 알았다면 우리 집에 있는 것을 줄텐데 미처 생각을 못했다"고 말씀하신다. 이제라도 생각이 났으니 주겠다고 하시면서 기다리란다. 귀신에라도 홀린 듯한 마음으로 기다리니, 비닐봉투에 5킬로그램 넘게 가지고 오셔서는 이 밀감은 신종으로 맛이 더 좋다고 자랑한다.

값을 치르려니 거절하면서 자기의 호의를 무시한다고 나무란다. 고맙게 받아 들고 주소나 전화번호라도 알려달라했지만 별것 아닌 일로 부담을 갖지 말라며 집으로 들어갔다. 알고 보니 우리가 길을 물었던 곳이 바로 아주머니의 집 앞이었다.

우리는 호텔에 돌아와서 제주도의 인심에 감탄하면서 밀감을 꺼내 먹었다. 과연 우리가 샀던 것보다 얻은 것이 훨씬 더 맛이 있었다. 전혀 모르는 사람의 길 안내 요청을 받고서 외출했다가 귀가하면서 자기 집을 지나쳐서 일부러 가게까지 데려다 안내해 주고, 대가를 바라는 것도 아니면서 친절하게 과일을 나누어주는 후한 인심은 이곳이 아니면 찾아볼 수 없을 것 같다. 거듭거듭 감사를 드려도 모자라는 심정이다.

맛있게 먹으면서 우리는 농담을 나눈다. 혹시 나 모르게 부산에서 사귀던 애인이냐고, 당신이 너무 미남이라서 반한 것이 아니냐고 물어본다. 또 12월25일 조선일보에 보도된 당신의 사진을 보고 귀한 손님 만났다고 대접하려는 것 아니냐고 남편의 장학기금 약정을 치켜올려본다.

그러나 남편은 빙긋이 웃을 뿐 대꾸를 하지 않는다. 그 미소가 백 마디의 말보다 더 깊은 애정 표현임을 나는 잘 알고 있기 때문에 짜릿한 행복을 느꼈다.

구혼여행이 조금은 쑥스럽지만 이렇게 뜻 깊은 여행이 되리라고는 생각하지 못했다. 요사이 신혼부부들이 신혼여행을 해외로 가는 것이 유행되어서 제주도나 국내에 가는 것을 부끄럽게 생각하는 풍조가 있는 듯하다. 이렇게 인심 좋고 풍광 좋은 곳을 놔두고서 말이다.

그 날 밤 이런저런 생각에 잠기다 보니 우리의 신혼시절이 떠올라 감회가 새로워진다.

우리는 중매로 만나 약혼까지 했는데도 편지만 열심히 주고받았으며, 한두 번 만나긴 했지만 얼굴도 잘 모르는 채로 결혼을 했다. 신혼여행이라는 말도 모르고 시골 친정 집 마당에서 사모관대와 족두리를 쓰고 구식으로 예식을 올렸다. 첫날 밤 신방을 꾸렸는데 장난이 심한 친척 청년들이 돌쩌귀 여닫이문짝을 떼어 가버리고 나니 엄동설한 냉기가 엄습했다. 친정어머니가 병풍으로 가려주는 뒤편에서 그렇게 첫날밤을 보냈다.

그 때가 정말 엊그제 같은데 벌써 이렇게 늙어버렸다. 그러나 그 때 못간 신혼여행을 대신해 지금이라도 둘이서 구혼여행으로 제주도에 왔고, 뜻밖에 제주도 아주머니의 친절을 한껏 받아 더욱 감격스러운 순간이 되었다.

중·고교 동기생들과 산행

   부산에 살고 있는 경주중 16회, 경주고 7회 동기생 모임이 있다. 나는 일반회원으로 그냥 따라만 다닌다. 수십 년을 함께 한 친구들이라 애정이 각별한 터라 내가 좋아하는 등산을 함께 하면서 우의를 두텁게 하고 건강을 도모하고 싶어서 산악회를 만들게 되었다. 수십 년 산행 경력을 가진 친구(윤용달)를 회장으로 하고, 내가 산행안내를 맡아서 산행을 시작했다.

   1995년 4월30일 경주 단석산에서 첫 산행에 오르면서 나는 친구들에게 다음 글로써 봉사 각오를 다졌다.

   춘삼월 호시절에 산천경계 구경가세!
   육십을 넘보는 우리에게 외침이니
   누구의 말인가를 묻지 말자.

   고향 산에도 진달래가 한창인데
   우리 함께 올라
   화랑의 얼을 더듬어 보고 젊어지자.

   동기생들 함께 산행하자고 몇 년을 별렀지만

나이만 자꾸 먹어가고
동기회의 공식행사로는 어려운 형편.

산에 미친 마음으로 시작하는 일에
많은 친구들 동참해 주어서 고맙고
성심껏 안내하여 보답하겠소.

두 번째 산행은 경주 남산. 금오산에 올라 모교를 바라보는 마음이
흐뭇했다(6월4일).

신라의 중악 - 단석산에 올라
우리들 아직 늙지 않았음을 확인했고
함께 오르는 즐거움을 맛보았다.

경주의 진산 - 남산에 다시 올라
서라벌의 얼을 되새기고
야호를 외치며 건강보석을 찾자.

백선모 눌러쓰고 철없이 뛰놀던 그 때
옥룡암 가던 소풍길이 멀기만 했고
금오산 꼭대기는 바라만 보던 동경의 대상이었다.

부산, 서울로 생활의 폭이 넓어지고
일본, 미국으로 견문을 넓혀 가는 지금
조그마한 동산처럼 볼품 없이 느껴질지 몰라도

무수한 유적과 밀어를 간직한 마음의 고향.

세계 10대 유적지 경주의 자랑 - 남산에
우리 함께 올라
그 의미를 찾고 눈으로 확인해 보자.
백문이 불여일견이요 백견이 불여일행이라.

무슨 일이든 시작이 반이라는 이야기가 있다. 6월 6일 공휴일에는
천성산에서 즐기고, 6월27일 선거 공휴일에는 달음산 산행과 동해안
횟집에서의 회 파티가 즐거웠다. 7월9일에는 영남알프스 재약산을 올
랐고, 7월22일과 23일간 1박2일로 야영, 천렵, 물놀이 그리고 산행(팔
각산)을 다녀왔다. 항상 가족 동반하여 즐거움이 가득하니 서로가 공
감하는 취미생활로 된 것이다. 그래서 정식 산악회로 발전하게 된다.
그때 기안한 발의문은 다음과 같다.

이순이 되면 남은 인생은 덤으로 살게 되는 것,
육십 고개를 넘보는 고종명의 나이에 무슨 욕심을 더 갖겠는가?
복잡한 세파에 시달려 뚜렷했던 개성의 모서리 모두 마멸되고,
이제 둥그스름하게 원숙되어 가는 인생인데,
자연과 더불어 둥글둥글 살아가세.

자연 중에 아직은 덜 오염된 산이 있어 우리 자주 올랐다.
따로 따로 오르던 취미를 한데 모아 함께 오르니 더욱 즐겁고 좋았다.
학창시절 동심으로 돌아가서
재잘대는 늙은이들의 천진함이 보기에 좋았다.

단석산, 남산, 천성산, 달음산, 천황산, ……
이렇게 차례로 오르다 보니
우리들 취미가 같은 방향으로 쏠렸고 마음이 한 곳으로 몰려서
자연스럽게 산우회를 생각하게 되었다.

우리들이 모이는 것은 산행 이외에 어떠한 목적도 없고,
산과 어울리는 각자의 마음이 공존할 뿐이다.
그러면서도 더 재미있고 안락한 산행을 위하여 조직화, 정례화가 필요하다.

우리들의 모교 – 수봉교육재단, 그 이름 수봉은 떼어낼 수 없는 인연의 이름
보통사람이 오르는 산, 제일 빼어난 봉우리 - 수봉
그래서 수봉산우회라 불러 본다.
친구들 중에 수십 년 산행경험을 가진 베테랑 산꾼이 있고,
뒤늦게 산에 미쳐 산행안내를 자청한 자원봉사자가 있어,
회장과 산행대장(총무)을 맡겠다니 다행이다.

산행은 매월 일 회씩 둘째 일요일에 실시하고,
경비는 산행 참가비 동기생 15,000원 부인 10,000원으로 충당한다.
또 정기 산행 이외에 일반 교통편을 이용하는 산행도 자주 실시할 예정이다.

재부 경중고 167동기생들 중 산행에 동참하는 친구들로 구성한다.
나아가서 선후배 동기생들의 산행 모임을 유도하며,
연합 산행으로 친목을 도모하고, 수봉산우회로 발전시킬 것이다.
산행에 참가했던 친구들 고맙고, 관심 있는 친구들 많은 동참 바란다.

경주 남산 칠불암. 일곱 부처의 자비로운 모습

이렇게 하여 만들어진 수봉의 창립기념 산행(제7차 산행)을 8월 13일 금정산(장군봉·고당봉)에서 갖고 축하 파티를 했다. 산행 회보는 제5보(95.8.21)부터 정식 마크를 가지고 발행되었으며 첫 기록(고향을 찾는 마음)이 여기에 있고, 제25보까지 이어진다.

너의 고향은 어디인가?

경주 - 신라 천년의 고도, 역사의 고장이라고 답할 것이다.

그럼 너는 경주에 대하여 얼마나 아는가?

많이 안다고 할 것인가, 모른다고 할 것인가 망설여진다.

아는 것 같으면서도 막상 이야기하라면 아는 것이 없다.

너무 가까이에서 일상생활로 접해 왔으며

곁에 두고도 알려고 노력하지 않았으니 무식할 수밖에!

우리 고향 경주는 유네스코가 선정한 세계 10대 유적지 중의 하나란다.
과연 그럴까! 무엇 때문일까?
그렇고 말고. 세계에서 제일 가는 문화유산이 있기 때문이다.
에밀레종이 그것이고, 석굴암이 그것이다.
이러한 자랑거리의 가치를 나는 모르고 살아왔으니 부끄러운 일이다.

나는 유홍준의 「나의 문화유산 답사기」를 탐독했고
「답사여행의 길잡이 2 : 경주편」을 읽으면서 금년 여름 무더위를 식혔다.
내가 지금까지 몰랐던 우리의 문화유산을
늦게나마 가까이 접하고 느낄 수 있었던 것은 다행이었다.

도덕산 정상에 올라 즐거워 하는 친구들

나는 태백산맥을 종주했고 백두대간을 밟았다.

거기에 쏟았던 열정으로 경주의 보물을 찾고, 고향 산에 오르고 싶다

우리 수봉 회원들과 함께.

남산과 단석산은 이미 올랐지만 가볼 만한 코스가 많이 남았고

토함산과 석굴암, 함월산과 기림사, 무장사지, 삼태봉과 원원사지,

치술령과 망부석, 오봉산과 부산성, 선도산과 주변 유적,

소금강산과 불굴사터, 구미산 용담정(동학의 성지), 자옥산과 도덕산, 등

등 가 볼 곳이 너무 많다.

산행은 점점 활기를 띠면서 정기산행 이외에 임시산행까지 합하여 45회를 기록한다. 주요 내용을 보면, 토함산과 석굴암, 억새천국 승학산, 함월산 산행과 감포지구 유적답사, 오봉산과 부산성, 도덕산 · 자옥산과 옥산서원, 대운산과 장안사, 구미산과 동학성지 순례, 물금 오봉산, 천자봉 · 시루봉과 진해 벚꽃놀이, 운재산 - 오어사와 양동마을, 배내골 야영산행, 신불산 · 취서산 억새산행, 토함산 해맞이, 문복산 산행과 불고기 파티, 치술령 망부석과 박재상 유적, 삼태봉과 원원사지, 단석산(3회), 경주 남산(4회) 등 모두 즐겁고 유익한 산행이었다.

결국 동기생 산악회는 재부 동창회 전체의 산악회를 발족시키고, 회보발행 25회, 산행안내 45회로 막을 내리고, 수봉산우회로 임무를 넘긴다. 나의 할 일도 그대로 넘어간다.

수봉산우회를 통한 봉사활동

수봉산우회는 재부 경주중고등학교 동창회 회원들로 구성된 산악회다. 계림회(골프), 기우회(바둑)와 더불어 동문들이 취미활동을 통하여 우의를 돈독히 하는 모임이다. 1995년 4월부터 산행을 시작한 수봉 167이 모체다. 2년 여 기간 동안 친목산행이 이어져 오던 중 제41차(1997년 5월25일) 금정산 산행에서 수봉산우회가 창립된 것이다.

동창회의 후원으로 이루어진 산행에서 동기회 산행 집행부를 중심으로 부회장과 총무를 보완하여 집행부가 구성되었는데, 나는 산행대장으로서 회보발간과 산행안내를 맡게 되었다.

처음에는 회원 50명 정도로 출발했지만, 호응이 좋아서 빠른 기간에 100명을 넘어섰다. 동기생 수준의 모임일 때는 교통편 이용이 어려워서 장거리산행이 불가능했는데 관광버스를 이용할 수 있게 되어 산행 대상지 선정이 자유로워졌다.

또 다양한 선후배 구성으로 대화의 폭이 넓어지고 많은 생활정보를 공유할 수 있어서 좋았다. 반면에 많은 사람의 기호에서 공통점을 찾아서 좋은 산행, 유익한 산행을 계획하고 안내하는 일은 힘들었다.

5년 동안 회보 제60보를 발간하였으며 산행도 60회를 넘기고 있기에 잠시 호흡을 가다듬고 수봉산우회의 산행활동을 돌아보고자 한다.

창립 원년에는 윤용달 회장, 조의남 부회장, 박철수 총무로 구성된

집행부를 도와서 나는 산행대장으로서 산우회의 기반을 다지는데 힘
썼다. 금정산 창립산행에 이어서 고향의 대표산인 단석산에 올라서 산
우회의 주산으로 선언한다.

7월 천성산 계곡산행에서 동문들의 단합을 다지고, 8월 경주 남산에
올라 우리들의 뿌리를 확인했다. 이어서 주왕산 명승탐방과 지리산 단
풍산행에는 많은 회원이 참여하여 성황을 이루었고, 영남알프스 신불
산에 올라 억새천국을 감상할 때는 회원이 백 명을 넘었다.

동절기에는 근교 산(문수산, 천성산)을 다녀왔고, 2월에는 가지산에
서 멋진 설화를 맞는 행운도 얻었다. 3월에는 가야산에 올랐다가 법보
사찰 해인사를 돌아보는 즐거움을 가졌고, 4월에는 근교산행, 5월에는
총회를 겸하여 무박 2일로 소백산 철쭉산행을 떠났으니 장족의 발전
을 한 것이다.

제2차 년에는 윤회장의 건강사정으로 김상호 회원이 회장직을 맡고
다른 집행부는 유임되었다. 운문산 산행, 내원사 계곡 물놀이, 치술령
과 박제상 유적, 내장산 단풍놀이, 도덕산 · 자옥산과 옥산서원, 달음
산 산행과 송년 단합대회, 어래산 산행과 선사유적 답사 등 고향 산을
중심으로 많은 산행이 이어졌다.

2월에는 태백산 심설산행으로 성황을 이루었으며, 3월에는 거제 노
자산 산행과 해금강 관광이 좋았다. 4월에는 단석산에서 시산제를 가
졌고, 5월에는 시명산 산행과 척판암 · 장안사 탐방을 하고 동해안의
횟집에서 총회를 가졌다.

제3차 년도에는 회장과 총무는 유임하고 조의남 회원이 산행대장을
맡고 나는 부회장으로서 돕기로 했다. 새로운 기분으로 주왕산 산행이
이루어졌고, 학심이골 계곡 물놀이, 성제봉과 청학낙원 야유회, 장산
산행, 조계산 단풍산행과 사찰순례, 칠갑산 산행과 장곡사 관람, 백양

주왕산에 오른 부산 수봉산우회 회원들

산 산행과 망년회가 있었다.

　팔공산에서 본부 동문산악회와 합동산행, 백암산 온천산행, 남해 금산 산행, 시산제를 겸한 매화산 산행, 정기총회를 겸한 문복산 산행으로 진행되었다.

　제4차 년도에는 내가 회장을 맡고 조의남 부회장, 이광남 산행대장, 박윤수 총무로 집행부가 구성되었다. 대둔산 산행은 좋았지만, 내연산과 청하계곡 산행은 두 번이나 시도하다가 태풍과 호우로 무산되었다. 9월에 청량산, 10월에 계룡산을 다녀왔으며, 본부 동문산악회와 합동으로 신불산 산행과 단합대회를 성공적으로 마쳤다.

　천성산 종주와 망년회가 조촐하게 열렸고, 통영 벽방산 신춘기원 산행을 성공적으로 마쳤다. 팔공산 갓바위 – 은해사 산행은 빙판으로 힘들었으며, 덕암산과 부곡온천 산행은 좋았다. 4월 경주 오봉산 시산제가 비로 무산되어 5월에 시산제 겸 총회를 오봉산에서 가졌다.

제5차 년도에는 회칙 일부가 개정되어 감사, 명예회장제도가 신설되었으며, 회장에 조의남, 부회장 5명, 산행대장 박윤수, 총무 신오룡, 감사 2명으로 구성되었고, 나는 명예회장으로 추대되어 회보 만드는 일을 계속 맡기로 했다.

6월 산행으로 내연산 청하보경사 계곡을 택했는데 호우로 실시하지 못하고 7월에 실시했다. 8월에는 재약산 – 주암계곡, 9월 화왕산 – 관룡산 – 부곡온천, 10월 동문 등산대회, 11월 금정산 야간산행, 12월에는 본부 동문산악회와 합동으로 억산 산행과 단합대회, 1월 오대산 심설 산행과 불적 답사, 2월 치악산 향로봉 산행, 3월 월출산, 4월 시산제를 겸한 황매산 철쭉탐방에 이어 5월 주흘산 역사탐방과 정기총회가 이루어졌다.

제6차 년도에는 회장 이원조, 부회장 3명, 산행대장 박철수, 간사 신오룡 외 4명, 감사 2명으로 구성되고 나는 명예회장으로 회보발간을 계속 맡기로 했다. 6월에는 구만산과 가인계곡 탐방이 성공적으로 수행된 반면에, 능동산 산행과 쇠점골(오천평반석, 호박소) 탐방은 호우로 7, 8월 두 번이나 무산되었다.

이상의 산행계획과 산행안내를 회보로 만드는 일이 나의 몫이었다. 산행에 필요한 자료는 월간 〈山〉에 수록된 내용과 나의 700회 산행에서 얻은 경험으로 만들어졌으며, 부족할 경우 사전답사로 확인한 경우도 많았다. 최선을 다하여 노력했지만 만족스럽지 못한 부분도 있었다. 내가 명예회장직을 맡는다면 앞으로도 회보 제작을 통하여 산우회에 봉사하고자 한다.

수봉 회원 설악산 산행보고서

 예약자 45명으로 적절한 상태였는데, 산행 당일 비가 온다는 일기예보 때문에 걱정이었다. 몇 명만 갑작스런 사정으로 취소를 통보해왔고 저녁 8시 50분 39명이 자리를 잡았다. 비가 온다면 전에는 절반 정도로 줄어드는 것이 보통인데 우리 산우회도 많이 성장한 것 같다.

 9시 정각 출발하기 직전 신흥여객고속관광 김평근 기사의 인사말씀이 진행되는 도중에(9:02) 김명호 산행이사가 닫힌 문을 열고 들어와서 박수를 받았다. 기사의 이야기 때문에 간발의 차이로 동참할 수 있어 다행이고 모두 40명이 함께 출발했다.

 교통편이 양호하여 부산 – 마산 – 대구 – 안동 – 원주 – 강릉 – 양양을 거쳐 오색에 도착하니 새벽 3시(6시간 소요). 체력에 자신이 없는 8명은 B코스를 택했으며, 기사가 특별히 준비해온 국밥은 하산 후에 먹기로 하고, 32명이 랜턴 불을 밝히고 3시10분에 산행을 시작했다.

 이른 새벽인데도 많은 등산인파로 길이 꽉 메워졌다. 건강사정으로 B코스로 빠진 산행대장의 빈자리를 김명호 산행이사가 대신하여 후미를 맡고, 이수길고문 내외분과 김상호고문을 모시고 명예회장이 선두를 맡아서 산행이 진행되어 제1쉼터까지는 잘 올라갔다. 복잡했지만 이러한 패턴으로 산행을 한다면 시간은 다소 많이 걸리더라도 쉽게 산행이 이루어질 것으로 생각되었다.

조금 휴식을 취한 후에 산행을 속행하니 수백 명의 인파 속에 정체를 맞았다. 밀려서 10미터를 가는데 10분 이상 걸린 것 같다. 우여곡절을 겪으면서 설악폭포에 도착하니 6시 10분, 2시간이면 충분한 코스를 3시간이나 걸렸다.

　10분 이상 휴식을 취하며 후미를 기다렸으나 도착하지 않아 무슨 일이 생겼나 걱정되었다. 그러나 후미에 있던 정인조 고문부부가 도착해 선두에 합류되어 보호받아야 할 사람이 많아졌다.

　후미를 확인하지 못한 채 출발하여 깔딱고개를 올라 능선 계단길을 오르는데 정체가 풀려서 보행은 자유로웠지만 더 힘든 것 같이 느껴졌다. 제2쉼터에 도착하니 7시 20분, 후미를 기다리느라 휴식시간이 길어졌다. 여기서 후미와 무선통신이 이루어졌는데 그들은 벌써 대청봉 정상에 도착했다고 한다.

　제1쉼터에서의 북새통을 통과하는 과정에서 선두와 후미가 뒤바뀌었다. 선두는 후미를 기다리느라고 늦어졌고 후미는 선두를 따라잡으려고 빨리 갔기에 1시간 정도의 차이가 생겼다. 대청봉에 올라 후미와 합류하니 8시 10분, 5시간이 소요되었으니 정상적인 산행에 비하여 1시간 정도 지체되었다.

　정상에는 너무 많은 사람으로 붐볐고 안개가 끼어 사진도 찍을 수 없는 상태였다. 힘들여 오른 대청봉이 우리들의 노력에 대한 보상을 해주기는커녕 오히려 심술을 부리는 것 같았다. 꽉 메운 인파를 헤치고 간신히 사진을 찍었지만 나올지 의문이다. 앉을 자리도 없거니와 추위 때문에 중청산장 근처에 있는 헬기장으로 내려와서(8:40) 아침식사를 했다.

　후미 책임자 김명호를 먼저 내려보내어 무너미고개에서 회원들의 하산을 점검하도록 하고, 먼저 식사를 마친 회원들을 앞에 보내고, 나는 다시 후미그룹을 이루어 9시 10분에 출발하여 소청봉까지는 순조롭게 내려왔다(9:35). 사진을 찍으면서 사람들을 모아서 후미 그룹의 선두에 섰다. 조금 내려서니 정체가 시작되어 꼼짝 못하게 되었다. 하산길이고 정체중이라 별 문제가 없으리라 생각되어, 정체 군중을 뚫고 조금씩 앞당겨 내려오면서 미리 내려보낸 사람도 일부 앞질렀다. 그렇게 내려왔지만 희운각대피소에 도착하니 12시10분, 30분 정도 걸리는 거리를 2시간 30분이나 걸렸으니 2시간 이상 지체된 것이다.

잔뜩 끼어 있던 안개가 비로 변하여 우중산행 준비를 하지 않을 수 없었다. 대피소에서 중식을 해결하면서 20분 동안 기다렸는데 후미가 나타나지 않았다. 어쩔 수 없이 12시 30분에 무너미고개로 이동하여 김명호회원을 만났다.

걱정하며 기다리던 후미 그룹의 회원들이 모두 하산했다고 한다. 그들은 길이 아닌 비탈로 돌진하여 정체구간을 건너뛰었다. 위험천만인 무모한 행위였지만, 일단 무사히 통과하여 나보다 30분 이상 먼저 지나갔다니 다행이라고 생각되었다.

늦어질 것이 염려되었던 회원들이 모두 하산하였으며, 자력으로 무난히 산행을 할 수 있는 회원만 몇 명 후미를 이루었으니 안도의 한숨이 나오고 마음이 가벼워졌다. 남은 일행을 김명호에게 맡기고 앞지른 회원들을 따라가려고 열심히 걸었다. 양폭대피소에서도(13:20) 그들을 만나지 못하고, 오련폭포를 지나(13:40) 귀면암을 향하여 걸음을 재촉하는 중에 이수길 고문을 만났다.

내가 쉬지 않고 계속 왔기 때문에 고단하여 함께 쉬면서 모든 경과 이야기를 들었다. 그들 일행은 쉬지도 않고 귀면암 조금 못 미친 지점까지 와서 중식을 함께 하였으며, 이 고문께서는 사모님이 먼저 하산하고 이산가족이 되었기 때문에 앞서 내려간다고 했다. 일행 중에는

248

근육통을 호소하는 사람이 있었지만 뒤에 무난히 따라온다고 했다. 그들 중 선두를 만나 함께 하산하게 되었다.

귀면암을 통과하고(14:20) 비선대를 지나(15:20) 신흥사 대불 앞에 오늘의 무사산행을 감사하면서 참배하고 소공원 매표소에 도착하니 16시 10분, 13시간의 대장정을 마치게 되었다. 택시를 타고 버스가 주차해 있는 B지구로 내려오니 많은 회원이 와 있었다.

내가 걸어온 산행이 오늘 산행의 2/3정도 순위이며 선두는 1시간 이상 일찍 하산해 있었다. 옷이 젖고 피로에 지쳐 한기가 들었는데, 젖은 옷을 갈아입고 김평근 기사가 준비한 국밥으로 속을 차리니 살만했다. 이 정도면 17시경 귀가할 수 있을 것 같아 기분이 좋았다.

그러나 몇 가지 문제가 남아서 집행부가 힘든 시간을 보냈다. 환자 2명이 비선대에서 고통을 호소 차량지원을 요청해왔다. 119에 연락하여 와선대부터 매표소까지 후송작전을 벌여 17시 40분에 도착했다. 또 처음부터 후미에 낙오되어 혼자 외로운 산행을 하면서 4시간 이상 정체된 A씨로부터 전화가 와서 18시에야 상봉할 수 있었다.

그리고 비선대에서 부상자와 함께 차량을 이용하려고 기다리다가 낙동강 오리알이 된 B씨는 후송작전이 끝난 후에 연락이 되었으며, 뒤늦게 헐레벌떡 뛰어내려오는 해프닝을 연출하고 18시 20분에 상봉하여 귀가 길에 올랐다. 부상자와 상관없이 계속 왔더라면 17시 이전에 올 수 있었을 것이다.

바로 출발했으나 고속도로 영동선이 정체되어 원주를 통과하기까지 3시간 이상 걸렸다. 그러나 기사가 운전을 잘 하였기 때문에 부산에 다음날 1시 10분에 도착할 수 있었다. 결국 무박 3일의 일정으로 설악산 산행은 마무리되었다. 상당히 어렵고 고생스러운 산행이었지만 큰 사고 없이 무사히 귀가한 것을 다행으로 생각하면서 산행에서의 문제점을 평가해보고 산행의 몇 가지 원칙을 살펴보고자 한다.

처음 설악산 산행계획을 논의할 때부터 어려운 산행이 될 것이라는 것은 예견된 일이었다. 그러나 예상외의 인파 때문에 북새통을 이루어 질서가 파괴되고 순조로운 산행이 이루어지기 어려웠다. 이런 상황을 예측한 듯 B코스를 택한 사람들은 천불동계곡의 단풍절정을 만끽하면서 금강산 이상의 절경을 볼 수 있어서 만족스러웠다고 생각된다. 다만 A코스의 산행이 지연되어 귀가길이 늦어진 것이 흠이었다.

산행이 힘들고 코스가 길다고 하지만, 약간 정체되는 현상 때문에 초보자들에게는 오히려 쉬운 산행이 될 것으로 생각되었다. 그래서 망설이던 이수길 고문 내외분을 모시고 떠났다.

내가 이수길 고문 내외분과 김상호 고문을 모시고 선두에서 적당한 속도로 산행을 리드하고, 후미에서 누군가가 잘 챙겨주면 복잡한 중에서도 전체가 함께 움직여서 쉽게 산행이 끝날 것으로 기대되었기 때문이다. 그렇게만 진행되었더라면 3시간 이상 정체되어도 14시간 이내에 산행이 완료되었을 것이다.

그런데 이번 산행에서는 심한 정체 때문에 선두와 후미가 두 번이나 바뀌는 기현상이 나타났다. 첫 번째 바뀌는 와중에서 후미 책임자가 조금 방심하는 사이에 진정한 후미인 A씨가 낙오되어 어려운 홀로산행을 하게 되었다. 더욱 심한 정체의 늪에 빠져 보통보다 2시간이나 늦었다. 두 번째 자리 바뀜 과정에서 진정한 후미 그룹의 사람들이 특공대나 벌이는 비정상 산행을 감행해서, 인대가 늘어난 두 사람은 근육통 때문에 고생을 했다. 결국 119구조대의 신세를 지게 되었다.

B씨의 경우는 전혀 뜻밖에 일어난 돌발사건이었다. 조금 힘이 들더라도 꾸준히 내려오면 자력으로 하산할 수 있었는데, 비선대에서 부상

자의 후송을 걱정하면서 자신도 함께 차를 타고갈 수 있을 것이라는
기대로 기다리다가 환자는 와선대까지 이동하여 후송된 후에야 혼자
떨어진 것을 알고 당황한 것이다. 부상자를 업고갈 수 있는 정도가 아
니면 구조는 다른 사람에게 맡기고 구조대에 끼지 않는 것이 구조에
도움을 주는 것이다.

이러한 사건을 계기로 몇 가지 산행원칙을 살펴보고자 한다.

① 산행은 자기 자신을 위한 행위이다. 체력관리, 체력증진, 자기 체
력에 도전, 미지의 세계에 대한 탐험을 위하여 하는 행위로 자기
체력에 맞추는 일이 중요하다(B코스의 예).

② 산행은 자기 자신이 해결해야 하는 행위이다. 산행에는 왕도가
없으며 남이 대신 해주지 않는다. 출발에서 도착까지 자기가 행
해야 하며 책임져야 한다. 남이 해주기를 기대하면 그것이 바로
사고다(B씨의 경우).

③ 산행은 선두에 가나 후미에 가나 꼭 같은 힘이 든다. 뒤에 처진다
고 힘이 덜 드는 것이 아니다. 후미는 오히려 심리적인 피로가 더
온다. 단체산행에서 도저히 따라가지 못하고 처질 형편이면 후미
책임자에게 도움을 청해야 하며 낙오되어서는 안 된다. 기왕에
가야하고 힘이 같이 드는 것인데 뒤처지면 안 된다(A씨의 경우).

④ 산행은 정석을 따라야 하고 변칙을 해서는 안 된다. 자동차가 법
규를 따라 운행하는 것과 같다. 갓길을 가거나 길이 아닌 곳으로
가서는 사고가 난다. 정체되더라도 기다릴 줄 알아야 한다. 조금
빨리 가려다가 오히려 늦어진다(부상자의 경우).

제6장

태백산맥 단독 구간종주기

뜻이 있는 곳에 길이 있다

- 태백능선을 따라 구간 종주 2천리

혼자서 묵묵히 걸었다.
동해안으로 물이 갈리는 능선을 따라서

무수히 많은 봉우리를 오르내렸다.
사색의 나래를 펼치면서

프로가 아닌 나도 끝내 해냈다.
끈기와 집념으로
취미로는 지나친 욕심이었지만

뜻이 있는 곳에 길이 있다.
나의 어릴 적 생활신조였으나
지금은 퇴색해 버린

길이 없는 능선은 태백 주능선이 아니었다.
태고 적부터

254

많은 사람들이 걸어온 발자취

태백종주 – 이런 정도인 줄 알았으면
산을 좋아하는 친구와 함께 떠날 것을
고생에 끌어들이기 싫어서
혼자 나섰다.

초등학생의 일기장처럼
같은 이야기가 반복되는 기록이지만
나의 3백 회 산행 기념으로는
충분하고 만족스러운 산행기록.

백두산에 가고파

금강산이 그리워 설악산에 올랐고
백두산에 가고파 태백산맥을 밟았다.

태백준령에 펼쳐진 녹색의 파노라마 – 대관령 목장에서
우리 강산의 풍요로움을 확인했다.

태백산을 향하여 달리던 백두대간의 큰 맥이
삼수령에서 가지를 치고 낙동정맥을 갈라놓으니
정작 태백산맥에는 태백산이 없더라.

강원도 깊은 산골 어렵게 벗어나니
육송 홍송 모든 솔이 울울 창창 울진이라
경상도 두메산골 – 영양 · 청송 구비 돌아
주왕산 뒤안길에 잊지 못할 추억의 발자취.

나의 인생 – 관산의 정기를 받아서 태어났고
태백능선 넘나들면서 잔뼈가 굵어졌고

오봉산과 단석산의 기슭에서
화랑의 정신을 이어받아 인생의 꽃을 피웠다.

금정산에 올라 산행을 시작했고
원효 · 천성산에 올라 산행을 익혔고
영남알프스에 올라 억새의 손짓에 반해버렸다
그래서, 그것이 나의 취미.

이제 진부령 건너 향로봉까지 왔으니
통일되는 그 날
걸어서 금강산, 백두산에 가고파

태백산맥 종주를 돌아본다

향로봉을 뒤로 둔 채 진부령에서 시작했지만
종주를 마무리하는 날 향로봉에 오르니
금강산이 지척에서 나를 부른다.

내·외설악의 경계를 타고 설악산의 절경을 만끽하면서
여보와 함께 오른 대청봉 첫 산행이 감격스럽다.
비박산행, 야간산행으로 설악 – 오대를 단숨에 연결하고
태백준령에 펼쳐진 녹색의 파노라마 – 대관령 목장을 지나니
우리 강산의 풍요로움을 확인시킨다.

대관령 내려서니 능선은 흩어지고 고원야산이라
삽당령 가는 길은 오리무중에 잠긴다.
석병·자병산을 넘고 백복령에서 다시 힘을 모아
청옥·두타산을 빚어낸다.
댓재 산신당에서 야영을 하면서 두타산 산신께 제물을 올리고
단독 산행의 개막을 신고했다.

태백산을 향하여 달리던 백두대간의 큰 맥이
삼수령에서 가지를 치고 낙동정맥을 갈라놓는다.
갈라선 지맥은 통리역 근처에서 자취를 감춰버리고
새로 생긴 능선이 분수령을 이어간다.
태백산은 태백산맥을 대표하지만
소백산 쪽으로 저만치 물러앉아 있었고,
태백종주의 발길은 그냥 비켜 지나간다.

강원도의 험준한 산맥들이 삿갓봉에서 끝을 맺고
불영계곡의 절경을 빚어내면서 내륙으로 깊이 파고들었다가
영양군의 야산을 굽이돌아 백암산으로 이어진다.
경치는 절경인데 인적은 멀고멀어
혼자 걷는 발 뒤 굽에 무장공비 출몰이 무섭다.

말로만 듣던 청송의 두메
감호보호소를 설치할 정도로 오지였다.
절경의 주왕산 뒤안에서 길을 잃었던 아줌마가
바위틈에서 하룻밤을 비박해도 훈훈했던 우리 산천.

5강두(江頭) 8령(嶺)의 상옥분지에서
노인정에 재워주던 할아버지가 고맙고
운주산에서 만난 멧돼지 가족도 고향 사람을 알아보는 듯
평화롭게 먹이만 찾고 있었다.

태백산맥의 경주 구간은 나의 인생과 불가분의 인연을 가지고 있다.

나의 조상들이 이 산록에서 생활해 왔고
나에게 물려준 재산들이 모두 여기에 있다.
도덕산 아래 우리 시조 산소가 있고, 관산 아래에서 내가 태어났다.
애기재를 넘나들면서 유년기를 보냈고
오봉산과 단석산의 기슭에서 화랑의 정신을 이어 받아
인생의 꽃을 피웠다.

경남으로 접어드니 영남알프스가 솟구친다.
고헌 · 가지 · 간월 · 신불 · 영취산 – 이들이 나를 매혹시켰다.
우리 산사람들에게 주어진 자연의 혜택이 여기에 있고
그 속에서 산행을 즐기던 큰마음이
나로 하여금 태백종주를 끝내게 한 것이다.

천성 · 원효산을 굽이돌아 금정산에 이르니
그곳이 바로 나의 보금자리 – 30여 년 살던 곳
이제 여기를 떠날 수가 없다.

낙동정맥의 끝을 찾아 몰운대까지 달려갔고,
가덕도에 걸린 석양을 보고 감격했었다.

363시간의 태백 단독 구간종주

태백종주 – 말로 듣고 글로 읽을 때는 감이 오지 않았고 나에게는 전혀 불가능한 이야기로 생각했다. 그러나 1년 남짓 걸려서 종주를 완성하고 나니 아직 건강이 양호하다는 것에 자신감을 얻게 되었다.

진부령에서 금정산까지 동해안으로 물줄기를 가르는 능선은 끊어지는 듯 하다 다시 이어지고, 이어진 힘으로 높이 솟구쳐 봉우리를 이루고 다시 내려앉기를 수백 번, 금정산에서 마지막 힘을 터뜨린 후에 몰운대에서 부산 남쪽 바다 속으로 끝을 감춘다. 백두대간으로 뻗어 내린 능선이 피재의 삼수령에서 낙동정맥으로 가지를 치고 부산까지 맥을 이어서 2천 리 산길을 이룬 것이다.

부산 메아리산악회에서 1993년 3월28일 태백종주 가이드산행을 시작할 때 동참한 것으로 첫 테이프를 끊고서 띄엄띄엄 원정대에 합류하면서 나 혼자서도 할 수 있다는 자신감을 얻게 되었다. 가끔 산악회 가이드가 길을 잃고 헤맬 때 스스로 지도를 들고 앞장서서 산행을 하기도 하면서 단독태백종주 결심을 굳혔다.

1993년 추석을 맞이하여 금정산에 올라 단독종주를 선언하고 산행을 시작했다. 중간에 빠뜨린 구간 보충 계획을 세워가면서 마침내 11월 셋째 주에 강원도 구간인 답운치(불영계곡)까지 종주를 완성시켰다.

효율적인 산행이 되도록 거리와 시기를 모두 고려해 코스를 잡았다. 눈이 쌓이고 낮이 짧아지면 산행 능률이 오르지 않을 것 같아 동절기에는 금정산으로부터 거슬러 올라가고 답운치에서 종주산행을 마치기로 계획을 바꾸었다.

남부지역 중에서 영일군 아래쪽은 대부분 지형을 잘 알고 있고 지리적으로 접근이 용이하기 때문에 당일산행이 가능했기에 단독산행에 큰 무리가 없었다. 게다가 1993~94년 겨울은 눈이 적게 와서 산행을 큰 어려움 없이 계속할 수 있었기 때문에 짧은 기간 안에 종주할 수 있었던 것 같다.

단독 구간종주에서 가장 어려운 일은 능선까지의 접근과 산행 후의 귀가문제다. 당일산행이 불가능한 곳은 토요일 3시쯤에는 출발해야 한다. 능선 아랫마을에 가서 민박을 하고 다음 날 주능선에 올라야 종주산행이 연결되며 산행 후에는 국도까지 나와 일반교통편을 이용하

첫 종주 산행은 이렇게 시작되었다

여 귀가할 수 있다. 하루 한 번 버스가 다니는 낯선 마을에 민박이 가능한지 어떤지 모르는 채 무작정 가는 모험 정신도 조금 필요하다.

총 40차 산행에 363시간으로 종주를 마쳤다. 메아리산악회와 함께 한 것이 13회이고 단독산행이 27회이며, 시간은 최단 4시간30분에서 최장 15시간까지 걸렸으며, 능선까지 오르는 데만 2시간 30분이나 걸린 경우도 있었다.

지도와 나침반, 고도계를 가지고 능선을 추적해 나갔지만, 지능선으로 빠졌다가 되돌아오는데 3시간 이상 허비한 일도 있었다. 되돌아서 능선으로 복귀하는 것이 불가능했을 때는 포기하고 나중에 다시 보충 답사하였으며 가시넝쿨 우거진 야산의 분수령도 빼먹지 않고 모두 답사하는 극성을 부렸다.

혼자서 걸으며 생각했던 태백종주의 기록 〈걸으며 생각하며 – 태백산맥 단독 구간 종주기〉를 나의 300차 산행기념으로 출판할 예정이다. 나중에 태백종주를 하는 사람들에게 도움을 주고 싶어서 산행경로를 상세히 기술했다. 다소 밋밋하고 딱딱한 느낌을 줄 지 모르겠다.

문인이 아니기 때문에 기행문도 아니고 전문 등산인이 아니므로 산행보고서도 아니지만 분수령을 충실히 답사한 만큼 성실한 기록 그 자체인 셈이다.

산행기록의 제목을 다시 살펴보니까 감회가 새롭고, 태백준령이 살아서 꿈틀거리는 것 같다. 첫 출발부터 길을 잘못 들어서 신선봉에서 마장터 계곡으로 빠져서 얼음물에 수중산행하던 '설중계곡산행,' '다시찾은 신선봉', '설악산맥종주', 비박을 곁들여 3일간의 단독산행인 '오대에서 설악까지', '태백준령에 펼쳐진 녹색의 파노라마(대관령 목장)', '오리무중에 잠긴 태백능선(삽당령 가는 길)', '두타산신께 드린 제물', '삼수령을 넘으며', '석개재에서 답운치까지 무박 3일 산행',

'통고산에서 부를 만세 칠보산에서 불렀다'(1994년 6월 12일 종주완료) · '황장재를 향한 집념', '주왕산 구간에서 있었던 일', '5강두 8령의 상옥분지', '운주산에서 만난 멧돼지 가족', '관산의 정기를 받고 태어났다', '나를 키워준 산과 맥'(경주지역), '영남 알프스의 억새가 나를 부른다', '금정산과 더불어 살았다'. 그러나 이것들이 산에 대한 나의 애정을 모두 표현하기에는 부족했다.

나의 산행경력은 불과 5년. 50이 넘어서 시작한 산행이지만 좀 극성스럽게 다니는 편이다. 일요일이나 공휴일이 아니면 산에 가지 않는데도 년간 60회에 가까운 산행을 기록해 왔다. 나서면 6, 7시간을 걸어야 직성이 풀린다.

처음에는 여기저기 산을 찾아 다녔고 산을 알만할 즈음에는 강행군하는 산행스타일이 마음에 들어서 상봉산악회에 가입했다. 상봉인의 긍지를 가지고 산행을 배웠으며 함께 산행을 즐겼지만 종주하던 1년여 동안은 상봉산악회에 한 번도 나가지 못하여 회원들께 미안하다.

나는 직장에서도 몹시 바쁜 편이다. 할 일이 많다. 일요일의 산행을 위하여 주중에는 최선을 다한다. 어렵사리 부탁하는 제자의 결혼주례를 거절할 때는 미안하지만 어쩔 수 없었다. 그러나 중요한 계획서(국책사업 신청서)를 작성하는 일의 책임을 맡아서 한 달 동안 꼼짝할 수 없었기 때문에 5월 중순에 마치기로 작정했던 종주를 한 달 연기하여 6월 12일에 끝냈다.

매일 밤 12시를 넘기는 강행군으로 6월10일에 계획서 원고를 탈고하고 나서야 마지막 종주산행에 나섰고 칠보산에 올라서 만세를 부를 수 있었다. 계획서 작성과 힘들었던 태백종주를 마무리지으면서 장기간에 걸쳐서 작성한 계획서에 좋은 성과 있기를 기원했다. 모든 것에 최선을 다했고 앞으로도 최선을 다해서 살아갈 뿐이다.

대학원생들과 함께 설악산 종주

산행 경력 2년째 접어들어, 일요일과 휴일에 산행을 하지 않으면 그 다음 주에 일이 손에 잡히지 않고 병이 날 정도이고, 새로운 산행대상을 찾아 바쁘게 다니던 때이다. 1990년 여름 제헌절을 포함하여 토요일부터 4일간의 일정으로 미시령에서 출발하여 황철봉, 마등령, 공룡릉, 희운각, 대청, 중청, 끝청, 서북릉, 한계령, 점봉산을 돌아서 오색으로 하산하는 설악산맥 종주산행으로서, 연구실의 대학원생 3명(권혁준, 이형대, 정우섭)과 함께 한 팀을 이루어 야영을 하면서 강행군을 해야 하는 대장정이었다.

14일 저녁 9시, 부산 시민회관에서 M산악회의 산행버스에 동승하여 설악산으로 향했다. 버스에서 잔다고 하지만 무박으로 3일간의 산행을 시작하는 것이다. 과연 가능할 것인가를 생각하니 걱정이 되고 두렵고 가슴 설렌다. 좀처럼 잠이 오지 않는다. 초여름 밤은 깊어가고, 차창 밖의 바닷바람은 서늘하다.

길게 늘어선 해안선에 철조망이 육지를 지키고 있으며, 검은 바다 수평선에 오징어 잡이 어선들이 조명등을 대낮같이 밝혀 오징어를 부르고 있다. 삼팔선을 넘고 속초가 가까워지니 안개가 자욱하고 빗방울이 떨어져 모처럼의 산행을 망칠까봐 걱정되었다.

15일 새벽 5시쯤 미시령에 도착한 때는 먼동이 틀 무렵이었지만 흐리고 비가 내려서 아직 어둡다. 미시령 도로의 확·포장 공사는 거의 끝났고 지금은 휴게소 건물 공사가 진행중이다. 건축중인 건물 옆에서 아침식사를 끝내고 산행준비를 하여 6시에 황철봉 쪽 능선으로 올라섰다.

이슬비가 흩뿌리며 안개가 자욱하여 전망이 전혀 없다. 등산로에는 이슬이 맺혀서 바지와 등산화를 적신다. 야영 준비와 이틀 치 산행용품으로 완전무장을 한 터라 짐이 무겁다. 길은 질고 가팔라서 오르기가 무척 힘이 들었다.

앉아서 쉴 수도 없고 빨리 갈 수도 없어서 쉬엄쉬엄 느릿느릿 진행하여 1,318미터봉에 올랐다. 날씨가 좋으면 왼쪽의 울산바위 능선이 멋지게 보이겠지만 오늘은 안개에 쌓여서 지척을 분간할 수 없다.

황철봉에 오르는 길은 너덜 지대로 이어진다. 길이 희미하여 선두가 리본을 확인하고 고함으로 신호를 하면서 진행한다. 모두들 지치기도 했고 길이 험하여 허우적거린다. 황철봉에 오르니 비는 그치고 백담사 쪽에서 불어오는 바람이 안개를 밀어내어 간간이 암봉을 드러내 보인다. 간식과 휴식으로 에너지를 보충하고 저항령으로 내려오니 12시, 4시간 걸리는 구간에 6시간을 허비했다.

점심을 먹고 나니 피로가 조금 회복되어 생기가 돈다. 계속 진행하여 1,250미터봉을 지나고 1,327미터봉에 이른다. 비는 완전히 걷히고 외설악 쪽은 안개가 아래로 가라앉아서 설악동을 구름바다 밑으로 묻어 버린다. 내설악 쪽 백담사 계곡은 아직 안개 때문에 전망이 없다. 날씨가 좋아지도록 신령님께 빌어 본다.

마등령에 내려서니 15시30분. 아직 후미가 도착하려면 시간이 멀다. 아직 해가 중천에 있을 시간이지만 오늘 산행은 여기서 마무리를 짓고 일찍 야영준비를 시작한다. 땅은 질어도 텐트를 치고 곧 식사준비를 하느라 분주하다. 학생들과 함께 온 덕택에 나는 할 일이 별로 없다. 물을 길어오는 일만 내가 도왔을 뿐이다. 일찍 저녁식사를 마친다.

저녁식사를 하고나도 18시 조금 지난 시각이다. 구름 사이로 햇살이 한 가닥 쏟아지면서 천불동 계곡의 운해(雲海)를 비추고 지나간다. 구름바다를 헤치고 솟아 오른 범봉 옆으로 천화대가 모습을 드러낼 때 멋진 한 폭의 그림을 이룬다. 모두들 감탄한다.

그 그림을 지우기 싫어서 열심히 셔터를 눌러댄다. 그림은 시시각각으로 바뀌면서 계속하여 장관을 이루는데 필름이 없어지니, 필름을 갈아넣을 시간에 그 장면이 없어질 까봐 그냥 망막에 열심히 기록해 둔다. 그 영상은 영원히 지워지지 않을 것이다.

미시령에서 마등령까지의 산행은 일기가 좋지 않아서 고생스러운 산행이었는데, 좀처럼 보기 힘든 경치를 접하고 나니 한 순간에 피로가 말끔히 풀리고 기분이 새로워진다. 이러한 경치를 보기 위하여 일부러 비가 올 때를 골라서 설악산에 오르는 사람들이 있다고도 하더니 우리는 우연히 멋진 경치를 보게 되어 정말 운이 좋았다.

16일 4시에 일어나서 식사를 하고 5시에 공룡능선으로 접어들었다. 나한봉에 오르기까지는 워밍업이 덜 되어 어제보다 힘이 더 드는 것 같다. 야영하고 나서 걷은 텐트는 습기에 젖어서 더 무거워졌고, 두 끼를 줄였는데도 배낭은 여전히 무겁게 느껴진다. 학생들이 힘겨워 하면서도 선두그룹에서 열심히 걸어간다. 선두와 후미는 차츰 간격이 벌어진다.

공룡능선을 처음으로 접하는 우리는 감탄사를 연발한다. 금강산을 보는 느낌이다. 하늘은 활짝 개어 티끌 하나 없이 맑은 날 기묘한 암릉이 연속되니 모든 것이 새로운 장면이다. 수없이 많은 봉우리를 오르내리고 칼날 같은 능선을 좌우로 넘나들면서 다섯 시간쯤 진행하여 무너미 고개에서 천불동 갈림길을 만났다. 동쪽만 급경사를 이룰 뿐 능선의 흔적은 거의 없어지고 평평한 평지에 키 큰 나무들이 즐비하다. 서쪽의 계곡 쪽은 야영하는 사람, 휴식하는 사람들로 부산하다.

10시쯤 희운각 대피소에 도착하여 간식과 휴식을 취하고 수통에 물을 채운 후에 죽음의 계곡 능선으로 접어든다. 처음부터 경사가 심하여 오르기가 무척 힘든다. 어제의 강행군에다 오늘도 벌써 5시간 이상 걸었으니 지칠 만도 하다. 거기에다 날씨가 개이니 햇빛이 따가워서 땀이 비 오듯한다.

10분 오르고 5분 쉬고, 진도가 나가지 않는다. 학생들은 기진맥진하여 주저앉는다. 그야말로 죽을 맛이다. 봉우리가 보이는 듯하지만 올라보면 또 멀리 떨어져 있고 대청봉은 그저 멀기만 하다. 지도에는 1

대청봉에 오른 연구실 가족들

시간 50분 걸린다고 되어 있는데 3시간 이상 걸려서 정상에 오르니 13시이다.

대청봉에는 많은 사람들이 올라와서 복잡하다. 기념촬영을 하는데도 차례를 기다려야 하고, 어디나 사람들로 만원이다. 일찍 올라온 형대 군이 식수를 떠와서 쉽게 라면을 끓여서 점심을 해결할 수 있다. 식사를 하고 나니 생기가 돌고 기분이 상쾌하다. '금강산도 식후경' 이라는 이야기를 실감나게 한다.

뙤약볕이 뜨겁기는 하지만, 날씨가 좋아 설악산 전경을 볼 수 있어서 다행이다. 북쪽으로 황철봉이 공룡릉으로 이어져 있고 양쪽에 천불동 계곡과 가야동 계곡이 공룡릉을 돋보이게 하고 있다. 소청 아래쪽으로 용아장성과 구곡담 계곡이 올망졸망 아기자기하게 아름답다.

서북릉 따라 귀때기청봉이 우뚝하고, 오색천 건너로 점봉산 능선이 장엄하다. 동쪽으로 관모봉 능선이 힘차게 뻗어 있고 화채릉이 설악동까지 이어진다. 대청봉을 중심으로 내 외설악과 남설악의 능선들이 우산살처럼 멋지게 펼쳐져 있다.

아직 갈 길은 멀다. 14시에 출발하여 중청, 끝청을 지나고 서북릉으로 내닫는다. 대부분 내리막길이고 육산으로 이루어진 능선길이라 걷기에 좋다. 1459미터봉을 지나서 중간쯤에 이르니 북쪽으로 용아장성과 공룡릉의 봉우리들이 한 폭의 그림을 이루고 봉정암이 소청을 떠받들고 있는 것 같다. 마등령에서 출발하여 대단한 거리를 달려왔다.

16시쯤에는 능선에 갑자기 안개가 끼기 시작하고 차츰 어두워지더니 빗방울이 떨어지기 시작한다. 차츰 걸음이 빨라지고 등산화가 질척인다. 쉬고 싶어도 쉴 수가 없으며 길은 미끄러워 아주 조심스럽다. 주능선과 서북릉이 갈라지는 길목에 포장을 치고 음료수를 팔고 있는 간이매점이 있다.

그곳에서 비를 피하며 잠시 휴식을 취하고 귀때기청봉 능선을 버리고 한계령쪽으로 내려선다. 지도상에는 얼마 되지 않아 보이는데 1시간 반쯤 계속 걸어야 되니 정말 지루한 길이다.

한계령 전망대에 이르니 18시쯤 되었으며 어두워질 무렵에 후미가 도착했다. 하루 종일 13시간의 대장정을 끝내고 나니 피곤하다. 산에 미친 듯이 다니는 내가 이 정도니 멋모르고 따라온 학생들은 어떠했을까?

희운각에서 일박을 하고 나서 사흘은 걸어서 와야하는 길을 이틀만에 왔으니 힘들고, 게다가 상당구간을 우중산행으로 진행했으니 더욱 무리다.

모두들 옷이 젖었고 기진맥진하여 한기를 느낀다. 한계령에서 야영하기로 계획되었으나 무리라고 판단한 산행대장이 일행을 버스에 태워서 하조대 해수욕장의 민박집으로 안내한다. 아직 해수욕 철이 아니고 우기에다 비수기이므로 마을이 조용하고 집이 널찍하다. 간단히 식사를 하고 일찍 꿈나라로 빠져든다.

17일은 점봉산 산행을 하는 날이다. 나는 다녀오고 싶고 충분히 여력이 남았지만, 모두들 지쳐서 산행을 취소하고 바로 부산에 돌아가기를 희망하여 계획을 바꾼다.

늦은 시각에 일어나서 식사를 하고 9시 반에 출발하여 백암온천에 들러서 온천물로 땀을 씻고 나니 기분이 새로워진다. 영덕 강구의 삼사 해상공원에 들러서 오징어 회 파티를 하는 운치는 점봉산 산행보다 더 좋았다.

오대에서 설악까지 비박산행

태백종주에서 건너뛴 구간을 보충하기 위하여 추석 연휴와 토요일을 포함한 3박4일 일정으로 진고개에서 북쪽으로 동대산 - 두로봉 - 구룡령 - 조침령 - 단목령까지 가서 오색으로 내려오는 대장정이었다.

1993년 9월 30일. 추석날 차례와 성묘를 마치고 T산악회의 산행버스에 올라 보니 직장 동료도 있고 등산을 함께 즐기는 사람도 있고 모두들 반가운 얼굴들이다. 그러나, 각자 갈 길이 다르다. 그들은 오대산 노인봉, 소금강 쪽이고, 나는 설악산을 향한 태백산맥 능선길이다.

버스가 저녁 10시에 부산을 출발하여 오대산 진고개 휴게소에 도착하니 새벽 4시 반이다. 추석이라 휴게소도 문을 닫았고 떠들썩하던 일행들이 노인봉을 향하여 떠나고 난 후 적막감이 들 정도로 조용하다. 굳게 결심하고 만반의 준비를 다하여 출발한 산행이건만 동대산을 쳐다보니 검게 드리운 산 그림자가 두려워진다.

몇 년 전 오대산을 일주하여 진고개 산장으로 내려오던 등산로가 이제 와보니 도로공사로 절개되어 없어졌고 새로 난 입구마저 어둠에 가려 잘 보이지 않는다.

10월1일 새벽 5시. 산행 준비를 끝내고 출발하여 한 시간쯤 걸려서 동대산에 오르니 건너편 노인봉에 먼동이 트고 있다. 지난 밤 동승했던 사람들을 불러보지만 대답이 없다. 앞으로 사흘간은 아무도 대답해 주지 않고 말을 걸어주지 않을 것이다. 혼자서 대자연 속에 파묻혀서 묵묵히 열심히 걸어갈 뿐이다.

이윽고 동해의 파도 속 깊은 곳에서 이글거리며 타오르는 불덩이가 힘차게 솟아오른다. 뜨거운 열기를 한껏 들여 마시고 나니 힘이 솟는다. 아침 햇살에 비추어진 단풍은 티없이 맑고 곱다. 내장산 단풍이 화려하다면 오대산 단풍은 청순하다고나 할까. 사진필름에 열심히 담아본다.

동대산에서 두로봉으로 가는 길은 오대산을 종주 할 때 지났던 길이고 능선이 뚜렷하여 길을 잘못 들 염려는 전혀 없다. 단풍 경치를 즐기면서 차돌바위봉을 지나고 깊은 안부에 내려섰다가 두로봉에 오르니 9시.

두로봉에는 헬기장이 있고 전망이 아주 좋아 오대산 전체가 한눈에 들어온다. 날씨도 좋고 경치도 좋으니 혼자서 보고 느끼기가 아깝다. 저 멀리 구룡령 고갯길은 빨리 오라고 손짓한다. 서둘 필요는 없지만 꾸준히 가야 하는 길이다.

30분쯤 지체한 후에 북쪽 능선으로 접어드니 인적은 드물지만 길은 뚜렷하고, 낙엽이 적당히 깔려 걷는 감촉이 좋다. 신배령을 지나고 (10:40), 망월봉(11:50), 응복산(12:30~50), 약수산(15:10)을 넘어 구룡령에 도착하니 오후 4시, 11시간의 산행 중에 한사람도 만나지 못하고 새 몇 쌍, 다람쥐 몇 마리를 스쳐 지나왔을 뿐이다.

구룡령에는 도로확장공사가 한창이고 자갈 파쇄시설이 있는데, 인부들은 추석을 맞이서 고향으로 가버렸고 지나가는 차량도 없다. 공사장 절개지에서 작은 파이프에서 흘러내리는 지하수를 받아서 식사를 하고 침낭과 침낭커버 만으로 7시쯤 비박을 시작하니 난생 처음 경험이다.

그런데 건너 약수산 봉우리에 걸린 먹구름이 비를 쏟을 것 같다. 궁여지책으로 공사장의 자갈 파쇄 차량 밑으로 자리를 옮기니 조금은 안심된다. 어릴 적에 본 다리 밑 거지들 생활이 연상된다. 그러나 지난 밤 버스 속에서 새우잠을 잤고 온종일 산행한 뒤의 피로가 나를 달콤한 꿈나라로 인도한다.

둘째 날 10월2일, 5시에 일어나서 식사를 하고 준비를 하여 6시에 능선으로 오른다. 풀 섶에 이슬이 맺혀 발을 적시고 안개가 자욱하여 지형을 분간하기 어렵다. 1시간쯤 갔을 때 지도의 도엽이 바뀌고 멀 지 않아 갈전곡봉에 오를 것으로 기대했는데 갈전곡봉이 없다.

조침령까지 가는 구간에 이름 있는 산은 갈전곡봉 뿐이며, 이 구간은 백두대간의 주능선이 양쪽을 달리는 지능선 보다 낮게 가라앉아 있는 것이 특징이다. 이름에 비하여 높이도 전망도 없이 특징이 없는 갈전곡봉을 그만 지나치고 주능선을 이탈해서 가칠봉까지 가버린 것이다.

가칠봉은 전망은 아주 좋았다. 지도로 사방의 지형을 검토해 본 결과 주능선에서 너무 벗어난 길이라는 것을 알게 되었다. 다시 갈전곡봉으로 되돌아 와야했다. 귀중한 시간을 3시간이나 허비해 버리고 나니 힘이 빠지고 산행에 차질이 생겼다.

주능선에 회귀하여 중간쯤 가다가 나와는 반대쪽으로 산행하는 일행 다섯 사람을 만나서 정말 반가웠다. 그들은 더덕을 캐면서 여유를 즐기고 있지만 나는 길이 바쁘다. 시간을 허비한 대가로 걸음을 더욱 재촉한다.

양쪽으로 하산길이 확실한 야영장에 이르니 해가 서쪽으로 제법 기울어져 있다. 어둡기 전에 식수를 찾아야 하고 저녁식사거리를 끓여야 하기 때문에 여기서 오늘 산행을 마칠 생각으로 무거운 배낭을 벗는다. 조침령까지 가려던 당초 목표에 훨씬 미달이다.

서쪽으로 200미터 쯤 내려가니 물이 제법 힘차게 흐른다. 감격스럽도록 반갑다. 뿐만 아니라 거기서 노인 한 분을 만나게 되었다. 재 너머 황이리에 살면서 당귀 씨앗을 채취하러 왔다고 한다. 사흘간의 산행에서 두 번 째로 만난 귀한 분이다. 오늘밤 내가 쉬어갈 야영장은 '미아치' 란다. 급히 야영장으로 돌아와서 식사를 하고 어둡기 전에 침낭으로 들었다.

셋째 날 10월3일. 낙엽을 떨구며 스쳐 지나가는 바람 소리에 잠을 깨니 새벽 1시, 열이래 둥근 달이 중천에 떠서 훤하게 비추면서 앙상한 나뭇가지 그림자를 침낭 위에 드리운다. 서둘러 식사를 하고 2시부터 야간산행을 시작한다.

숲 그늘 짙은 곳과 내리막길이 아니면 랜턴이 필요 없다. 쇠나드리를 지나서 조침령에 이르니 4시 반이다. 평퍼짐한 능선, 넓게 닦인 길에 비추는 달빛은 대낮 같다. 어제 산행 때 여기까지 왔어야 했는데 잘못된 것이다. 돌에 새겨진 조침령이란 이정표가 달빛에도 확연하며 도로를 크게 확장하였고 공원처럼 여유공간도 넓다.

두 시간을 더 가니 낯익은 길이 나타난다. 지난 봄 한계령에서 조침령까지 가던 중 임도를 조침령으로 잘못 알고 도중에서 하산했던 곳이다. 드디어 진부령에서 청옥산 박달령까지 나의 발길이 연결된 것이다.

같은 시각에, 그저께 동대산에서 보았던 해가 다시 동해로부터 솟아오르며 나를 축하해 준다. 나도 해낼 수 있다는 자신감과 함께 만족감으로 가슴이 뿌듯하다. 이제 대청봉이나 한계령, 점봉산을 가지 않아도 설악산으로 이어진 것이다.

들뜬 기분으로 30분쯤 더 가니 1,136미터봉이다. 대청, 중청, 끝청, 귀때기청, 안산, 가리봉, 주걱봉, 점봉산이 차례로 둘러 쳐진 가운데 남설악의 만물상이 한 폭의 그림을 이루며 지척에서 나를 반긴다. 또한 뒤로 돌아보니 오대산이 아련히 보인다. 몇 굽이를 돌고 몇 봉우리를 넘어 여기에 온 것인지는 몰라도 문명세계를 떠나 원시의 자연으로 돌아간 여정인 것이다.

다시 북암령을 지나고 단목령까지 와서, 능선을 벗어나 급경사 길로 하산하여 44번 국도 변 마산리의 오색국교 정문 앞에 이르니 12시 반. 3일간 32시간의 산행을 무사히 끝낸 것을 가족에게 보고하고 내일의 근무를 위하여 귀가를 재촉했다.

백복령에서 고적대까지 왔건만 청옥 · 두타는 아직 멀어만 보인다

두타산 산신께 드린 정성

태백종주에서 백복령 – 댓재 구간은 한 번에 산행을 마무리할 수 없는 구간으로서 연칠성령이나 청옥산을 지나 박달령에서 삼화사로 하산하게 될 때 두타산이 남게 된다. 단독 산행으로 두타산을 지나 댓재까지 연결하는 일은 쉽지 않다. 그래서 몇 가지 특별한 이야기가 남게 되었으며, 댓재에 마련된 두타산 산신께 정성을 드리게 되었다.

1993년 10월28일부터 2박3일간의 산행에서 있었던 일이다. 28일 밤 9시5분 부전역을 출발하는 청량리 행 열차를 타고 영주를 거쳐 통리역에 도착하니 5시20분이다. 태백까지 합승해서 타고 간 택시를 삼척군 하장면 상사미리 건의령 입구까지 연장하여 타고 가서 건의령에 오르고, 야영을 위한 장비를 무겁게 지고 덕항산을 넘어 댓재까지 9시간 산행을 마치니 4시쯤 되었다.

댓재는 삼척과 하장면을 연결하는 백두대간의 한 영마루로서 해발 810미터 정도로 상당히 높은 곳에 있다. 최근 도로를 확·포장하여 산길 치고는 잘 닦여있으며 동해를 내려다 볼 수 있는 곳에 댓재동산이 만들어져 있다.

옛날 서낭당이 있었던 곳인지 두타산쪽 주능선 기슭에 두타산 산신각이라고 현판을 달아둔 당집이 예쁘게 세워져 있었다. 당집 주위에

전국에서 제일 바람이 세다는 댓재. 나는 산신각 뒷뜰에 텐트를 치고 하룻밤을 보냈다

뜨락이 잘 다듬어져 있고 뒤뜰 가장자리에는 1미터정도 높이로 절토
되어 바람을 막아주고 있었다.

야영준비는 되어 있지만 폭풍주의보와 한파 내습, 산간지방 강설 등
불리한 일기예보 때문에 번천리 쪽으로 민박할 곳을 찾아갔는데, 마땅
치 않아 식수만 구하여 댓재로 올라왔다.

바람이 너무 심하여 야영장소가 마땅하지 않다. 문이 잠겨서 산신각
안에는 들어갈 수 없어서 그나마 산신각 뒤뜰이 가장 좋은 곳이라고
생각해 산신각 안이나 다를 바 없는 장소에 텐트를 치고 두타산 산신
령과 함께 하룻밤을 지내야 할 형편이다.

당집이 워낙 깨끗하고 잘 정리되어 있어서 두렵거나 무서운 생각은
전혀 없고, 오히려 고향집 지붕 밑 같이 훈기가 돌고 이웃같이 느껴지
는 것이다.

뒤뜰에 밀려있는 낙엽을 긁어모아서 두둑이 깔고 텐트를 치니 바람
결에 조금씩 흔들리지만 훌륭한 집이고 따뜻한 방이 되었다. 아직 5시

인데 캄캄해지더니 폭풍에 눈발이 곁들인다.

　폭풍·설에 조난 당하지나 않을까 걱정하다가도 산신령이 곁에 있어서 도와주겠거니 하고 위로해 본다.

　비록 라면 하나가 고작이지만 어둡기 전에 저녁식사를 해야 한다. 낮에 먹던 김밥 몇 개를 곁들여 넉넉한 라면 국물을 마시니 진수성찬이 부럽지 않다. 라면 국물에서 오르는 김의 향기로움은 옛날 겨울 장터에서 국밥 먹던 기억을 불러온다.

　한기가 가시고 텐트 속에는 온기가 그득하다. 디저트로 사과 한 쪽과 밀감 한 개를 곁들이니 격식은 갖춘 셈이다.

　밖에는 바람소리가 요란하다. 프라이가 덜덜거리고 텐트가 흔들린다. 밖에 나가 봤더니 눈은 그치고 동해 바다에서 열 엿새 둥근 달이 떠오른다. 찬 파도에 씻겨서 그런지 더욱 차가워 보인다. 그러나 차츰 높아지면서 대낮같이 밝혀주는 것이 밤 친구가 하나 더 생긴 것이다.

　그러나 그런 생각도 잠시뿐, 서쪽 하늘을 덮고 있는 먹장구름이 심상찮다. 서쪽 바람이 세차지고 구름이 몰려든다. 한기를 피하여 산신각 뒤로 보금자리를 찾아든다. 있는 옷을 모두 껴입고 7시에 침낭 속으로 파고드니 한 밤 지낼 만하다. 폭풍에 나무가 울고 집이 흔들리지만 잡념 없이 잠깐 사이에 꿈나라로 빠져든다.

　한 잠 깊이 자다가 문득 잠이 깨어 주위를 살펴보니 분명히 엊저녁 그 텐트 속인데도 신기하리 만치 조용하다. 비몽사몽간이지만 분명히 꿈은 아니고, 시계를 보니 10시 반이다. 랜턴을 밝히지 않아도 될 정도로 밝다. 이제 안심이라고 생각하면서 텐트 문을 열고 프라이 지퍼를 올리니 눈이 확 쏟아져 들어온다.

　아닌 밤중에 날벼락이라 지퍼를 잠그고 집을 흔들어 본다. 눈 흘러내리는 느낌이 무겁다. 눈 속에 묻힌 나의 보금자리 – 눈 집을 상상하며 낭만을 느끼고 싶어 그냥 눈을 감아버린다.

또 다시 깨어보니 1시. 아직은 더 자야한다고 생각되지만 생리현상이 나를 불러낸다. 조심스럽게 나가니 온 세상은 은빛이고 달이 보이지 않는데도 훤하다. 눈발은 가늘어졌지만 이미 10센티미터 정도 쌓인 것 같다.

어린 시절, 바람 한 점 없이 조용한 밤에 소리도 없이 온 세상을 은세계로 만들어 주던 백설의 기억이 되살아난다. 오랜만에 맞는 깨끗한 세상이다. 나뭇가지는 조용하고 산신각에도 정적이 감돈다. 눈 집 속으로 들어서 다시 잠을 청한다.

갑자기 발이 시리고 한기가 들어서 잠을 깨니 4시다. 방은 그대로인데 집이 흔들리고 눈 내리는 소리가 들린다. 나뭇가지가 다시 울기 시작한다. 바람이 어제 저녁보다 더욱 심한 것 같다.

기온이 심하게 내려가서 이미 포근하지 않은 상태로 되어버린 것이다. 더 이상 잠이 오지 않는다. 오늘 산행이 어려울 것 같다. 라디오 주파수를 맞춰보아도 아직 방송이 나오지 않는다.

눈과 바람과 추위가 아니었다면 이 시간쯤 일어나서 달빛 아래 아침식사를 하고 두타산을 향하여 떠날 준비를 했을 것이다. 그러나 두타산 산신령이 자기 영역에 함부로 침범했다고 노여움을 부려 이렇게 나쁜 상황으로 만들었는지 모른다는 생각도 해본다.

마음속으로 산행을 포기하고 집으로 갈 일을 생각한다. 찻길이 막히면 고립되고 걸어서 탈출하는데는 5, 6시간 걸릴 것 같다. 깜박 졸다가 차가 지나가는 소리에 놀라서 벌떡 일어나니 바람소리다. 바람소리가 더욱 커지고 극성스러워진 것이다.

6시 40분쯤 일출이라도 보려고 완전무장하고 나오니 찻길에는 눈이 별로 없다. 새벽바람이 눈을 모두 날려버린 것이다. 댓재 동산에서 일출사진을 찍으려는데 바람을 이기지 못하여 쓰러지고 말았다. 자리를 옮겨서 셔터를 누르는데 얼어서 눌러지지를 않는다.

영하 10도보다 낮을 것 같다. 풍속을 감안하면 체감온도는 영하 20도 이하로 될 것 같다. 카메라를 품속에 넣어서 녹인 후에 겨우 몇 장 찍을 수 있었다.

서둘러 식사를 하고 얼음집으로 된 텐트를 철거하고 나니 8시 반이다. 만반의 준비를 하여 산신각에 하직하고 주능선 따라서 두타산 쪽으로 30미터쯤 오르니 신발 속에 눈이 들어온다. 눈 속 산행에 대비하지 못하여 산행이 불가능하다고 판단되므로 여기서 돌아설 수밖에 없다. 귀가할 일이 걱정이다.

마침 지나는 트럭이 있어 고마운 기사의 도움으로 삼척까지 내려오고 쉽게 부산 행 버스에 올라, 화창한 가을날 산행은 못하고 돌아오면서 기록을 남긴다.

일기 불순으로 산 밑에서 돌아섰던 두타산 산행을 11월 20일 무박2일로 보충한 기록이다.

일주일 전에 기차표를 예약하는데 부전 – 영주간의 일반실 좌석이 매진되어 12,200원이나 더 비싼 침대실 표를 살 때부터 어려움이 시작된다. 금요일 오후의 일기예보에 주말에는 비가 오고 영동 산간 지방에는 눈이 내리고 폭풍이 불어 추워진다고 한다.

예약했던 기차표를 취소하고 다음 주말의 표를 예약하려니 또 매진이란다. 그 다음주로 미루면, 겨울이라 눈 때문에 금년을 넘길 것 같아서 강행하기로 했다.

토요일 저녁에 부전역으로 나가니 비가 조금씩 내린다. 혼자서 계획한 어려운 산행인데 비까지 내리니 마음이 심란하다. 일반실 좌석이 없었던 덕분에 침대에 누워서 편안히 영주까지 갈 수 있어 그나마 다행이다. 영주에 내리니 강릉행 열차를 갈아타는 사람들로 붐비고, 한 시간 정도 기다리는 것도 지루하다.

새벽 3시12분 영주를 떠난 열차는 열심히 고도를 높이면서 제 갈 길을 잘 달린다. 통리역에서 태백산맥을 넘어 도계까지 급경사를 내려서야 하는데 갈 지(之)자 걸음을 하고 만다. 심포리역에서 신호를 대기하느라 10분쯤 지체했다. 까마득히 내려다보이는 곳에 불빛도 찬란하게 도계읍의 야경이 한 눈에 들어온다.

조금 진행하다가 열차가 다시 멈칫거린다. 아래쪽 선로에 화물열차가 우리와 반대편 방향으로 미끄러져 내려간다. 화물열차가 멀어지고 우리 열차가 전진하더니 화물차처럼 뒷걸음을 친다. 꼬리를 골짜기 쪽으로 깊숙이 박고는 아래쪽으로 나 있는 선로를 따라서 나한정역을 빠져나간다. 30년 전 설악산 수학여행 열차를 탔을 때와 똑같다.

이렇게 곡예를 하는 중에 화물열차의 방해를 받아 늦어져 동해역에 도착하니 10분 연착한 6시50분이다. 6시37분에 도착해야 삼척에서 7시10분에 출발하는 하장행 버스를 간신히 탈 수 있는데 그만 어렵게 된 것이다. 택시기사가 가능하다고 타란다. 요금이 6,000원이라는 택시는 총알같이 달렸지만 터미널까지 들어가면 불가능할 것 같아서 중간정류소로 갔다.

정류소에서 중년남자에게 물어보니 방금 버스가 지나갔다면서 택시로 따라가면 탈 수 있단다. 4,000원이나 주면서 미로역까지 쫓아갔으나 버스는 보이지 않고 15,000원을 내면 댓재까지 모셔다 준다고 한다. 바쁠 때는 택시요금도 부르는 것이 값이고 모두들 바가지를 씌운다. 그러나 또 다시 미룰 수 없으므로 투자를 아껴서는 안 된다.

댓재에 올라 두타산 산신각 앞으로 가니까 휴지통과 청소 용구가 새로이 마련되어 있다. 가을 추수감사의 산신제를 지냈던 모양이다. 산신각 정문 앞 계단을 간단히 쓸고, 배낭에서 김밥 두 줄, 빵 한 봉지, 사과 한 개, 감 한 개, 밀감 다섯 개를 꺼내어 산신각 앞에 차려놓고 고사를 올린다.

여기에 오기까지 어려웠던 것처럼 산행 중에도 어렵다면 무슨 큰 일이 일어날 것 같아서 내가 오늘 산행 중에 먹을 것 전부를 바치고 무사 산행을 빌어본 것이다. 제물은 적었지만 내가 투자한 돈과 노력과 정성들을 합하면 산신령이 감동하고도 남음이 있을 것이라고 생각해 본다.

김밥으로 아침식사를 하고, 산행 중에 먹으려던 간식들도 절반정도 먹어 치운다. 비나 눈이 오면 중간에서 쉴 수도 없고 먹을 수도 없기 때문이다. 30분 정도 걸려서 산행준비를 하는 사이에 차량이 한 대도 지나가지 않는 것을 보니 대단한 오지임에 틀림없다. 무엇 때문에 이런 산행을 하는지 나 자신도 모른다.

풍설이 분분한 댓재. 험악한 먹구름 아래 일출이 장관이다

두타산 산신께 한번 더 무사산행을 기원하고 8시30분에 외로운 산행을 시작한다. 길이 뚜렷하고 완만하여 걷는데 부담이 가지 않는다. 여러 봉우리를 오르내리고 두타산 안부에 이르니 눈이 10센티미터정도 쌓였으나 크러스트 되어서 다행스럽게 빠지지는 않는다.

이 눈은 내년 봄 해빙기에나 녹을 것 같다. 두타산 정상에 끼어있던 가스가 걷히고 안개로 맺어진 상고대가 바람에 몹시 흔들린다.

정상에 오르니 11시이고 바람이 차츰 세차진다. 청옥산 정상에는 아직 안개가 자욱하고 고적대와 연칠성령에는 눈이 적당히 덮여서 병풍을 두른 것 같다. 8월말에 그 능선을 밟을 때는 푸르렀는데 붉은 옷과 흰옷을 차례로 두 번씩이나 갈아입었으니 세월이 무상하다.

기념사진을 찍어줄 사람도 없고 너무 추워서 풍경만 몇 장면 찍는다. 박달령까지 가면 종주산행이 이어지지만 이 부분은 앞선 여러 차례의 두타산 산행에서 다닌 곳이므로 접는다. 진부령에서 답운치(불영계곡 고개)까지 태백산맥 주능선에 나의 발자취를 빠짐없이 남긴 것으로 만족하고 두타산성 쪽으로 바로 서둘러 하산한다.

삼화사에 이르러 부처님께 오늘의 산행을 감사 드리고, 무릉반에 내려서 모처럼 기념촬영을 하고 주차장에 이르니 13시10분이다. 오르는데 2시간 30분, 10분간 휴식, 하산에 2시간 걸려서 총 산행시간이 4시간40분간이다. 보통 삼화사에서 두타산 정상까지 오르는데 걸리는 시간이다.

준비 과정에 비하여 산행시간이 짧았으며, 태백종주 산행 중에서 최단 시간 산행 기록이다. 그러나 나의 산행 중에서 경비가 가장 많이 든 낭비 산행이며, 일반교통편을 이용하는 단독종주가 얼마나 어려운지 실감나게 했다. 그러면서도 태백종주의 강원도 구간 짜깁기를 완료한 산행이기에 기분 좋고 마음 홀가분한 산행이었다.

정주엄마 실종사고

1994년 3월27일 무박 2일로 황장재에서 질고개까지 40킬로미터 이상을 13시간에 주파하던 날의 일이다. 부산 메아리산악회의 안내를 받아서 황장재를 5시에 출발하여 피나무재까지 가기로 되어 있었는데, 산행이 빨리 진행되어 느지미재에 도착하니 9시가 되어 아침식사를 했다. 피나무재까지는 10시간 이내로 마무리될 것 같았다.

또 질고개 남쪽의 구간은 이미 혼자서 산행을 마쳤기 때문에 피나무재와 질고개 사이의 구간만 남게되므로, 이번에 마무리짓고 싶은 욕심이 생겼다. 그래서 산행대장에게 사정을 이야기하고 귀가는 혼자서 일반교통편을 이용한다고 신고한 후에 일행과 헤어져서 단독산행에 들어갔다.

열심히 걸어서 질고개에 내려서니 17시40분이다. 13시간 가까이 걸린 무리한 산행이었지만 황장재 이남의 전구간을 완성하게 되었으며 부남 – 영천 – 대구를 거쳐서 부산에 올 수 있었다.

무리한 산행이었지만 무사히 귀가하여 푹 자고 나니 원기가 회복되었다. 월요일 아침, 정상 출근하여 업무를 처리하고 2교시 강의를 마치고 연구실에 들어서니 전화벨이 울렸다. 수화기에서 흘러나온 음성은 메아리 박 대장이었다.

걱정스런 음성으로 산행에 동참했던 한 아주머니가 실종되었다는 것이다. 산행 중에 헤어졌고 하산 후에 두 시간이나 찾았지만 결국 찾지 못하고 일행들이 그냥 부산으로 내려왔다는 것이다. 깊은 산중에서 회원을 잃어버린 실종사고란 가이드 산악회에게는 치명적인 사건이었다.

큰 일이 벌어진 것이다. 실종신고라도 하려니까 인적사항을 모른단다. 성명도 주소도 전화번호도 몰라 여기저기 그분을 알 만한 사람에게 수소문하여 신원파악을 하는 중이란다. 나는 그분의 이름이 생각나지 않아서 강여사라는 것과 전화번호를 알려주면서, 여자 분을 산 속에 혼자 버려 둔 채 집에 돌아와서 잠이 오더냐고 나무랐다.

그랬더니 비록 여자 분이지만 활달하고 재치가 있으며 정신력과 체력이 충분하여 혼자서 하산할 수 있을 것으로 믿었고 더 이상 수색할 방법이 없어서 그냥 왔다고 한다. 인솔자로서의 책임감, 참가자의 인적사항 파악, 조직적인 등산안내 등 모든 면에서 잘못된 점이 아쉬웠지만 탓하고 있을 때가 아니었다.

먼저 그 댁으로 전화를 걸었다. 받는 사람이 없다. 가족들은 직장이나 학교로 가버리고 집이 비어있다. 남편의 직장이 생각나지 않아서 중학교에 근무하는 둘째 딸 학교로 전화를 걸었다. 수업 중이란다. 메모를 남겼으나 수업 마친 시간인데도 연락이 없다. 다시 걸어서 간신히 통화를 하여 엄마 소식을 물었다. 모른다고 했다.

나는 산악회로부터 들은 조난소식을 전하면서 아버지께 연락을 드리라고 했다. 오전 중에 연락이 없으면 실종신고를 하고 구조작업을 펴야 한다고 했다. 난감한 일이었다.

강여사는 집사람과 친구이고 두 가정이 오래 전부터 형제간 이상으로 가까이 지내는 사이였다. 생활형편이 비슷하고 자녀를 키우는 방식이 비슷해 공감대가 있었다. 대학에 들어간 그 집 아들 정주와 중학교에 다니는 우리 집 막내 승주는 형제처럼 다정스럽다.

둘 다 위로 누나들이 많아서 형님과 동생이 아쉬울 때 서로 형제의 정을 나누면서 커왔다. 그래서 정주집, 승주집으로 부르며 내왕한다. 그 아이들이 태어나기 전에는 순자집, 영이집으로 불렀는데 벌써 25년 전의 일이다.

내가 등산을 시작하여 집사람과 함께 다닐 때 몇 번 동행한 적이 있었지만, 태백종주를 시작하고는 무리한 산행이기 때문에 절대로 따라나서지 말도록 충고를 했었다. 그러나 메아리의 종주산행에는 몇 번 따라간 적이 있다.

이번 산행에도 뜻밖에 만났으며, 처음 얼마간은 산행을 도와주려고 신경을 쓰다가 나의 산행목표를 달성하기 위하여 헤어졌다. 그 이후에 불의의 사고를 당한 것이기 때문에 마음 아팠고 무사히 돌아오기를 간절히 바랄 뿐이었다.

오후에 다시 박 대장으로부터 전화가 왔다. 정주아빠로부터 연락을 받았는데 무사히 하산하여 귀가중이라면서 항의를 받았다고 한다. 무사히 하산하였으니 일단 다행이었고 심신의 고통이 컸겠지만 후유증이 없기를 바랐다.

오후 늦은 시각에 정주엄마로부터 연락이 왔다. 집에 도착하여 메아리 산악회에 연락을 하였고 여러 사람들에게 심려를 끼쳐서 미안하다고. 조난되었던 사정을 간단히 설명한다.

느지미재에서 박 대장을 따라 왕거암으로 오르는 길에 지쳐버려 B조로 빠지기로 하였단다. 후미가 올 때까지 기다리라는 대장의 지시를 무시하고 조금씩 움직이는 바람에 후미가 왕거암을 거쳐서 절골로 하산하는 것을 놓쳐버렸단다.

기다리다 시간이 너무 많이 흐르니까 마음이 다급하여 적당히 아래로 내려서게 되었고, 계곡에 내려서니 길이 없었다. 방향을 잡을 수도 없고 구조대가 오더라도 발견될 수 없을 것 같아 다시 능선 쪽으로 치고 올랐다고 한다. 해는 지고 어둠이 내리면서 저녁에 하산하는 것은 불가능하다는 생각이 들었단다.

그래서 다음날 아침 날이 밝을 때 움직이기로 하고 비박할 준비에 들어갔는데 랜턴도 없고 라이터도 없고 어둠과 추위와 이슬에 대비할 방안이 없었단다. 먹을 것도 별로 없었지만 오직 계곡에 내려섰을 때 물을 수통에 가득 채워 둔 것이 다행이었다고 한다.

바위를 바람막이로 낙엽을 긁어모으고 비닐봉지를 뜯어서 웃옷 속에 받히고 배낭을 비워서 뒤집어쓰고 다리는 낙엽으로 덮어서 잘 준비를 하고 혼자서 긴 밤을 세워야 했다. 열 엿새 밝은 달만이 마음을 달래주고 벗이 되었을 뿐이었다.

날이 새고 동녘 하늘이 붉게 물들 때 방향을 잡아서 능선에 올라섰고 일행과 헤어졌던 곳(지도의 왕거암)까지 돌아가서 능선길을 따라서 11시경에 내원동으로 하산하여 제일 가까운 집에 들러서 라면 2개를 끓여 먹고 4,000원을 지불했는데 평생에 가장 비싼 라면이었지만 가장 맛있게 먹은 식사였단다.

남자라도 감당하기 어려운 상황을 침착하게 잘 극복한 것이다. 평소에 살아가는 생활방식을 보면 그러한 위기 대처능력이 짐작되고도 남는다. 철저한 자녀교육과 뛰어난 재테크 능력, 분명한 사리판단, 적극적인 문제해결 등 모든 면에서 모범적이고 귀감이 될 수 있는 훌륭한 분이다.

그래서 나는 이렇게 좋은 가정과 가까이 지낼 수 있는 것을 자랑스럽게 생각한다. 이 이야기는 우리들에게 많은 교훈을 남겼고, 해피엔딩으로 끝을 맺어서 다행이었다.

걸으며 생각했다. 그리고 기록했다

산행보고를 쓰자니 등산 전문가가 아니고 수상이나 수필을 쓰자니 문인이 아니다 보니 써야할 구실도 명분도 없다. 그래도 국토의 등뼈를 따라서 분수령을 더듬어 온 발자취를 그냥 지워버리자니 아쉬움이 남았다. 혼자서 걸으면서 생각나는 대로 적어둔 메모지를 휴지통에 던지자니 더욱 아까웠다. 그래서 정리하기 시작했다.

초등학교에 다닐 때 일기를 쓰던 기억이 난다. 아침에 일어나서 밥 먹고 학교 가고 공부하고 돌아와서 점심 먹고 숙제하고 놀고 저녁 먹고 자고. 다음 날도 꼭 같다. 생활이 단조롭고 표현이 부족한 탓이다. 산에 다니는 일 중에서도 종주하는 것은 단조롭고 같은 일이 매번 반복된다.

글재주가 없으니 산행기록을 남기는 것이 초등학생의 일기 쓰는 것과 다를 바 없다. 그러나 하나의 목표를 달성하고 그 과정을 기록으로 남기는 것은 비록 초등학생의 일기장 정도일지라도 뭔가 의미가 있다고 생각되어 서툴지만 기록을 모아 보았다.

나는 전문 직업인이다. 강의와 연구에 몰두해야 한다. 시간을 쪼개어도 모자라는데 무슨 시간에 산에 가고 산행기록을 남긴단 말인가? 쉰이 넘어 건강에 자신이 없어지면서 산에 다니기 시작한 것이 벌써 5

년, 산행이 300회를 넘었다. 산이 미치도록 좋아졌고 등산이 나의 취미생활로 고착되어 버렸다. 주말이나 휴일에 다녀와야 일에 능률이 오를 정도이므로, 주중에는 더욱 업무에 충실히 임해서 모든 일을 마무리지으려고 최선을 다한다. 직장생활의 충실도와 주말산행의 열성은 비례한다고 생각한다.

나는 가정에서도 남들보다 할 일이 더 많은 편이다. 가장으로서, 남편으로서, 아버지로서, 노부모님의 아들로서. 이러한 역할은 누구나 다 하는 일이지만 전통적이고 보수적인 대가족의 장손으로서 책임이 무겁다. 어느 것 하나 제대로 잘 하는 것이 없다.

나 하나만 쳐다보는 가족들의 생계를 도모한다는 구실로 일 주일 내내 밖에서 지내고, 주말이면 배낭을 둘러메고 떠나기가 바쁘다. 그럼에도 내가 건강해야 집안이 건전하게 유지된다는 것으로 가족들에게 양해를 구하고 무심히 떠날 수 있다.

간혹 졸업생들이 주례를 부탁해 올 때는 거절한 적이 많다. 그들에게는 평생에 한 번뿐인 중대사인데, 나에게는 주말산행이 더 소중했던가 보다. 종주산행 기간에는 거절하는 빈도가 더 늘어서 미안했다. 그런 중에서도 허락을 받아내서 나의 축복을 받은 신혼부부들이 있었으며 그들 모두 행복한 가정을 이루었을 것으로 믿는다.

구간종주에서 가장 어려웠던 일은 주능선에 접근하는 문제와 산행을 마치고 귀가하는 일이었다. 우선은 영마루에 차도가 개설되어 있는 곳의 경우 차도에 접근하기 위해 코스를 잡다 보면 10시간 이상 무리하게 산행을 해야하는 구간도 생겼다.

그리고 하산하여 그 날 집으로 돌아올 수 있도록 구간을 잡아야 하는 어려움이 있었다. 그래서 산행을 한쪽 방향으로만 진행할 수 없었다. 노선버스가 자주 있거나 지나가는 차를 얻어 탈 수 있는 쪽으로 하산하는 것을 원칙으로 하였다.

또 하나의 조건은 경비와 시간을 최소화하는 것이다. 혼자이기 때문에 택시를 이용하면 전액을 부담해야 하므로 가급적 택시는 타지 않았다. 부득이한 경우는 현지에 접근하여 자는 한이 있어도 일반교통수단을 이용하려고 노력했다. 하산 후에 지나가는 승용차, 승합차, 화물차 등을 이용하여 시간과 비용을 상당히 절감할 수 있었으므로 태워주신 그 분들께 한번 더 깊이 감사를 드린다.

단독종주를 하는 기분으로 산행을 하였지만, 메아리산악회의 가이드종주가 아니었다면 불가능했을 것 같다. 메아리산악회의 종주산행에 따라나섰고, 거기서 종주의 가능성을 확인했으며 종주의 방법을 배웠다. 특히 접근하기 어려운 강원도 지역의 많은 구간을 메아리와 함께 했다.

토요일 밤에 출발하여 일요일에 산행을 마치고 돌아오는 1박2일 산행으로 강원도의 상당한 구간을 쉽게 진행할 수 있었다. 이 자리를 빌어서 메아리산악회의 박영태 대장님에게 심심한 감사의 말씀을 드린다.

혼자 걸으면서 자연과 접하는 시간을 최대로 누렸다. 걸으면서 생각했던 것을 메모로 남겼다 원고로 정리했다. 수정이와 수진이가 워드작업을 하였으며, 딸들과 아내가 교정을 도와주었다. 나는 이 원고로써 산행보고를 하고 가족들은 원고정리를 하면서 나와 함께 산행을 한 것이다.

따라서 이 책은 산행보고서의 의미보다 우리 가족이 서로 이해하고 공감하는 대화의 광장이 되었다고 할 수 있다. 그래서 더 자랑스럽고 소중하다. 끝까지 걸을 수 있었던 튼튼한 다리와 시간을 주신 부처님께 감사 드리고 뒷바라지를 해주고 도와 준 가족들에게 한번 더 고마움을 표한다.

제7장
부 록

1. 백두대간 단독 구간종주 일지

백두대간 단독종주 일람표

차수	날짜	소요시간	구 간	산 이 름	숙식 및 비용
1	9/14	08:00	진부령-대간령-미시령	마산, 신선봉	심야버스 38천
2	9/15	15:30	미시령-마등령-한계령	황철봉, 공룡릉, 대청봉	미시령비박 5
3	9/16	06:15	한계령-단목령	점봉산	한계령비박 27
4	10/3	12:00	단목령-조침령-구룡령	갈전곡봉	심야버스 35
5	10/4	10:00	구룡령-신배령-진고개	약수산, 응복산, 두로봉, 동대산	구룡령비박 5
6	10/5	08:20	진고개-대관령	노인봉, 소황병산, 선자령	노인봉산장 28
7	10/18	09:40	대관령-닭목령-삽당령	고루포기산	심야버스 57
8	10/25	07:40	삽당령-생계령-백복령	석병산	심야버스 31
9	10/26	12:00	백복령-연칠성령-댓재	상월산, 청옥산, 고적대, 두타산	백복령민박 34
10	10/27	09:40	댓재-건의령-피재	덕항산	댓재민박 51
11	5/11	09:00	피재-싸리재-화방재	매봉산, 함백산	야간열차 25
12	5/12	10:30	화방재-도래기재	태백산, 구룡산	화방재민박 20
13	6/1	10:10	도래기재-마구령-고치령	옥석산, 선달산, 갈곶산	야간열차 20
14	6/2	09:30	고치령-죽령	소백산	고치령비박 12
15	6/8	11:30	죽령-저수재-벌재	도솔봉, 묘적봉, 시루봉, 문복대	야간열차 35
16	6/9	12:30	벌재-차갓재-하늘재	황장산, 대미산, 포암산	오목내민박 20
17	6/10	09:40	하늘재-조령-이화령	탄항산, 마패봉, 조령산	미륵리민박 47
18	6/15	13:00	이화령-은치재-버리미기재	백화산, 이만봉, 구왕봉, 장성봉	이화령민박 35
19	6/16	11:30	버리미기재-늘재-밤티재	대야산, 조항산, 청화산	벌바위민박 26
20	7/7	08:10	밤티재-갈령삼거리	속리산(문장대, 천황봉, 형제봉)	새벽승용차 30
	7/8	09:30	갈령삼거리-화령재-신의터재	봉황산, 윤지미산	주유소민박 30
21	7/13	09:00	신의터재-지기재-큰재	백학산	새벽승용차 20
22	7/14	08:00	큰재-작점고개-추풍령	국수봉, 용문산	큰재민박 41

차수	날짜	소요시간	구 간	산 이 름	숙식 및 비용
23	7/25	11:40	추풍령-궤방령-우두령	눌의산, 황악산	새벽열차 12
24	7/26	11:30	우두령-부항령-덕산재	화주봉, 삼도봉	우두령비박 8
25	8/2	08:00	덕산재-소사고개-빼재	대덕산, 삼도봉, 덕유 삼봉산	새벽열차 10
26	8/3	9:10	빼재-동엽령-삿갓골재	덕유 백암봉, 무룡산	빼재비박 10
	8/40	06:00	삿갓골재-육십령	장수 덕유산	삿갓골산장 13
27	8/17	08:00	육십령-중재	영취산, 백운산	새벽버스 19
28	8/18	09:00	중재-사치재-매요마을	봉화산	중기말비박 16
29	8/22	07:30	매요마을-여원재-고기리	고남산, 수정봉	새벽버스 30
30	8/23	09:15	고기리-정령치,성삼재-화개재	고리봉, 만복대, 종석대, 삼도봉	고기리민박 18
31	8/24	5:40	화개재-벽소령-영신봉	토끼봉, 형제봉, 영신봉, 천왕봉	뱀사골산장 25
	10/31	02:10	영신봉-장터목-천왕봉	(거림에서2:20, 중산리까지1:40 휴식40분)	
계	33일	319			833,000원

|참고사항|

1. 제2차 구간은 중청대피소에서 끊고 그 뒤는 3차 구간에 넣는 것이 좋음(처음계획).

2. 제20차 구간은 갈령삼거리 남쪽 비재에 도로가 포장 완료되면 비재에서 분할하는 것
   이 좋음.

3. 제26차 구간은 삿갓골대피소 숙박을 전제로 두 구간으로 분리하는 것이 좋음.

4. 제31차 구간은 낙동강 분수령 일주산행 때문에 끊은 것인데, 한 구간으로 쉽게 운행
   될 수 있음. 결국 총 33구간으로 나누어 33일이면 충분히 종주가 가능할 것으로 생
   각됨.

5. 능선 접근 및 퇴로에 소요된 시간은 총 7시간 20분으로 최소화했음(단목령 2:30, 하늘
   재 1:20, 갈령감거리 1:00, 중재 0:50, 천왕봉 1:40)

6. 경비절약은 능선에서 하산할 때 히치하이크를 하여 많은 사람들의 도움을 받은 덕분
   에 가능.

7. 산행내용은 다음 일지와 같다. 지도는 조선일보사에서 발행한 「실전 백두대간 종주산
   행」을 참고하면 쉽게 이해 할 수 있음.

백두대간 종주일지

1. 대간1차 구간 (진부령 – 대간령 – 미시령, 8시간 소요)
2002년 9월 14일 흐림. 마산, 신선봉

전날 저녁 21시 부산 발 속초행 심야버스로, 속초에 새벽 4시 도착. 너무 일찍 도착하여 연결버스 시각까지 시간이 많이 남았다. 근처 식당의 배려로 잠시 눈을 붙이고 6시10분 발 서울행 버스로 진부령에 7시 도착, 기념촬영을 하고 산행을 시작. 초입부터 산사태 때문에 능선으로 오를 수 없다. 알프스 리조트 진입도로로 들어가다가 임도 능선으로 가 리프트장에 이르니 8시20분이다. 봉우리 옆으로 우회하여 마산(1,051.8m)에 9시10분 도착, 10분간 휴식.

산행을 속행하여 병풍바위(1,058m)에 오르고(9:45), 방향을 왼쪽으로 틀어서 하강. 암봉을 넘고(10:25) 대간령(큰새이령)에 10시55분 내려옴. 다시 올라 공터에 이르러 중식(11:30~12:00). 암릉을 타고 암봉을 넘고 신선봉 갈림길에 온 것이 13시, 회암재에 내렸다가(13:20) 상봉에 오르

덕유산 향적봉에서 바라본 백두대간 산줄기는 장엄하다

니 14시. 하산 도중 중턱에 샘터 공지가 있는 곳에서 길을 조심하여 직진. 잘 참아주던 날씨가 비를 뿌리기 시작한다. 15시 미시령에 도착, 이른 시각이지만 8시간으로 산행을 마쳤다.

*미시령에는 차량통행이 통제되어 휴게소도 완전히 폐쇄. 간신히 수도꼭지를 찾아서 식수를 구하고, 유류창고로 쓴 흔적이 있는 폐막사에 자리를 깔고 비박 준비 완료. 매식을 할 계획이었으나 어쩔 수 없이 라면으로 식사를 마치고 18시쯤 잠자리에 들었다. 20시 반쯤 갑자기 정적을 깨고 나타난 괴물에 놀라서 깨어보니, 큰 트럭이 도로공사에 투입되었던 중장비를 싣고 와서 내 숙소 앞 주차장에 내려놓고 간다.

내일은 막혔던 길이 열릴 모양이다. 침낭에서 빠져 나와 휴게소를 한 바퀴 돌아보니 바람소리만 요란하다. 바람이 안개를 쓸어버린 뒤여서, 서쪽 하늘에 상현달이 걸려 있고, 별빛이 반짝이고, 속초 시가지와 오징어잡이 배의 불빛이 장관을 이룬다. 미시령에 홀로 서서 대자연의 아름다움을 감상하며 시심에 빠져들지만, 내일의 대장정을 위하여 다시 침낭 속으로 몸을 밀어 넣는다.

2. 대간2차 구간(미시령 – 마등령 – 한계령, 15시간 30분 소요)

2002년 9월15일 흐림. 황철봉, 공룡능선, 대청봉

백두대간을 마무리하기 위하여 진부령으로 출발하는 산행 팀들의 웅성대는 소리에 잠이 깨어 시계를 보니 4시 반이다. 육포와 떡으로 아침 식사를 마치고 짐을 꾸려 5시50분에 산행을 시작한다. 등산로에 맺힌 이슬 때문에 바지가 젖어 들지만 어쩔 수 없다.

너덜 지대를 힘겹게 통과하여 1,318.8미터봉에 오르니 7시40분. 안개가 자욱하여 전망이 없다. 황철봉(1,381m)을 지나(8:15) 전망대 바위에 이르니 8시25분, 다시 너덜 지대를 통과하고 저항령에 내려서니 8

시50분. 10분간 휴식. 진행이 순조로워 안심이 된다.

다시 올라 전망대 암봉을 넘고(9:25) 1,249.5미터봉 전후의 암릉 지대를 우회하여 공터에 10시10분, 너덜 지대를 통과하여 1,326미터봉에 이르니 10시55분인데 안개가 걷히면서 대청봉이 보이고 범봉과 천화대가 모습을 드러낸다. 간식을 먹고 사진을 찍으며 15분간 휴식.

마등령에 내리니 11시20분, 나한봉을 우회하고 안부 삼거리에 도착 12시30분, 1,215미터봉을 지나(12:55) 천화대 입구를 통과(13:30) 희운각 산장에 도착 간식을 먹으며 휴식을 취함(14:50~15:00).

죽음의 계곡 능선으로 오르는 것이 통상적인 길이지만 출입통제 요원이 지키고 있어서 소청 쪽 철제 계단으로 오르고 중청산장에 도착하니 16시30분, 배낭을 놓고 대청봉에 갔으나 안개가 심하여 지척이 분간되지 않아서 돌아온 게 17시. 내일 비가 온다는 일기예보 때문에 한계령까지 가기로 하고 중청봉(1,676m)을 우회하고 끝청봉(1,604m)에 이르니 17시30분.

서북릉은 부드러운 능선이라 속도를 내어서 1,460미터 전망대봉에 이르니 18시30분, 이곳부터는 바위길이고 어두워서 랜턴을 밝히고 진행하니 속도가 느려 능선 갈림길(귀때기청봉 입구)에 19시40분 도착.

어디에서 사람 소리가 나서 가보니 갈림길을 지나쳐 귀때기청봉까지 갔다가 돌아왔는데 어두워져서 조난을 당했다고 한다. 난감한 일이다. 나는 헤드랜턴과 비상용 보조랜턴을 가지고 다니기에 랜턴 2개로 3사람이 하산을 시작했다. 길이 험하여 미끄러지면서 조심스럽게 내려오려니까 속도가 나지 않는다.

졸지에 산행목적이 조난자 구조대원으로 바뀌었다. 이정표를 확인하면서 시간기록을 할 수도 없다. 한계령 설악루를 30미터쯤 남겨둔 지점에서 구조대원이 올라오고 있었다. 모두들 안도의 한숨을 쉬면서 반가워하며 한계령에 도착하니 21시20분이다.

보통 때 산행이라면 올라가는데 1시간 30분쯤 걸리는 길이니까 낮 시간에 하산한다면 1시간 정도로 충분한데 1시간 30분이나 걸렸다. 총 15시간 30분만에 산행을 마쳤다. 한계령 음식점은 이미 문을 닫아서 포장마차에서 허술한 우동 한 그릇을 대접받고 저녁식사로 대신했다. 23시가 넘어서 자판기 앞 추녀에서 비박에 들어갔다.

3. 대간3차 구간 (한계령 - 점봉산 - 단목령, 6시간 15분 소요)
2002년 9월16일 흐리고 비. 점봉산

휴게소에 사람들 내왕이 많고 바람이 심해 잠을 설쳤지만 4시 반에 일어나 빵과 육포로 아침식사를 때우고 5시30분 한계령을 출발하여 돌고 돌아 주능선에 오르니 6시. 암봉 북쪽을 조심스럽게 돌아 주전골 갈림길 안부에 이르니 7시.

필례약수 갈림길(1157.6m봉)을 지나고(7:20) 십이담계곡 갈림길 안부에 8시, 망대암산(1,230m)을 넘고(8:55) 점봉산(1,424.2m)에 올랐는데(9:30) 바람이 심하고 안개가 많아서 사진도 찍을 수 없다.

홍포수 막터를 지나고(9:50) 오색 갈림길에 이르니 10시10분. 바람이 잦아지고 빗방울이 떨어져서 오색으로 탈출할 생각도 해보았지만 그대로 진행. 951.5미터봉을 넘으니(10:30) 빗줄기가 거세진다. 물이 불어나면 오색천 건너는 일이 걱정된다. 그래서 오르내림과 방향전환을 반복하면서 달리기를 하여 단목령에 이르니 11시45분.

6시간 15분으로 종주를 마치고 하산. 마산리 기독교 연수원 앞다리를 건너 44번 국도에 이르니 12시45분, 온 몸과 배낭이 빗물과 땀에 젖어서 몰골이 형편없는데도 한 고마운 청년이 승용차를 태워주어서 양양으로 쉽게 나올 수 있었다.

목욕을 하고 버스를 몇 번이나 갈아타고 강릉 – 포항 – 경주 – 부산
으로 돌아오니 22시, 3일간의 연속 종주산행을 마쳤다.

4. 대간4차 구간 (단목령 – 조침령 – 구룡령, 12시간 소요)

2002년 10월3일 맑고 흐리고 소나기. 갈전곡봉

전날 저녁 11시30분 발 속초행 심야버스로 양양에 5시30분 도착. 간
단한 식사 후 6시20분 출발하는 시내버스로 6시50분 오색초등학교 앞
에 도착. 징검다리로 오색천을 건너 단목령에 오르니 8시20분이라 바
로 산행 시작.

875미터봉에 올라(8:40) 오른쪽으로 방향을 틀고 1,020.2미터봉을 넘
어 북암령에 내리니 9시10분, 10분간 휴식. 1,136미터봉 전망대에 오
르고(9:40) 1,133미터봉 공터를 지나(10:00) 양수발전소 상부 댐 공사장
이 보이는 안부에 내리니 10시15분.

백두대간 훼손과 생태계 파괴현장이 흉물스럽다. 962미터봉, 1,018
미터봉을 거쳐 943미터봉에서 방향을 틀고(10:35) 900.2미터봉을 넘어
조침령 표지석에 이르니 11시25분, 30분간 중식과 휴식.

새로운 기분으로 다시 출발하여 안부삼거리를 지나(12:25) 쇠나드리
입구에 이르니 12시35분. 황이리 갈림길(샘터)을 지나고(13:10) 안부
샘터(막영지)에 이르니 13시20분.

다시 올라가는데 일진광풍이 소나기를 몰고 와서 20분간 휴식. 995
미터봉을 지나(14:25) 1,061미터봉(헬기장)을 넘고(14:50) 십자로 안부
에 내리니 15시15분, 또 965미터봉을 넘고(15:30) 연가리골 샘터(막영
지)에 이르니 15시45분.

오늘 산행을 여기까지 할 생각이었으나 진행이 빠르고 비가 와서 땅
이 젖었다. 바람이 심하고 추워 구룡령까지 가기로 일정을 바꾸었다.

잡목 지대 능선분기점(헬기장)을 지나(16:10) 968.1미터봉에 오르고 (16:40) 왕승골 갈림길(막영지)에 이르니 17시. 몇 개의 봉을 오르내리고 능선분기점에 올라(18:00) 방향을 바꾸어 갈전곡봉(1,204m)에 이르니 18시30분. 랜턴을 밝히고 구룡령으로 오르는 승용차들의 불빛을 친구 삼아 구룡령을 향해 능선을 타는데 낮보다 훨씬 지루하게 느껴졌다. 1,121미터봉을 넘고(19:40) 구룡령에 내리니 20시20분.

12시간의 종주를 마치고 특산물 전시관 건물 뒤에 비박자리를 잡았으나 추워서 장애인 화장실로 자리를 옮기니, 몸에 훈기가 돌고 호텔에 든 기분이었다.

5. 대간5차 구간 (구룡령 – 두로봉 – 진고개, 10시간 소요)

2002년 10월4일 맑음. 약수산, 응복산, 두로봉, 동대산

5시에 기상, 라면으로 식사. 6시30분에 산행을 시작하여 1,218미터봉을 지나 약수산(1,306.2m)에 오르니 7시20분. 날씨가 맑아서 조금 아래 전망대에서 바라보니 대청봉과 서북릉이 지척으로 다가서고 점봉산으로 향한 대간 능선이 확연하다.

공터 안부에 내렸다가(7:40) 1,280미터봉(8:10), 1,261미터봉(8:30), 마늘봉(1,126m; 8:50)을 차례로 넘고 사거리 안부(샘터, 공터)에 내리니 9시. 10분간 휴식.

새로운 마음으로 1,281미터봉에 오르고(9:40) 응복산(1,359.6m)에 이르니 9시55분. 만월봉(1,280.9m)을 넘고(10:30) 복룡산 입구 갈림길에서(10:50) 1,210.1미터봉을 오른쪽으로 우회하고 신배령(1,080m)에 내리니 11시10분.

20분간 중식시간을 갖고 나서 1,121미터봉, 1,234미터봉을 차례로 올라 두로봉(1,421.9m)에 이르니 13시15분, 헬기장은 더 넓어졌지만

잡목이 무성하여 전망은 옛날 보다 못하다.

계속하여 1,383미터봉을 지나(13:30) 깊은 안부(신선골 갈림길)에 빠져들었다가(13:50) 다시 올라 1,234미터봉(14:20), 1,267미터봉(14:30)을 지나 차돌배기봉에 이르니 14시50분. 1,296미터봉, 1,330미터봉, 1,421미터봉을 차례로 넘고 동대산(1,433.5m)에 이르니 15시55분.

훼손이 심각한 등산로를 따라 진고개에 내리니 16시30분. 오늘의 목표인 이 구간 산행을 10시간으로 마쳤으나 시간도 남았고 숙소도 마땅치 않아 노인봉산장까지 산행을 연장했다.

6. 대간6차 구간 (진고개 – 동해전망대 – 대관령, 8시간 20분 소요)
2002년 10월5일 맑음. 노인봉, 소황병산, 선자령

앞 구간 산행에 이어 전날 노인봉산장까지 미리 올랐다. 즉 진고개 휴게소에 들러 물을 얻어 마시고 휴식을 취한 후, 16시40분에 산행을 시작, 공터를 지나(17:50) 노인봉(1,338.1m)에 오르니 18시10분.

아직 여명이 남아 기념촬영을 하고 노인봉산장에 이르니 18시20분. 먼저 도착한 청년의 배려로 저녁식사를 함께 하고 샘터에 내려가서 물을 길어오고 일찍 잠자리에 들 수 있었다.

5시에 기상, 식사 및 산행준비. 기대했던 동해 일출은 해무로 인하여 무산되고 6시10분 산행시작. 안부에 내렸다가 소황병산에 오르니 7시20분, 10분간 지체. 학소대 갈림길 샘터를 지나고(8:00) 목장 사거리안부에 이르니 8시30분.

매봉(1,173.4m)을 넘어(9:10) 동해전망대에 이르니 9시50분. 승용차로 올라온 일행을 만나 기념촬영을 하고 곤신봉에 이르니 10시25분. 그 어깨 부분에 '선자령 1,200m'라는 콘크리트 안내표지가 있어서 어리둥절했다.

선자령나즈목(보현사 갈림길 안부)에 내렸다가(10:50) 선자령에 오르니 11시50분. 오늘의 마지막 휴식으로 10분간 지체. 동해전망대에서 이 구간 사이의 목장지대에 풍력발전소를 건립하기 위하여 측량을 하고 있는 걸 보니 백두대간의 장래가 걱정스럽다.

통신중계소를 지나 대관령(840m)에 내리니 12시50분. 오늘 6시간 40분 산행과 어제 1시간 40분을 합하여 총 8시간 20분으로 이 구간을 일찍 마쳤다.

한때 전국 최대였던 대관령휴게소가 대관령터널 개통으로 인하여 폐쇄 위기를 맞고 있는 모습을 보면서 세상사가 무상함을 느꼈다. 한 청년의 승용차를 얻어 타고 횡계까지 가서 횡계 – 강릉 – 포항 – 부산으로 일찍 귀가했다. 4일간의 예정이 3일로 단축되어 다행이다.

7. 대간7차 구간 (대관령 – 닭목령 – 삽당령, 9시간 40분 소요)
2002년 10월18일 맑고 흐리고 한때 비. 고루포기산

전날 저녁 11시30분 부산 출발, 5시 강릉 도착. 해장국으로 식사 후 6시 출발, 횡계 6시 35분. 택시로 6시45분 대관령 도착, 6시50분 산행을 시작, 능경봉에 오르니 7시30분. 횡계현(왕산골 갈림길)에 내렸다가 (8:15) 대관령전망대(능선분기점)에 올라 8시35분, 10분간 커피 타임.

고루포기산(1,238.3m)을 넘고(9:25) 능선분기점에서 방향을 바꾸어 (9:40) 급경사 길로 왕산제2쉼터에 내려오니 9시50분. 서득봉 입구를 지나고 목장 뒤 봉우리를 돌아 목장 정문에 이르니 10시50분. 임도 따라 100미터정도 내려오고 왼쪽 능선을 타고 닭목령에 이르니 11시10분, 조금 이르지만 중식 및 휴식(30분간).

전망대봉을 지나(12:00) 화란봉으로 오르는데 안개가 끼고 안개비가 내리기 시작한다. 화란봉(1, 069.1m)을 넘고(12:30) 안부에 내렸다가

1,006미터봉을 넘어 가르쟁이골 안부에 이르니 13시20분. 다시 978.7
미터봉 어깨에 올라(14:00) 오른쪽으로 방향을 바꾸고 산죽으로 덮여
있는 960미터봉을 넘어 석두봉(982m)에 이르니 14시40분.

급경사 길로 안부에 내렸다가 978.7미터봉 잡목지대를 지나(15:00)
방향을 바꾸고 벌목지대를 따라 들미재에 내리고(15:25) 대용수동 갈
림길에 이르니 15시40분. 왼쪽으로 방향을 바꾸어 882미터 능선분기
점(들미골 갈림길)을 지나(16:05) 삽당령에 내리니 16시30분. 참아주던
빗방울이 굵어지기 시작한다.

서낭당 툇마루에서 비박을 하고, 5시에 일어나서 다음 구간 산행을
준비했지만 비가 심하여 산행을 포기. 6시20분 고단행 시내버스를 타
고 고단에서 회차하여 강릉에 도착하니 7시50분(20분 정도 연착). 8시
10분 버스로 귀가 길에 올랐다.

8. 대간8차 구간 (삽당령 – 생계령 – 백복령, 7시간 40분 소요)
2002년 10월25일 맑음. 석병산

전날 저녁 23시30분 심야버스로 강릉에 도착하니 4시40분, 해장국
으로 아침. 택시로 구 한전 앞으로 이동, 5시40분발 고단행 시내버스
(39번)로 삽당령에 도착하니 6시20분. 준비를 끝내고 6시30분 산행시
작. 헬기장을 지나(6:55) 866.4미터봉을 넘고(7:10) 두리봉(1,033m)에
이르니 8시5분. 1,010미터봉 헬기장(두리봉 이정표가 여기에 잘못 세워
짐)을 지나 석병산(1,055.3m)에 오르니 8시45분, 15분간 휴식.

되돌아 나와서 능선을 타고 908미터봉 헬기장(9:35), 900.2미터 능선
분기점(고병이재; 9:45), 931미터봉(10:05)을 차례로 넘고 전망대봉에 이
르니 10시40분, 10분간 휴식. 급경사 길로 안부에 내리고(11:00) 함몰
지역 동쪽 능선을 따라 829미터봉을 넘어 생계령에 내리니 11시40분

이라 25분간 중식 및 휴식.

큰 함몰지역 왼쪽 능선을 따라 762.4미터봉에 오르고(12:25) 795미터 봉을 넘어(12:50) 함몰지 갈림길(임도)에 내리니 13시. 임도 따라 철탑 따라 46번, 45번 철탑을 지나고 44번 철탑에 이르니 13시35분.

자병산이 한라건설의 석회석 채취공사로 완전히 없어지는 현장을 바라보면서 우회전하여 채석장 진입로를 건너 42번 철탑에 오르고 (14:00) 백복령에 내리니 14시10분, 7시간 10분이 소요되어 예상보다 산행이 빨리 끝났다.

고마운 분의 도움으로 쉽게 백복령쉼터(삼거리)까지 이동하고, 군대 마을에 있는 봉촌민박(033-563-4707)에서 일찍 휴식을 취할 수 있었다.

9. 대간9차 구간 (백복령 – 이기령 – 연칠성령 – 댓재, 12시간 소요)
2002년 10월26일 안개, 비, 눈, 흐림, 갬. 상월산, 청옥산, 두타산

5시 기상, 라면으로 식사. 민박집 차로 6시5분 출발하여 6시15분 백 복령 도착. 랜턴을 밝히고 산행을 시작하여 헬기장에 오르니 6시25분. 안개가 자욱하여 지척이 보이지 않더니 비가 오기 시작한다. 능선분기 점 삼거리에서(6:50) 남쪽으로 방향을 바꾸어 잡목지대를 통과하고 987.2미터봉에 오르니 7시20분.

1,022미터봉 헬기장을 지나(7:40) 안부에 내렸다가(7:55) 능선분기점 을 넘고(8:20) 원방재에 내리니 9시. 비가 그치고 햇볕이 나는 걸 보고 서 우의를 접고 산행채비를 재정비하면서 20분간 휴식을 취했다.

새로운 마음으로 상월산(980m)을 넘고(10:00), 970.3미터봉 헬기장을 지나(10:15) 이기령에 내리니 10시35분, 898미터봉을 넘고 노송안부를 지나(10:55) 1,148.2미터봉 어깨에 올라(11:25) 오른쪽으로 트래버스하 여 두타산이 보이는 안부에 이르니 11시35분. 점심식사를 하는데 추

워서 젓가락이 잡히지 않는다. 25분 소요.

겨울 채비로 바꾸고 갈미봉(1,260m)에 오르니 12시35분. 암릉길 따라 서원터 갈림길을 지나고(13:05) 고적대(1,353.9m)에 오르니 13시35분. 계속하여 연칠성령에 내리고(14:05) 청옥산(1,403.2m)에 오르니 (14:40) 설화가 만발이다. 10분간 휴식.

박달령에 내리고(15:20) 두타산에 오르는데 힘이 든다(16시15분 도착). 바람이 세어 사진을 찍기도 힘든다. 1,234미터봉을 왼쪽으로 우회하여 급경사 길로 목통령에 내리고(16:55) 몇 개의 봉을 오르내린 후 1,028미터봉에 이르니(17:25) 해가 서산으로 넘어간다.

급경사를 내려가 934미터봉을 왼쪽으로 우회하여 명주목이에 이른다(17:45). 바로 댓재로 가는 지름길이 있지만 전망대봉에 올랐다가 (18:00) 댓재에 왔더니 18시15분이었다.

기온이 낮고 바람이 심하여 추웠지만 완전한 겨울 준비로 극복할 수 있었으며 댓재휴게소(033-554-1123)에서 민박을 제공해 주어 편안하게 피로를 풀 수 있었다.

10. 대간10차 구간 (댓재 – 건의령 – 피재, 9시간 40분 소요)

2002년 10월27일 맑음. 덕항산

5시 기상, 라면으로 식사. 6시20분 산행을 시작하여 황장산(1,059m)을 넘어(6:40), 1,105미터봉에 이르니 7시. 또 봉 두 개를 15분 간격으로 넘고 1,062미터봉(전망대)을 넘어(7:50) 잡목지대와 낙엽송 조림지대를 지나 큰재에 내리니 8시, 커피타임 10분.

임도 따라 능선에 오르니 고랭지 채소밭이 들판을 이루고 서북풍이 몰아쳐서 걸음을 못 걸을 정도에 체감온도가 영하 10도 이하일 것 같다. 1,058.6미터봉(광동댐 이주 촌 뒷산; 물탱크 있음)을 넘고(8:35) 채소

밭 안부에 내렸다가 1,036미터봉을 넘어(9:00) 장암재에 내리니 9시15
분.

　다시 봉을 넘어 안부 헬기장을 지나고(9:35) 지각산(1,019m)에 오르
니 9시55분. 철계단 안부를 거쳐(10:30) 덕항산(1,070.7m)에 오르니
(10:40) 부산 건건산악회 종주 팀이 휴식중이다. 지면 있는 분들과 담
소를 나누면서 기념 촬영을 하고 10분간 휴식.

　계속하여 구부시령에 내리고(11:10), 1,055미터봉에 오르니 11시25
분. 1,017미터봉과 997.4미터봉을 넘고 1,161.6미터봉에 오르니 12시
20분이라 중식시간(25분 소요). 목장 안부에 내리고(13:00) 봉 3개를 넘
어 푯대봉 입구에 오르고(13:40) 건의령에 내리니 14시.

　임도 안부(공터)를 지나(14:10) 960.2미터봉에 오르니 14시40분, 새목
이재에 내리고(14:55) 중간 봉을 왼쪽으로 트래버스하여 944.9미터봉
에 오르니(15:30) 목장이 인접해 있다. 안부에 내리고 다시 송곳처럼
생긴 봉(961m)을 넘고 임도 따라 진행하다가 마지막 봉우리를 넘으니
고대하던 피재다(16시 도착).

　이 순간 백두대간 모든 능선길에 나의 발자국이 이어지면서 전기가
통하는 듯 짜릿한 전율을 느낀다. 고마운 청년의 도움으로 쉽게 태백
버스터미널에 도착. 영주, 대구를 거쳐서 당일 귀가할 수 있었다.

11. 대간11차 구간 (피재 – 함백산 – 화방재, 9시간 소요)
2002년 5월11일 맑음. 매봉산, 함백산

　낙동정맥 마무리에 이어서 9시20분 낙동정맥 갈림 지점에서 출발하
여 매봉산(천의봉이라고도 함: 1,303.1m)에 오르니 9시50분. 10분간 휴
식 후 고랭지 채소밭을 통과하여 비단봉(1,279m)에 오르니 10시45분.
또 수아밭령에 내렸다가(11시5분), 1,233.1미터봉(11:20), 1,256미터봉

(11:50)을 지나서 금대봉(1,418.1m)에 도착하니 12시10분이다.

정상에는 양강(한강, 낙동강) 발원지 푯말이 있는데 지형도 상에는 엉뚱한 곳에 잘못 기재되어 있다. 30분간 중식과 휴식시간을 보냈다.

두문동재(싸리재)에 내려섰다가(13:05), 은대봉(1,442.3m)에 오르니 13시0분이다. 다시 고개에 내려서고 적조암 고개를 지나(14:20), 중함백(1,503m)에 오르는데 무척 힘들었다(14시55분 출발). 15시30분 함백산(1,572.9m)에 올라서 사진을 찍기 위하여 20분간 기다리면서 휴식을 취했다. 다행히 아기를 대리고 올라온 두 가족 일행을 만나서 사진을 찍어 주고받을 수 있었다.

만항재(1,330m: 우리나라에서 국도와 지방도 중에서 제일 높은 곳)에 내려서니 16시40분. 휴게소에 들러서 식수를 얻어 마시고 남쪽 능선으로 내려서니 산죽이 조금 있지만 길은 부드럽다.

창옥봉(1,238m)과 수리봉을 지나 화방재에 도착하니 17시50분. 8시간 30분 소요되었지만 피재에서 출발점까지 연장하면 30분 정도 더 걸려 산행시간 9시간 소요.

오늘 총 산행시간은 12시간 30분으로 다소 힘들었지만, 백두대간 부분을 힘차게 시작할 수 있어서 좋았고, 어평휴게소(033-533-3455)에서 민박한 것도 피로회복에 도움이 되었다.

12. 대간12차 구간 (화방재 – 태백산 – 도래기재, 10시간 30분 소요)

2002년 5월12일 맑음. 태백산, 구룡산

4시에 일어나 식사를 하고 5시10분에 화방재를 출발하여 사길치에 오르니 5시40분. 1,174미터봉을 지나 유일사 뒤 갈림길에 이르니 6시20분. 7시10분에 태백산(1,566.7m)에 도착하여 천제단에 절하고 백두대간 대장정의 무사 산행을 빌어본다(10분간 휴식).

306

부소봉(1,546.5m) 옆길을 돌아 경북으로 접어드니 천령 능선이 힘차게 뻗어 있고, 길이 부드럽다. 속도를 내서 깃대배기봉(1,379m)에 도착하니 8시30분이다. 샘이 있는 안부에 내려서고(9:00), 깃대봉을 지나(9:20), 삼거리(차돌배기)에 이르니 9시40분, 10분간 휴식.

다시 조금 내려섰다가 신선봉(1,300m)에 오르는데 무척 힘들었다(10시40분 도착). 급경사를 내려서고 방화선을 따라 곰넘이재(참새미골 입구)를 지나 1,231미터봉에 오르니 12시.

20분간 중식과 휴식을 취하고, 고직령을 거쳐(12:40), 구룡산(1,345.7m)에 오르니 13시20분. 10분간 휴식. 고도 차가 큰 급경사 길을 내려서고, 임도 두 개를 지나(14시5분, 15시15분), 15시40분 도래기재에 도착, 12시간 30분 예정이던 구간을 10시간 30분으로 마무리했다.

안동에 산다는 인심 좋은 분의 도움으로 쉽게 춘양으로 나올 수 있었으며, 버스로 영주를 거쳐 대구까지 오고, 새마을호 열차로 부산에 도착하니 22시30분. 야간열차를 예약해두었지만 당일 귀가할 수 있어서 다행이었다. 도움을 준 분에게 감사를 드린다.

예정 소요시간은 조선일보사 月刊 〈山〉 별책 「실전 백두대간 종주 산행」에서 계산한 것인데, 역방향 산행이므로 차이가 날 수 있지만, 평균적인 산행 속도 이상을 유지하고 있다는 자신감이 든다. 또한 백두대간 구간은 이 책의 자료를 충분히 활용함으로써 안전산행에 도움을 받게되어 관계자에게 감사드린다.

13. 대간13차 구간 (도래기재 – 마구령 – 고치령, 10시간 10분 소요)

2002년 6월1일 맑음. 옥석산, 선달산, 갈곶산

전날 22시 부산에서 열차로 영주를 거쳐 춘양에 도착하니 3시40분.

김밥으로 간단히 식사를 하고 나니 예약한 택시가 왔는데, 4시에 도착하는 열차의 손님을 기다려 합승하였다. 그 사람은 도래기재에서 북쪽으로 대간을 타는 사람이다.

택시를 각자 타면 15,000원씩인데, 10,000원씩 20,000원을 주니 기사도 좋고 우리도 5,000원씩 절약되었다.

도래기재(734m)에 도착하니 4시 반인데 날이 새었다. 간단히 준비하고 방향이 다른 동승자와 인사를 나누고 4시35분에 산행 시작. 꾸준히 올라 옥돌봉(옥석산)에 도착하니 5시35분. 봉화산악회에서 표석도 세워두었지만 일행이 없으니 사진은 찍을 수 없다.

박달령(1,009m)에 내렸다가(6:30) 다시 오른다. 1,246미터봉은 북쪽 비탈길로 우회하고, 1,238미터봉을 넘어 선달산(1,236m)에 도착하니 8시15분이라 아침 식사 겸 휴식. 여기서 강원도를 벗어나고 경북과 충북의 경계로 접어든다.

늦은목이(800m)까지 400미터정도의 표고 차를 내려오는데도 몹시 힘든데 반대로 올라간다면 얼마나 힘들까! 늦은목이부터 소백산 국립공원 구역에 속하며, 이정표와 조난 구조위치 표시가 잘 되어 있다.

안부가 워낙 깊으니 갈곳산(966m) 오르는 것도 예삿일이 아니다(9시35분 도착). 934미터 헬기장을 지나고 암릉이 이어지는데, 아주 힘들여서 마구령(810m)에 도착하니 11시30분이라 15분간 휴식. 1,086.6미터봉 헬기장을 지나고 미내치(820m)를 통과하고(13:30), 877미터봉 옆으로 돌아 방향을 바꾸고 고치령에 도착하니 14시45분이다.

너무 이른 시각이라 산행을 더 계속하고 싶지만, 이후는 물 있는 곳이 없으므로 여기서 산행을 마치니 10시간 10분 걸렸다. 샘터에서 땀을 닦고 쉬다가 식사를 마치고 비박에 들어갔다.

14. 대간14차 구간 (고치령 − 소백산 − 죽령, 9시간 30분 소요)

2002년 6월2일 맑음. 소백산 완전 종주

3시 반에 잠이 깨니 하현달이 비추어 어둡지는 않다. 고치령에는 산신각이 있었는데 작년에 불이 나서 없어지고 헬기장에서 비박하면서 혹시 비가 오지 않을까 걱정했는데, 비가 오지 않아 다행이고 침낭 커버에 이슬이 맺혀 젖는다. 라면으로 아침식사를 하고 물을 채운 후 4시30분에 고치령에서 산행을 시작하니 랜턴 없이도 갈만하다. 863미터봉을 지나고 급경사로 접어들어 헬기장에 오르고(5시), 형제봉 갈림길(1,032m)에 도착하니 5시15분이다. 10분간 휴식.

마당치를 지나(5시35분) 1,031.6미터봉에서 방향을 바꾸고, 1,060미터 헬기장을 지나 바로 아래에 있는 연화동갈림길(1,015m)에 도착하니 6시50분이다. 공터전망대를 지나고 꾸준히 고도를 높여서 1,272미터봉을 우회하고 신선봉 갈림길(1,267m)에 도착하니 7시55분이다.

아침 간식을 먹으며 15분간 휴식. 늦은맥이고개에 내렸다가 상월봉을 넘고(8:40), 국망봉에 이르니 9시이다. 오늘 구간의 절반 정도 되는 곳이므로 산행속도는 만족스럽다.

속도를 내어 비로봉(1,420.8m)에 오르니 10시5분이다. 처음으로 등산객들을 만나서 반갑고 사진도 찍을 수 있었다. 다른 일행들과 함께 점심 식사를 하니 30분이 소요된다.

제1연화봉(11시30분), 제2연화봉(12:05), 천문대(12:15)를 지나면서부터는 콘크리트 포장도로를 걸어야한다. 불볕 더위에 몹시 지루한 길이다. 이 시간에 오르는 사람들이 많은데 몹시 힘들어 보인다.

송신소 입구를 통과하고(12:55), 죽령까지 1.7킬로미터 남은 지점에서 능선으로 올라서니 조금 가서 헬기장이 있고 능선길이 없어진다. 오른쪽으로 내려서니 도로와 만난다. 도로를 따라서 죽령에 도착하니

14시이다. 귀가 길도 순조로워 부산에 도착하니 20시50분이다.

15. 대간15차 구간 (죽령 – 저수재 – 벌재, 11시간 30분 소요)
2002년 6월8일 맑음. 도솔봉, 묘적봉, 시루봉, 옥녀봉

7일 22시 부산발 청량리행 열차로 풍기에 도착하니 8일 새벽 3시15분. 아침식사를 하고 택시(풍기 개인택시 안백수 011-533-6805)로 죽령에 도착하니 4시30분, 바로 산행 시작. 남쪽 우회로로 능선에 오르고 공터에 이르니 5시. 1,286미터 봉을 지나고(5:50) 삼형제봉을 돌아 전망대 바위에 올라서니(6:25), 도솔봉이 지척으로 다가선다.

안부(1,150m)에 깊이 내렸다가 다시 시작하는 기분으로 도솔봉(1,314.2m)에 오르니 7시5분이고 전망이 좋기를 기대했지만 안개에 가려서 주위가 보이지 않는다.

묘적봉(1,148m)을 지나고(7:50), 묘적령에 내리니 8시20분이다. 왼쪽으로 길을 잘못 들어서 조금 헤매고 1,027미터봉, 1,011미터봉을 차례로 넘고 솔봉(1,102.8m)에 이르니 9시40분. 헬기장을 지나 뱀재에 내려서고(10:00) 송전탑(10:10), 흑목정상 (10시25분)을 지나 싸리재에 이르니 11시다.

1,053미터봉(11:40), 시루봉(1,110m: 12:25), 투구봉(12:45), 촛대봉(1,081m: 12:50)을 차례로 넘고 저수재(625m)에 도착하니 13시10분이다. 휴게소에 들러서 물을 보충하고 10분간 휴식.

새로운 마음으로 용두산을 넘고(15분 소요), 옥녀봉 입구 임도를 건너 옥녀봉 안부에 도착하니(13:50), 높은 봉우리가 앞을 가로막는다. 그러나 옥녀봉을 오르는 발길은 힘이 넘친다. 까마득히 보이던 둔덕에 올라서니 정상인 듯한 봉우리가 까마득하게 쳐다보이고, 그것을 오르니 잔잔한 물결처럼 능선이 이어지고, 옥녀봉은 저만치 물러나 있다.

힘들게 정상에 올라서니(14:20) 옥녀봉은 간 곳 없고 문복대(門福臺)라는 표지석이 나를 맞이한다. 이 고장 산꾼들이 옥녀봉에 얽힌 전설을 미화하여 복 나오는 문이라고 애칭을 붙인 것 같다. 아직 비는 제막식도 하지 않았는지 옮길 때 사용한 천 끈이 그냥 감겨 있다.

문봉재(1,040m: 14:40), 1,021미터봉(15:5)을 차례로 지나 750미터 안부에 내려섰다가(15:20) 작은 봉을 넘고 벌재에 이르니 16시, 11시간 30분의 산행이 마무리된다.

오목내에 있는 황장산쉼터(054-552-8080)의 민박에서 피로를 풀었다.

16. 대간16차 구간 (벌재 – 차갓재 – 하늘재, 12시간 30분 소요)

2002년 6월9일 맑음. 황장산, 대미산, 포암산.

3시30분에 일어나서 라면으로 아침식사. 민박집 주인의 승합차로 벌재에 도착하니 4시40분이라 바로 산행을 시작했다. 928미터봉을 넘고(5시25분), 패백이재에 이르니 5시45분. 계속 진행하여 6시15분 치마바위 전망대를 지나 암릉지대에 이르니, 경치는 아주 좋은데 안개가 껴서 사진 한 장 찍을 수 없다.

황장재에 내렸다가(7:00) 감투봉을 오르는데 경사가 아주 심하여 낙동정맥의 관산을 내릴 때 생각이 난다. 관산과 감투봉의 공통점으로 생각된다. 황장봉(1,017.3m)에 오르니 7시40분, 10분간 휴식. 암릉길이 다소 위험했으나 작은차갓재(760m)에 내려서고(8시40분), 낙엽송지대 봉우리를 넘어 차갓재에 이르니 8시50분이다.

920미터봉(9:40)과 826미터봉(10:10)을 지나, 안부 헬기장(10:30)에서 힘을 돋우고, 문수봉 갈림길 헬기장(1,051m)에 오르니 11시다. 계속하여 대미산(1,115m)에 오르니 11시30분이라 중식 겸하여 25분간 휴식, 부리기재에 내리니 12시20분. 1,052미터봉(12:50)과 1,032미터봉

(13:15) 사이에는 거의 수평을 유지하며 잡목이 무성하다.

844미터봉과 875미터봉(14:30)을 차례로 통과하고 깊은 안부에 내렸다가 다시 올라 938미터 봉에 이르니 15시다. 관음재를 지나고(15:30), 힘들여 포암산(961.8m)에 오르니 16시30분. 한숨 돌리고 하늘재에 내리니 17시10분이라 12시간 30분이 소요되었다. 날씨가 더워서 물 마시는 시간과 쉬는 시간이 길어져서 예정보다 늦었다.

민박을 위하여 포암에 갔다가 헛걸음질 치고, 미륵리에 가서 잤다(하산에 35분 소요).

17. 대간17차 구간 (하늘재 – 조령 – 이화령, 9시간 40분 소요)
2002년 6월10일 흐림. 탄항산, 부봉, 마패봉, 조령산

3시30분 기상, 라면으로 아침식사. 4시30분에 출발 5시15분 하늘재 도착. 하늘재에서 5시20분에 산행을 시작하여 굴바위에 이르니 6시다. 한숨을 돌리고 탄항산(월항삼봉: 856.7m)에 이르니 6시20분에 10분간 휴식. 평천재에 내렸다가(6:40) 959미터 봉에 오르는데 무척 힘들다(7시10분 도착). 암릉을 지나 부봉 갈림길에 이르니 7시45분이다.

동암문을 지나(7:55) 763미터 봉을 넘고, 북암문에 이르러(8:55) 힘을 돋운 후에, 마패봉(927m)에 오르니 9시25분이고, 조령에 내리니 9시50분이다. 비상식품으로 가지고 다니는 미숫가루를 조령약수에 타서 마시고 충분한 휴식을 취한다(30분 소요).

10시20분에 출발하여 821.5미터 봉에 오르니 10시50분, 12시10분에 전망대 바위를 지나고 안부 삼거리에 내리니 12시30분이다. 신선암에 오르니 13시이고 다시 안부 갈림길에 도착하니 13시30분, 889미터 봉을 넘어 조령산(1,026m)에 도착하여(14:00), 10분간 휴식하면서 뒤돌아보니 지금까지 산행 중에서 가장 힘든 구간이었다.

이 구간은 몇 차례 산행을 하였지만 반대 방향이고 늘 일행이 있었는데, 오늘은 혼자여서 너무 조심스럽게 긴장한 때문인 것 같다. 조령 샘에서 목을 축이고 빈 병에 물을 채운 후 이화령에 도착하니 15시가 되었다. 예정보다 1시간 정도 더 걸린 것이다.

15시 30분부터 월드컵 축구 대 미국전이 펼쳐지므로 차량통행이 뜸해 택시를 불러 타니 총알같이 달린다. 문경, 점촌을 거쳐 부산으로 가는데 6시간 이상 걸렸다.

18. 대간18차 구간 (이화령 – 은치재 – 버리미기재, 13시간 소요)

2002년 6월15일 맑음. 백화산, 이만봉, 구왕봉, 장성봉

6월14일 월드컵 축구 대 포르투갈전에서 이겨 16강 진출을 확정짓던 날 저녁, 축구 중계를 라디오로 들으면서 승용차로 이화령에 가서 자고, 김밥으로 아침식사. 4시45분 이화령을 출발하여 남쪽 우회로로 681.3미터봉에 오르니 5시5분이다.

힘차게 곧게 뻗은 능선을 따라서 조봉을 지나고(5:35) 황학산(910m)을 넘어(6:25) 백화산(1,063.5m)에 이르니 7시10분, 커피 한잔을 들면서 10분간 휴식.

평전치(7:55)를 지나 981미터봉(뇌정산 갈림길)을 넘고(8:15) 사다리재에 도착하니 8시40분이다. 곰틀봉을 지나 이만봉(989m)에 오르니 9시20분. 시루봉 갈림길을 지나(9:55) 안부에 내렸다가(10:15), 888미터봉을 넘고 성터를 지나고(10:50) 희양산 어깨 전망대에 이르니(11:15) 전망이 아주 좋다.

갈림길로 되돌아와서 내려오데 길이 아주 험하여 오르는 것보다 더 힘든다. 지름티재에 내리니(11:45) 스님이 참선을 하고 있다. 인사를 하니 왜 왔느냐고 하면서 출입금지 구역이라고 길을 막는다.

대야산 오르기 전 미륵바위에 간곡한 기도를 드리고 갔다

　여러 가지 이야기로 통과허락을 받고, 구왕봉(877m)을 오르는데 정
말 힘들었다(12시25분 도착). 안부에 내리니 은티마을 하산길이 있고
은치재라고 표시되어 있어서 중식 겸 휴식을 취한다(13시부터 20분간).
　보통은 여기서 한 구간을 끊는데, 오르내림을 피하기 위하여 버리
미기재까지 계획을 잡아 새로운 마음으로 출발한다. 주치봉(683m)을
넘으니 더 깊은 안부에 빠져드는데 이것이 진짜 은치재(오봉정고개)다
(13:40). 꾸준히 올라 악휘봉 입구를 지나고(14:50) 헬기장을 지나
(15:20) 787미터봉, 809미터봉을 넘고 전망대 바위에 이르니 16시다.
　827미터봉을 넘어 막장봉 갈림길을 지나 장성봉(915.3m)에 오르니
16시55분. 뒤돌아보니 희양산이 지척이다. 버리미기재에 내리니 17시
45분이라 13시간의 고행이었다. 벌바위마을 돌마당식당(054-571-6542)
심만섭 씨의 승용차로 하산하여 민박으로 피로를 풀었다.

19. 대간 19차 구간 (버리미기재 – 늘재 – 밤티재, 11시간 30분 소요)

2002년 6월16일 흐림. 대야산, 조항산, 청화산

3시30분 일어나서 식사 후 심만섭 씨의 승용차로 버리미기재에 이르니 5시. 바로 산행을 시작해 곰넘이봉(733m)에 오르니 5시40분. 미륵바위를 지나 블란치재에 내렸다가(6시10분) 촛대봉(668m)에 오르니 (6:30) 웅장한 대야산이 다가선다. 촛대재에 내렸다가 대야산 오르는 길이 무척 힘들었다. 정상에 7시30분 도착하여 15분간 휴식.

밀재로 내리는 능선 길에 시간을 좀 허비하여 8시30분에 밀재에 도착. 다시 힘겹게 올라서 집채바위를 지나고(9:20), 마귀할미 통시바위 입구에 도착하니 9시50분이다. 떡으로 새참을 먹고 20분간 휴식. 고모령에 내렸다가(10:30) 조항산(961.2m)에 오르니 11시20분이다.

갓바위재에 내리고(12:00), 801미터봉, 전망대(12:20), 858미터봉 (12:50)을 지나 청화산(984m)에 오르니 13시40분이다. 모처럼 등산객을 만나서 기념촬영을 하고 늘재에 내리니 14시50분. 10분간 휴식. 여기까지가 보통 한 구간이다.

629미터봉을 넘고 바위전망대에 오르니(16:00) 속리산이 지척으로 다가서서 한 폭의 병풍을 이룬다. 밤티재에 내리니 16시30분이다. 11시간 30분간의 산행을 마치고 트럭 운전기사와 여러 사람의 도움으로 승용차를 픽업하고, 상주에서 목욕하고 집으로 향하는 발길은 가볍다.

20. 대간20차 (밤티재 – 갈령삼거리 – 화령재 – 신의터재, 17시간 40분 소요)

2002년 7월7일 흐림. 속리산(문장대, 천황봉, 형제봉)

새벽 4시에 기상, 식사 후 승용차로 5시 부산 출발해, 8시20분 화북 도착. 택시로 밤티재에 도착하니 8시40분. 바로 산행을 시작하여 916미터봉에 도착하니 9시55분이다. 안개가 자욱해 지척을 알 수 없다.

암릉 구간을 통과할 때 몇 번의 시행착오를 거치고 나침반의 도움을 받으면서 악전고투 끝에 문장대에 도착하니 11시10분. 제일 어려운 구간을 통과한 것이다. 문수봉을 지나고 신선대 휴게소에 들러서 약차 한잔을 시키고 휴식 겸 중식시간을 가진다(11:50~12:20).

입석대와 비로봉 옆을 지나 천황석문을 통과하고 천황봉(1,057m)에 오르니 13시20분이다. 모처럼 기념촬영을 했는데 마침 잠시 안개가 걷혀서 속리산 전경을 볼 수 있어서 좋았다.

갈 길이 멀어 발길을 재촉한다. 전망대 바위를 지나고(14:20), 703미터봉, 725미터봉, 667미터봉을 넘어서 피앗재에 도착하니 15시40분. 힘들여 803.3미터봉에 오르고(16:10) 형제봉(828m)으로 건너가니 16시 35분이다. 한숨을 돌리고 갈령삼거리에 내려서(16:50) 오늘의 종주산 행을 8시간 10분으로 마무리짓는다.

갈령으로 내리는데 25분이 걸렸고, 서울에서 직장생활을 하는 상주 총각의 승용차에 편승하여 화북으로 가서 승용차를 가지고 비재 입구 주유소(054-535-7702)로 가서 하루저녁 신세를 졌다.

2002년 7월 8일 흐림. 봉황산. 윤지미산

3시20분 기상, 아침식사 후 4시30분 승용차로 출발하여 갈령 4시40 분 도착. 4시45분에 산행을 시작하여 갈령삼거리에 오르는데 35분 소 요. 5시20분에 종주산행을 시작하여 암릉 구간을 오른쪽으로 우회하 고 못재에 이르니 5시50분.

능선의 굴곡이 심한 구간이 많아서 안개 속에서는 지도와 나침반을 이용하지만 선행자의 리본이 없으면 힘들 것 같다. 산행 속도를 빨리 하여 비재에 내리니 6시50분이다. 커피 한 잔으로 휴식을 취하고 8시 40분에 봉황산(704.8m)에 올랐다.

다시 내려서 산불감시초소를 통과하고(9:25) 차도 삼거리에 내리니 10시20분. 25번 국도를 따라서 200미터쯤 동쪽으로 가니 팔각정이 있는데 여기가 화령재다(10:25).

10분간 휴식 후 다시 남쪽으로 능선을 타고 윤지미산(538m)에 오르는데 높이에 비하여 무척 힘들었다. 11시40분~12시 사이에 중식과 휴식을 취하고 무지개산 쪽으로 향한다. 능선이 쭉 늘어진 것 같이 지루하게 느껴져서 무지개산 입구에 도착하니 13시30분이고 비가 오기 시작한다.

발길을 재촉하여 신의터재에 이르니 14시50분. 종주산행시간이 9시간 30분으로서 예정보다 1시간 30분 이상 단축된 것이다. 이것은 북행보다 남행이 내리는 길이라 산행이 쉽다는 증거이다.

지나가는 승용차에 편승하여 낙서까지 가고 화북행 버스(15:25)를 타고 갈령으로 가서(16:00) 승용차를 가지고 쉽게 귀가할 수 있었다.

※ 이 구간은 비재에 접근이 어려울 것 같아서 통합구간으로 설정하여 갈령삼거리를 중간 기점으로 하였는데, 비재를 넘나드는 도로의 확포장이 완료될 것 같으므로 갈령삼거리를 지난 비재에서 끊어서 밤티재 – 비재, 비재 – 신의터재로 나누는 것이 합리적이라고 생각된다.

21. 대간21차 구간 (신의터재 – 지기재 – 큰재, 9시간 소요)
2002년 7월13일 흐리고 소나기. 백학산

3시40분 기상. 4시50분 승용차로 부산 출발, 8시 화동에 도착. 8시15분 상주행 시내버스로 신의터재에 내리니 8시20분. 바로 산행을 시작하여 금은골을 지나고(9:05), 지기재에 도착하니 9시30분이다. 520미터봉을 넘고(10:00) 개머리재를 지나니(10:30), 잡목 터널을 통과하는데 가시넝쿨이 팔을 할퀸다.

임도를 건너 조금 올라 서남에서 동남으로 방향을 바꾸는 지점을 통과하고(11:10), 임도 고개에 오르니 길 바로 옆으로 물이 흐른다. 세수를 하고 식사 겸 휴식을 취한다(11:50~12:20).

백학산(615m)에 오르니(12:45) 오늘 산행에서 최고봉이다. 477미터봉을 넘고 왕실고개 임도를 건너(13:50), 505미터봉 입구에 이르니 15시이다. 개터재를 지나(15:20), 험악하게 생긴 봉우리를 왼쪽으로 우회하고 회룡재에 이르니 16시.

이영도목장 주위를 돌아 입구에 이르니 16시50분. 마지막 작은 봉우리를 넘는데 갑자기 소나기가 내려서 우산을 받쳐도 옷을 적셨다.

17시20분 큰재에 도착. 일반 민가(박종수씨:054-535-4768)인데도 민박을 시켜주었으며, 아들이 사용하던 방을 쓰게 하고 젖은 옷을 탈수시켜 말려주었다. 하루 밤을 편안히 잘 수 있어서 모든 피로가 완전히 풀렸으며 모든 일에 깊이 감사를 드린다.

22. 대간22차 구간 (큰재 - 작점고개 - 추풍령, 8시간 소요)
2002년 7월14일 흐리고 비. 국수봉, 용문산

4시 기상, 라면으로 식사, 5시 큰재에서 산행 시작. 6시 475미터 전망대에 오르고 국수봉에 도착하니 6시40분이다. 갑자기 비가 오기 시작하여 오랜만에 판초우의를 입고 산행. 안부에 내렸다가(7:00) 용문산 헬기장에 오르니 7시40분이다.

날씨가 좋으면 전망이 아주 뛰어날텐데 안개가 자욱하고 비만 내린다. 갈현고개에 내렸다가(8:30), 473.7미터봉에 오르니 비가 멎어 식사 겸 휴식(9:00~9:20).

작점고개에 내리니 9시30분이며 도로공사가 한창이다. 도로 따라

KT통신 중계소 쪽으로 올라가다(계속 끝까지 오르면 묘함산 정상 중계소), 동쪽 제일 높은 곳에서 오른쪽으로 굽어 내려서 사기점고개에 도착하니 10시50분이다.

추풍령에서 화동행 버스를 타려고 속도를 내어 435.7미터봉을 넘고, 사거리 안부에 내렸다가(11:35) 502미터봉에 오르니 12시이다. 시간이 충분할 것 같아서 여유 있게 진행하여 금산에 오르니 12시40분이다.

채석장으로 북쪽 반쪽은 완전히 없어졌고 정상까지 훼손된 모습이 험악하다. 추풍령에 내리니 13시. 8시간의 산행을 마치고 추풍령 버스 정류소로 가서 화동행 버스를 타고(13시35분 발) 화동에 14시20분 도착. 승용차로 귀가하는데 도로 사정이 양호하여 일찍 부산에 도착했다 (18:00).

23. 대간23차 구간 (추풍령 – 궤방령 – 우두령, 11시간 40분 소요)
2002년 7월25일 맑음. 눌의산, 황악산

4시 기상, 식사 후 5시 출발, 버스·택시로 구포역 이동. 5시42분 발 열차로 8시 김천역 도착. 8시40분 추풍령(220m)에 도착하여 바로 산행 시작. 송라마을 진입도로로 고속도로를 건너, 바로 능선을 따라서 눌의산에 오르니 10시20분이다.

633.3미터봉을 지나(10시45분) 깊은 안부에 내렸다가 가성산(710m) 헬기장에 오르니 11시50분. 오리실재에 내리니 12시30분이라 25분간 중식 및 휴식. 418미터봉을 넘어 궤방령에 내려서니 13시40분이다. 5시간이 소요되어 예정대로 진행됨을 확인하고 10분간 휴식.

13시50분에 출발하여 목장 옆을 지나서 여시골산을 오르는데, 경사가 급하고 날씨가 더워 아주 힘들었다. 여시골산(15:10), 안부(15:20)을 지나고 운수봉을 넘어 직지사 갈림길 안부에 도착하니 15시50분이다.

여기서부터 황악산(1,111.4m)까지는 일반 등산로로서 길도 잘 정비되어 있고 이정표와 쉼터도 잘 되어 있다. 17시20분에 정상에 도착하니 예정보다 1시간 이상 지체되었다. 형제봉을 넘고(17:40) 바람재(헬기장)에 내리니 18시10분.

통신시설 옆을 지나 1,030미터봉을 좌측으로 우회하고(19시30분), 985.3미터봉을 넘고 속도를 내어서 우두령에 도착하니 20시20분이다. 헬기장에서 비박.

24. 대간24차 구간 (우두령 – 부항령 – 덕산재, 11시간 30분 소요)
2002년 7월26일 안개비. 화주봉, 삼도봉

음력 16일 밤이라 달이 밝아야 하는데 달이 보이지 않는다. 3시에 잠이 깨어 더 이상 잠이 오지 않고 오후에 비가 올 것이 걱정되어 간식으로 식사를 대신하고 4시에 산행시작. 1,162미터봉 헬기장에 오르니 5시. 날은 완전히 밝았으나 안개에 잠겨서 지척이 분간되지 않는다.

화주봉(1,207m)에 오르니 5시30분인데 비가 조금씩 내린다. 우중산행 채비를 갖추고 1,175미터봉, 1,111미터봉을 지나 1,089.3미터 전망대에 오르니 6시0분. 밀목재에 내렸다(7:00). 1,123.9미터 봉우리에 오르는데(8:30) 잡목과 넝쿨이 엉켜서 진행하기 힘들었다, 특히 밀목재 전후가 심하다.

비가 오지 않는데도 안개로 맺힌 이슬이 온몸을 적시며 등산화가 질척여서 불편하다. 삼도봉 안부 사거리에 도착하니 8시50분. 샘터에 가서 물을 마음껏 들이키고 라면을 끓여 아침을 해결한다.(40분간 소요)

9시30분 새로운 마음으로 출발하여 삼도봉(1,172m)에 오르니 10시. 안개가 너무 심하여 지척이 보이지 않아 사진기록도 남길 수 없다. 안부사거리에 내렸다가(10:10) 봉 몇 개를 오르내리고 목장안부에 이르니 10시55분.

1,170.6미터봉을 우회하고 헬기장에 이르니 11시10분. 간단한 암릉을 지나고 헬기장에 올랐다가(12:35) 부항령에 내려서니 13시30분. 휴식을 취할 시간인데 우의로 완전 무장한 형편이라 계속 진행할 수밖에 없다.

853.1미터봉(헬기장)을 넘고(14:10), 사거리안부에 내렸다가(14:35) 다시 봉우리를 넘고 폐광터에 이르니 15시. 833.7미터봉을 오르는데 새삼스러워서 몹시 힘이 들었으며, 덕산재에 내리니 15시30분이다. 11시간 30분의 산행 중에 처음 얼마간만을 제외하고 계속 안개비 속을 헤쳐 나와야 했던 아주 힘든 산행이다.

그러나 야유회 갔다 돌아오는 일행을 만나서, 수박을 대접받고 차편에 편승하여 대덕면 소재지까지 올 수 있어서, 김천을 거쳐 부산까지 쉽게 올 수 있었다. 모든 사람들에게 감사를 드린다.

25. 대간25차 구간 (덕산재 - 소사고개 - 빼재, 8시간 소요)
2002년 8월2일 맑음. 대덕산, 삼도봉, 덕유 삼봉산

부산 발 7시15분 열차로 9시35분 김천 도착. 10시에 출발하는 무주행 버스로 덕산재(640m)에 도착하니 10시50분. 바로 산행을 시작하여 얼음골약수터에 오르니 12시.

물이 얼음 같아서 마음껏 마시면서 10분간 휴식. 대덕산(1,290m)에 올라서 중식 겸 휴식(12:45~13:15). 안부에 내렸다가 삼도봉에 오르니 13시50분. 소사고개로 내리는 길이 복잡하다(15시 도착).

새로운 기분으로 오르기 시작하는데 날씨도 덥고 경사가 심하여 삼봉산 전위 암봉까지 오르는데 혼이 났다(16시50분 도착). 덕유삼봉산

(1,254m)에 이르니 17시10분이다.

호절골재(17시35분), 된새미기재(17:45)를 지나 몇 개의 봉을 오르내리고, 용초 하산 갈림길에 이르니 18시20분. 수정봉을 넘어 빼재에 도착하니 18시50분이라 8시간이 소요되었다.

심한 무더위와 힘든 오름길 때문에 예정보다 시간이 많이 걸렸다. 신풍령휴게소(055-943-8761)에서 식사를 하고, 뜰에 잠자리를 잡으니 바람이 심하다.

26. 대간26차 구간 (빼재 – 삿갓골재 – 육십령, 15시간 10분 소요)
2002년 8월3일 흐림. 덕유산 백암봉, 무룡산

4시30분에 일어났으나 식사 등 준비가 많아서 6시10분에 산행 시작. 계속 올라서 갈미봉(1,210.5m)에 이르니 7시30분. 대봉(1,263m)을 지나 (8:05) 월음령에 내렸다가(8:25) 지봉(못봉; 1,342.7m)에 오르니 9시10분이다. 지봉안부에 내리니(9:30) 송계사 하산길이다. 횡경재를 지나고 (9:55) 귀봉을 거쳐(10:20) 송계삼거리(백암봉; 1,490m)에 이르니 11시20분이라 중식 겸 휴식을 취하며 30분간 지체.

동엽령 삼거리에 이르니(12:20) 칠연계곡으로 하산하는 길이 막혀 있다. 이상하게 생각하면서 동엽령에 이르니(12:40) 의문이 풀렸다. 동엽령이 출입금지 되었던 기간에 등산로를 정비하여 동엽령삼거리와 임무교대를 한 것이다.

돌탑봉을 지나(13:30) 무룡산에 오르니 14시25분. 10분간 휴식 후 삿갓골재에 내리니 15시20분이라 9시간 10분이 소요되었다. 샘터에서 몸을 닦고 삿갓골재대피소에서 편안히 하룻밤을 보냈다.

일찍 일어나서 라면으로 아침식사. 삿갓골재에서 5시50분 산행시
작. 삿갓봉(1,410m)을 넘어 전망대 암봉(1,340m)에 도착하니 6시30분.
월성재에 내렸다가(7:10) 남덕유산 입구에 오르니 7시50분이다.

남덕유산에 다녀와도 충분한 시각인데, 안개가 끼어 지척이 분간되
지 않으니 가도 의미가 없을 것 같아 바로 서봉으로 향한다. 힘들여 서
봉(장수덕유산; 1,510m)에 오르니 8시30분. 안개가 더욱 심해져 마치 비
가 오는 것 같다. 새참을 먹으며 15분간 휴식.

고도를 낮추어 암봉 전망대를 지나(9:15) 교육원삼거리에 이르니 9
시40분이다. 다시 고도를 높여 할미봉이 가까워지면서 암봉이 다가선
다. 아슬아슬하게 돌아서 암벽을 오르니 할미봉(1,026.4m)이다. 10시
50분이라 중식으로 준비한 빵과 간식을 모두 처리하고 육십령으로 향
하여 하산.

11시50분 육십령에 도착하니 6시간 소요. 예정보다 1시간 이상 빨리
끝내고 귀가 길에 오르니, 연휴 귀성차량으로 다소 정체가 되었지만
일찍 귀가할 수 있었다.

27. 대간27차 구간 (육십령 – 영취산 – 중재, 8시간 소요)

4시 기상. 식사 후 첫 전차로 서부터미널에 가서 6시20분 함양행 버
스로 진주를 거쳐 함양 수동에서 서상행 버스로 갈아타고(9:05) 안의를
거쳐 서상에 9시40분 도착. 택시로 육십령에 오르니 9시50분.

바로 산행을 시작하여 갈림길을 지나고(10:30), 깃대봉 샘터에서
(10:50) 물을 마시니 힘이 솟는다. 깃대봉(1,014.8m)을 넘어(11:05) 철탑
안부에 내렸다가 전망대 암봉(977.1m)을 넘고(12:00) 논개 생가로 내려

가는 사거리 안부(민령)에 도착하여 중식(12:20~12:40).

전망대 봉(942.8m)을 오르고(13:00) 덕운봉 입구를 지나(13:30) 영취산(1,075.6m; 금남·호남정맥 갈림길)에 오르니 14시20분. 10분간 휴식.

새로운 기분으로 안부 갈림길에 내렸다가(14:50) 암봉 전망대에 오르고(15:30) 백운산(1,278.6m)에 도착하니 16시. 빨리 도착한 느낌이라 간식을 정리하면서 휴식을 취하고 중고개재로 내려가는데 17시쯤 비가 오기 시작한다. 중고개재를 지나서(17:20) 중재에 도착하니 17시50분이라 8시간으로 산행을 마쳤다.

중재 북쪽에 빈집이 있다는 기록을 보고 찾아갔더니 무너져 있었다. 일기가 좋으면 정자나무 아래에서 비박을 할 작정이었지만, 비 때문에 중기마을로 하산하여(20분 소요) 빈집 마루에서 하루 밤을 보냈다.

28. 대간28차 구간 (중재 – 복성이재 – 사치재 – 매요마을, 9시간 소요)
2002년 8월18일 흐리다가 갬. 봉화산

4시 기상, 식사 후 5시 중기마을 출발, 중재에서 5시30분 산행 시작. 월경산(981.9m) 입구를 지나(6:25) 광대치에 내리니 6시45분. 암봉(944m)을 넘고 암릉을 지나 억새밭 길을 따라 870미터봉 전망대에 오르니 8시5분. 꼭대기에 묘가 있고 원래 전망이 아주 좋을 것 같은데 안개 때문에 아무 것도 보이지 않는다.

임도를 건너(8:15) 봉화산(919.8m)에 오르니 8시30분. 치재에 내렸다가(9:05) 전망대 봉을 넘고(9:40) 복성이재에 이르니 9시55분. 여기까지 끊어 타는 대구 팀의 버스가 대기하고 있다.

아막성터를 지나고(10:30) 785미터 전망대를 넘어(11:00) 시리봉 입구를 거쳐(11:25) 새맥이재에 이르니 11시50분. 697미터봉 헬기장에 이르니 12시50분이라 날씨도 덥고 조금 무리해서 왔던지 힘이 빠져

10분간 휴식을 취함.

사치재에 내리고(13:20) 88고속도로를 건너 618미터봉에 오르니 13시50분. 오늘 산행이 끝난 기분이라 간식과 수통을 비우고 유치에 내려 매요리 마을회관에 이르니 14시30분. 이번 구간은 잡목과 억새 등으로 힘이 들었고 안개비로 길이 미끄러워 고생했지만, 무사히 9시간으로 산행을 마무리지었다. 택시를 불러 운봉읍내에 갔는데 목욕탕이 없어 버스로 인월까지 가서 목욕. 진주를 거쳐 부산으로 귀가.

29. 대간29차 구간 (매요마을 − 여원재 − 고기리, 7시간 30분 소요)
2002년 8월22일 흐리고 한때 비. 고남산, 수정봉

5시45분 출발, 동래전철역에서 6시17분 진주행 버스 승차. 진주 8시 2분 발 전주행 버스로 운봉 9시40분 도착. 택시로 매요마을 회관 앞 10시 도착하여 바로 산행 시작.

삼각점 무명 봉을 넘어(10:30) 유치재에 이르니 10시40분. 본격적으로 고도를 높여 704미터봉 입구를 지나 통안재 임도에 도착하니 11시20분, 10분간 휴식. 통신 중계소를 북쪽으로 우회하고(10:45), 고남산(846.5m)에 오르니 11시55분이다.

중식과 촬영을 생각했는데 비가 오기 시작한다. 우의를 입고 바로 하산. 양쪽에 논이 있는 안부에 내렸다가(13:00) 561.8미터봉을 넘고(13:15) 여원재에 내려 버스 정류소에서 중식(13:40∼14:10).

비가 그쳤는데 안개는 여전하고 옷은 젖어 있지만 새로운 각오로 출발하여 암봉을 넘고 중간봉에 오르니 15시20분. 간식과 휴식 후 입망치에 내렸다가(15:40) 수정봉(804.7m)에 오르니 16시20분.

안개가 걷히고 운봉분지와 고리봉이 모습을 드러낸다. 노치마을에 내려오니 17시. 마을길과 국도를 따라 고기리에 이르니 17시30분. 7시

간 30분의 산행을 무사히 마쳤다.

선유산장(063-626-7300)에 민박을 정하고 목욕과 세탁을 끝내고 식사를 시키니 된장찌개와 산채반찬이 아주 정갈하여 고기에 진수성찬보다 더 좋다.

30. 대간30차 구간 (고기리 - 정령치 - 성삼재 - 화개재, 9시간 15분)
2002년 8월 23일. 흐리고 한때 비. 고리봉, 만복대, 종석대, 삼도봉

4시30분 기상. 라면에 김밥으로 식사. 5시45분 고기리를 출발하여 고리봉에 오르니 7시20분이다. 일기예보에는 강수확률 90%라고 하는데 비가 오지 않아서 다행이다. 정령치에 내리니(7:40) 안개가 자욱하다. 만복대 쪽으로 오르는 길은 나무 계단으로 정비되어 자연보호에도 도움이 되고 오르기에 편하다.

능선 갈림 전망대 봉을 넘어 (8:25) 만복대에 오르니 8시50분. 묘봉치 헬기장에 내렸다가 1,108미터봉을 넘고(10:00) 고리봉에 오르니 10시20분. 성삼재 주차장이 지척이고 반야봉 안개가 걷혀서 기분이 좋다.

성삼재를 거쳐(10:50) 종석대(1,366m)에 오르니 11시40분. 코재에 내리고(11:55) 노고단 대피소에 도착하여 중식(12:05 ~ 12:30).

노고단 고개를 넘어 돼지평전을 지나고(13:00) 임걸령에 이르니 13시35분. 물을 보충한 후 노루목에 오르고(14:10), 반야봉 어깨에 올랐다가(14:20) 삼도봉에 이르니 14시40분. 비가 오기 시작한다. 잘 참아주었는데 결국은 일기 예보를 맞춰준다. 15시 화개재에 내려서 오늘 산행을 9시간 15분으로 마감하고 뱀사골 산장에서 1박 했다.

31. 대간31차 구간 (화개재 – 벽소령 – 영신봉 – 천왕봉, 8시간 소요)

2002년 8월 24일. 가끔 흐림. 토끼봉, 형제봉, 칠선봉, 영신봉

4시 기상. 식사 후 5시 출발하여 지리산 당일종주 때의 각오로 화개재에 오르니 아직 보름달이 서쪽에 걸려있고, 토끼봉 쪽은 어둠이 걷히지 않았다. 랜턴을 밝히고 5시10분에 산행을 시작하여 토끼봉(1,534m)에 오르니 5시45분이 되어 동녘에 먼동이 트기 시작한다.

1,463미터봉을 넘어(6:10) 명선봉(1,586.3m)을 우회하고 연하천산장에 도착하여(6:55) 10분간 휴식. 삼각고지(1,462m)를 지나(7:20) 형제봉(1,433m)에 이르니 7시45분. 벽소령대피소에 도착하여 10분간 휴식(8:20~8:30).

임도 따라 벽소령을 통과하고(8:50) 선비샘에 이르니 9시20분. 전망대봉을 지나(9:50) 칠선봉(1,576m)에 오르니(10:05) 날씨도 좋고 경치가 좋아 사진을 찍으며 10분간 휴식을 취한다. 1,556미터봉을 넘어 조금 내렸다가 철책이 쳐진 급경사를 힘겹게 오르고 영신봉(1,651.9m)에 도착하니 10시50분이다. 중식을 해결하고 낙남정맥의 대장정을 준비하여 삼신봉을 거쳐 고운재까지 갔다.

2002년 10월 31일 맑음. 지리산(영신봉, 촛대봉, 연하봉, 제석봉, 천왕봉)

아침 식사 후 5시20분 승용차로 출발하여 거림에 도착하니 7시30분, 준비 후 7시40분 산행을 시작하여 세석 3.6킬로미터지점(8:30), 2.1킬로미터지점(9:05), 1.3킬로미터지점 다리(9:25), 세석대피소(9:50)를 지나 영신봉에 오르니 10시.

10분간 휴식 후에 능선종주를 시작하여 촛대봉(10:30), 삼신봉(10:50), 연하봉(11:10)을 지나 장터목대피소에 이르니 11시25분. 10분간 휴식. 천왕문을 지나(12:05) 천왕봉에 도착하니 12시20분. 만세삼창

으로 백두대간의 종지부를 찍고 20분간 중식을 마친 후 하산.

법계사(13:20), 망바위(13:40), 칼바위(14:00)를 지나 매표소에 도착하니 14시20분. 2시간 10분의 종주였지만 접근과 퇴각 시간을 합하여 6시간 40분으로 백두대간 마무리 산행을 마쳤다. 오늘의 산행에서는 수녀님과 스님과 나눈 대화가 잊혀지지 않는다.

천왕봉에 오르면서 제석봉에서 대전에서 온 수녀님 세 분이 힘겹게 오르는 것을 보고 천왕봉에 오르는 특별한 의미가 있느냐고 물으니 극기 수련이란다.

천왕봉에서 하산하는 길에 천왕샘 근처에서 어린 여승 두 분을 만나 같은 질문을 던지니 수녀와 같은 대답이다. 혼자서 백두대간종주를 마치고 내려오는 나에게 무엇 때문에 그 고생을 하느냐고 묻는다면 같은 대답이 아닐까?

명승산악회 회원들과 함께 향로봉에 올라 백두대간 종주를 마치던 날. 백두대간 종주의 북쪽 깃점이 되고 있다

328

매표소 주차장에서 고마운 중년 부부의 승용차에 동승하여 곡점까지 가기로 했는데, 마침 부산시 금정구 남산동에 이웃으로 살고 있는 인연으로 거림까지 태워줘서 쉽게 승용차를 픽업하여 축복 받은 기분으로 귀가 길에 오를 수 있었다.

그들에게 깊이 감사를 드리며, 백두대간 종주에서 도와주신 이름 모르는 모든 분들께 다시 한번 감사를 드린다.

2. 낙동정맥 단독 구간종주 일지

낙동정맥 단독종주 일람표

차수	날짜	소요시간	구 간	산 이 름	숙식 및 비용
1	11/19	08:00	냉정고개-대티고개-몰운대	엄광산, 구덕산, 응봉봉수대	시내버스 2천원
2	2/3	09:00	냉정고개-산성고개-노포고개	백양산, 금정산	시내버스 2
3	2/9	07:20	노포동고개-느티(주남)고개	원효산, 천성산	시내버스 3
	2/10	03:30	느티고개-지경고개(방기리)	정족산	시내버스 3
4	2/13	06:00	지경고개-간월재-배내고개	취서산, 신불산, 간월산	버스 당일 7
	2/17	06:00	배내고개-운문령-와항고개	가지산	버스 당일 6
5	3/1	09:00	와항고개-소호고개-당고개	고헌산, 백운산, (단석산)	버스 당일 9
6	3/2	07:30	당고개-숙재-애기재(아화)	사룡산	버스 당일 10
7	3/3	09:30	애기재-남사고개-시티재	관산, 어임산	버스 당일 13
8	3/10	10:00	시티재-이리재-한티재	도덕산, 운주산	버스 당일 16
9	3/16	07:40	한티재-가사령	침곡산	새벽 버스 14
10	3/17	09:00	가사령-질고개-피나무재	-	상옥 노인정 10
11	3/18	10:00	피나무재-느지미재-황장재	주왕산, 대둔산	이전리 민박 42
12	3/30	11:30	황장재-OK농장-창수령	명동산	새벽 버스 16
13	3/31	10:30	창수령-윗삼승령-선시골 임도	독경산, (백암산)	OK농장 민박20
14	4/1	10:30	임도차단기-휴양림-한티재	검마산	임도 비박 18
15	4/13	07:40	한티재-애매랑재	칠보산	새벽 버스 20
16	4/14	07:10	애매랑재-답운치-한나무재	통고산, 진조산	사전마을민박39
17	4/21	09:30	한나무재-석개재	삿갓봉	소광리 민박 45
18	4/22	08:10	석개재-통리	면산	너뱅이 농장 30
	5/11	03:00	통리-피재	구봉산	야간열차 20
계		171:30			345,000원

330

|참고사항|

1. 일반 교통편이 있는 고개를 기점으로 택하기 위하여 무리하게 나눈 것이 있다.

2. 제1구간은 몰운대에서 낙동강 일주산행에 종지부를 찍기 위하여 마지막날 역방향으로 산행을 했다.

3. 제3구간의 시점을 남낙고개로 하면 2구간 10시간, 3구간 9시간 50분으로 조정된다.

4. 제4구간의 종점을 운문령으로 하면 4구간 10시간 40분, 5구간 10시간 20분으로 조정된다.

5. 제12, 13, 14구간은 황장재 - OK농장(9시간 20분), - 윗삼승령(10시간 10분), - 검마산 휴양림고개(9시간), - 한티재(7시간)로 나누어 4개 구간으로 조정하는 것이 좋을 것 같다.

6. 제18구간은 석개재에서 피재까지 산행을 하고 태백으로 내려와서 야간열차로 귀가하면 된다.

백두대간에서 낙동정맥이 갈리는 곳에 삼수령(피재)이 있다

331

낙동정맥 종주일지

1. 낙동1차 구간 (냉정고개 – 대티고개 – 몰운대, 8시간 소요)

2002년 11월19일 맑음. 엄광산, 구덕산, 시약산, 응봉봉수대

일찍 준비하여 지하철을 타고 냉정역에 내리니 7시20분. 바로 산행을 시작하여 개금동과 주례동과의 경계(67번, 167번 버스 다니는 도로)를 따라 임도가 있는 곳까지 올라가서(7:40) 암봉이 있는 직선 능선을 따라 올라서니 통신중계시설 능선분기점이다(8:10).

엄광산(504m)을 지나(8:15) 급경사를 내려서 능선분기점을 넘고(8:30) 꽃마을(구덕령)에 이르니 8시45분. 콘크리트 포장 임도를 따라 구덕산 안부(승학산 갈림길)에 올라서고(9:15) 시약산(565m) 기상관측소에 이르니 9시35분. 15분간 휴식 및 커피 타임.

대티고개에 내려서고(10:25) 골목길로 언덕을 넘어 까치고개를 지나(10:30) 247.2미터봉(멋진 돌탑: 우정탑 있음)을 넘어(10:50) 안부(아스팔트 길)에 내리니 능선길이 막혀 북쪽으로 먼길을 우회하여 괴정고개에 이른다(11:20). 육교를 건너 해동고 정문 왼쪽 비탈길로 안부에 이르니 군 훈련시설이 즐비하다.

능선분기점을 넘어 안부에 내리니 군부대 정문이라 동쪽 철조망 곁으로 우회하고 대동중고 정문을 지나 장림고개에 내리니 12시15분. 다시 봉화산(149.6m)에 오르니(12:40) 몰운대가 눈 아래 다가온다. 20분간 중식 및 휴식.

내리막길로 구평새고개에 내려서고(13:10) 야산 언덕을 오르는데 머리가 젖혀진 마네킹이 나를 놀라게 한다. 구평동 가구공장지대를 지나면서 미로 찾기 게임을 하고 삼환A. 입구를 지나 다대포고개에 이르니 13시50분. 육교를 넘어 신다대A. 105동 옆으로 산에 올라 응봉봉수대

(233.7m)에 이르니 14시20분.

임도 따라 몰운대성당과 임대아파트단지를 지나 다대포해수욕장에 내리고(15:00) 몰운대객사에 이르니 15시20분. 이로서 낙동강 분수령 일주산행의 종지부를 찍었다. 자갈마당/전망대와 화손대를 돌아보고 입구까지 나오는데 1시간 소요. 입구 관리초소에서 마네킹 사건을 신고하고 귀가했다.

마네킹 이야기: 장림동에서 구평동 가구공장 지역을 올라가는 차도에서 왼쪽으로 갈림길이 낙동정맥 고개를 넘어간다. 최근에 포장된 2차선 도로가 있지만 차량통행은 많지 않다. 고개에서 가구공장 지역까지 야산언덕은 일반인들의 출입이 거의 없으며 정맥을 종주하는 사람들만 간혹 다니기 때문에 희미한 오솔길이다.

고개의 야채 밭을 피해 길이 이어지는데 30미터쯤 올라가니 사람 모습이 보인다. 인기척을 내도 움직이지 않는다. 제복이며 형태가 운전자에게 경고를 주기 위하여 시골 국도변에 세워둔 마네킹과 똑같다. 누군가 등산객을 놀라게 하려고 마네킹을 옮겨 놓았다고 생각된다.

그러나 강원도 무인지경의 재에 세워진 서낭당에서 서낭신과 동침한 적도 있는데, 그 정도로는 내가 놀라지 않을 거라고 마음을 먹고 다가갔다.

차츰 가까이 다가가니 머리가 젖혀져 있고 나뭇가지에 밧줄로 매어져 있다. 이상하여 자세히 살펴보니 목을 메어 숨진 변사체였다. 손이나 얼굴모습이 너무 편안하여 시신이라는 생각이 들지 않고 마네킹 모습 그대로다. 손을 만져보려다가 현장보존을 위하여 그냥 비켜섰다.

바로 하산하여 신고해야할지 망설였지만, 이 현장이 상당 기간 그대로 보존될 것 같고 오늘이 낙동강 분수령 일주산행의 종지부를 몰운대에서 찍는 날이라 그냥 돌아섰다. 마네킹을 본 것 이상도 이하도 아니라고 생각하면서 2시간의 산행을 몰운대에서 마쳤다.

입구로 돌아 나와서 경찰에 신고하고 집으로 돌아왔다. 샤워를 하고 나니(2시간 정도 경과) 신고했던 파출소에서 전화가 왔다. 단순한 비관 자살로서 연고자를 찾았다고 한다. 마네킹 모습으로는 비관의 흔적이 보이지 않았는데! 마네킹의 명복을 빌면서 기억을 지운다.

2. 낙동2차구간 (부산 개금 냉정고개 – 금정산 – 노포동 고개, 9시간)
2002년 2월3일 흐리다가 맑음. 백양산, 금정산

냉정고개에서 몰운대까지는 최후에 마무리 산행으로 마침 점을 찍기로 하고 남겨 둔다. 일찍 준비하여 지하철로 개금역에 하차하여 7시에 종주 첫 발을 내디뎠다. LG아파트 옆길로 개림초등학교를 지나고 능선 정자를 지나 삼각봉에 오르니 8시.

9시 백양산에 올라서 10분간 휴식, 불웅령 9시25분에 통과, 성지곡고개 9시50분 도착. 10시20분에 만덕고개를 지나 금정산성 제2망루에 오르니 11시10분, 10분간 휴식.

금정산성 동문(11:50)과 북문(12:50)을 지나 고당봉에 오르니 12시30분. 휴식을 취하면서 간단히 점심을 먹고 장군봉 어깨에 오르니 14시 30분. 다시 사송고개에 내렸다가(15:00) 계명봉에 올라서(15:25) 오늘의 산행을 뒤돌아보고, 노포동고개에 내려오니 16시. 첫 산행을 9시간으로 무사히 마무리하였다.

3. 낙동3차구간 (노포동고개 – 방기리 지경고개, 11시간)
2002년 2월9일 맑음. 원효산, 천성산

7시10분 노포동고개 출발. 부산컨트리 뒷산에 올랐다가 지경고개에 내려서니 7시40분. 남낙마을 뒷산을 돌아서 남낙고개를 지나고(8:10), 운봉산(534m)에 오르니 9시40분. 법기저수지를 끼고 돌면서 다람쥐캠프 고개에 내려섰다가 다시 올라서 군 부대가 능선을 가로막는 곳에서 서쪽으로 우회하니 철조망 따라 길이 잘 나있었다.

부대 정문 앞을 지나(11:30), 도로를 따라서 원효암 입구에 도착하니 12시가 되었다. 휴식과 중식으로 15분간 지체.

원효산 정상(922.2m: 군사시설)을 동으로 우회하여 어깨봉(880m)에 도착하니 12시40분. 안부에 내렸다가 천성산(814m)에 오르니 13시20분. 능선 따라 느티고개(안적암 입구 차도)에 내려서니 14시30분이라 구간을 완료할 수 있는 시각인데도 오후에 모임 약속이 있어서 여기서 중지하고 영산대로 하산하였다(15:00).

2002년 2월 10일 맑음. 정족산

영산대에서 40분 정도 걸려서 느티고개에 올라 8시10분 산행 시작. 9시에 정족산(700m)에 오르고 9시20분 갈림봉에 도착하여 10분간 휴식. 솔밭산공원묘원 고개에 내려서고(9:50), 계속 진행하여 408.6미터 철탑봉을 지나 342.7미터봉에 도착하니 10시30분.

이 봉에서 서쪽으로 돌아서 경부고속도로와 나란히 진행해야 하는데, 북쪽 방향으로 시그널이 많으므로 따라갔더니 지형도상의 노상산(342.7m)에 올랐다가 통도컨트리 인공능선을 타고 현대자동차 출고장 앞으로 나오게 되었다(11:25). 여기서 경부고속도로를 건너 방기리 지경고개까지는 15분이 소요되어 오늘 산행 3시간 30분으로 구간 소요시간이 11시간 정도 걸렸다.

노상산을 거쳐 내려오는 코스는 지형도 상으로는 개울을 건너야 하는데 그냥 능선으로 이어진 것이 이상하고, 시간여유도 있으므로 확인

작업에 들어갔다. 지나온 능선의 왼쪽이 낮으므로 그곳의 물이 어디로 가는지 확인하기 위하여 분지형으로 된 곳으로 내려갔다.

지나온 능선 밑으로 터널이 뚫려서 통도컨트리에 내리는 물이 북으로 흐르게 되어 있다. 결국 내려온 능선이 인공능선임을 확인했다. 그래서 정상적으로 낙동정맥 능선을 밟기 위하여 통도컨트리 서쪽 능선(경부고속도로 쪽)을 돌아 거슬러 올라가니 342.7미터봉에 이르게 되었다. 이쪽 정상 코스가 훨씬 멀어서 30분 이상 더 소요된다.

4. 낙동4차구간 (방기리 지경고개 – 와항고개, 12시간 소요)

2002년 2월13일 맑음. 취서산, 신불산, 간월산

방기리에서 8시에 출발하여 야산 능선을 따라 목장 끝까지 가고(9:00), 직등하여 감시초소가 있던 곳(지금은 철거되고 간이매점이 있음)에 도착하니 9시40분. 계속 올라 취서산(1,058.9m) 정상에 오르니 10시20분이다(10분간 휴식).

힘차게 뻗은 능선 따라 신불산(1,208.9m)에 오르고(11:20), 간월재에 내렸다가(12:00) 간월산(1,083.1)에 오르니 12시20분이라 20분간 식사를 하면서 휴식을 취했다. 배내봉(960m)을 지나(13:40), 배내고개에 이르니 14시가 되었다.

좀더 일찍 출발하면 이 구간을 하루에 마칠 수도 있지만, 낮 시간도 짧고 다음 접근의 용이성을 감안하여 가벼운 일일 산행(6시간)으로 마치고 승용차에 편승하여 석남사로 하산했다.

2002년 2월17일 맑음. 가지산

일반 교통편을 이용하여 부산에서 언양을 거쳐 배내고개까지 오르니 9시20분. 바로 산행을 시작하여 능동산에 오르니 9시50분. 긴 능선을 타고 석남고개로 내리고(10:50. 10분간 휴식) 다시 올라 966미터봉을 지나(11:50) 가지산(1,240m)에 올랐다.

12시15분이라 20분간 휴식을 취하면서 점심을 먹었다. 13시10분 쌀바위를 지나고 귀바위를 거쳐 운문령으로 내려섰다(14:00). 다시 894.8미터봉에 오르고(14:40. 10분간 휴식) 와항고개에 도착하니 15시20분. 6시간으로 산행을 마쳤다.

이 구간은 총 12시간 이상 소요되므로 전세버스를 이용하는 단체산행이라면 운문령에서 끊고 운문령에서 와항고개까지는 다음 구간에 넣는 것이 좋을 것 같다.

5. 낙동5차구간 (와항고개 – 당고개, 9시간 소요)

2002년 3월1일 흐림. 고헌산, 백운산, (단석산)

7시30분 부산 출발, 언양에서 8시15분 출발하는 태종행 버스를 갈아타고 와항고개에 도착. 8시40분에 산행을 시작하여 고헌산(1,033m)에 오르니 9시45분이다. 커피 한잔 마시고 소호령(임도가 개설되어 있음)에 내렸다가(10:30), 백운산(901m)에 오르니 11시10분. 소호고개에 내리고(12:10), 700.1미터봉에 올라(12:30) 경북으로 접어들었다. 703미터봉을 넘고 13시10분 헬기장에 도착하여 10분간 휴식.

상목골고개에 내려서니(13:35) 개발된 모습이 새롭고 능선 따라 경계 울타리가 쳐져있다. 울타리 따라 봉우리를 넘어서니 경주시 산내면 내일리 관광농원 개발 현장이다(14:00). 14시20분 OK그린이 보이는 봉우리에 올랐는데, OK그린 동쪽 능선을 지나는 것은 무척 지루했다.

OK그린 전망대에 이르니 15시45분이 되어 10분간 휴식. 단석산쪽으로 이어진 능선 따라 단석산 어깨 갈림길에 도착하니 16시40분. 단석산을 뒤로하고 안부에 내려섰다가 우중골 갈림길 마지막 봉을 지나

(17:10) 당고개로 내려서니 17시40분이다. 9시간 산행이었다.

6. 낙동6차구간 (당고개 – 애기재, 7시간 30분 소요)

2002년 3월2일 맑음. 사룡산

6시 부산 출발, 경주에서 7시15분 산내행 버스를 타고 당고개에 올랐다. 7시45분 당고개를 출발하여 어머리 입구를 지나고(8:10), 5개 봉우리를 넘으면서 점차 고도를 높여서 632미터봉에 오르니 9시가 되었다. 10분간 휴식.

어머리고개에 내렸다가 760미터봉(장사 뒷산)에 오르고(10:00), 부산성 남문을 통과하고 채소밭을 가로질러 부산성(富山城)을 지나고 숙재로 내려가는데 능선에 농장이 설치되어 길을 가로막는다. 우회하여 차도를 이용하고 숙재에 내리니 11시20분.

다시 올라 시루미기 생식촌을 지나고 사룡산 제2봉에 오르니 12시, 휴식과 중식을 위하여 15분간 지체하고 북쪽 능선으로 효동재에 내리니 13시.

잡목과 아까시 나무가 무성한 야산을 지루하게 지나고 경부고속도로 암거를 통과하여 과수원 사이로 능선 길을 찾아서 어릴 때 초등학교 다니던 길로 애기재(아화뒷고개: 여기가 나의 유아시절 자라난 곳이다)에 이르니 15시15분. 예정보다 빨리 끝내고 친절한 분의 승용차에 편승하여 경주로 나왔다.

7. 낙동7차구간 (애기재 – 시티재, 9시간 30분 소요)

2002년 3월3일 맑음. 관산, 어임산

5시30분 부산을 출발하여 경주를 거쳐(6:40) 아화에 도착하니 7시10분. 택시도 이용하지 못하고, 어릴 때 초등학교 다니던 길이므로 걸어서 아화뒷고개(시모골)까지 갔다.

7시30분 아화뒷고개(이곳 사람들은 애기재라고 부른다)를 출발하여 야산봉우리를 넘고 관산에 오르니 9시15분. 10분간 휴식을 취하면서 나의 출생지를 내려다보며 깊은 생각에 잠겼다. 관산에서 내려오는 길은 암벽 아닌 곳으로는 우리나라에서 가장 가파른 등산로이다.

애골재(9:55), 마채재(10:30)를 지나서 덕정고개 차도에 이르니 11시 10분이다. 아침을 먹은 지 오래여서 점심식사를 했다(20분간 소요).

580미터봉(남쪽으로 파고들어 경계를 이룬 봉)에 올랐다가(12:20), 돌아내려서 남사고개 차도에 도착하니 12시50분, 10분간 휴식. 또 힘들여 어임산에 오르고(13:40. 10분간 휴식), 북상하는데 최근에 방화선을 정리하지 않아서 잡목이 우거져 불편하고 지루한 구간이었다.

호국봉(340m; 한국전쟁 때 안강전투에 관련이 있는 산)이라고 이름 붙여진 마지막 봉을 지나 시티재에 도착하니 17시가 되었다. 많은 것을 생각한 산행이었다.

8. 낙동8차구간 (시티재 - 이리재 - 한티재, 10시간 소요)

2002년 3월10일 도덕산, 운주산

5시30분 부산을 출발하여 경주(6:40), 안강(7:10)을 거쳐 시티재에 올랐다. 7시30분 산행을 시작하여 삼성산 어깨를 밟고(8:40), 오룡고개에 내리니 9시20분. 도덕산 오르는 길은 경사가 심하고 거의 직선으로 오르게되어 매우 힘드는데 도덕산 어깨에 오르니 10시25분. 서쪽 능선을 타고 내리다가 570.7미터봉에서 동북으로 방향을 바꾸고 임도가 있는 재에 도착하니 10시50분이다.

계속 진행하여 봉좌산 제2봉(경주, 영천, 포항의 경계지점; 11:40 통과)에서 경주 지역을 벗어나고, 이리재에 내리니 12시10분이라 점심식사를 했다(20분 소요). 이리재에는 새로이 도로가 확장되어 있으며, 그 아래에는 터널(대구-포항간 고속도로)공사가 한창이다.

다시 시작하는 마음으로 산행을 계속하여 지난번 종주 때 멧돼지 가족을 만났던 안부를 통과하고(13:30), 운주산 제2봉에 오르니 14시25분, 10분간 휴식. 북쪽 능선으로 내려서는데, 낙엽 밑에 아직 빙판이 남아서 미끄럼을 타고나니 손목과 무릎이 이상하다. 단독산행이라 항상 조심하는데 처음 당한 일이다.

긴 능선을 타고 15시45분 블릿재에 도착하여 10분간 휴식. 550미터봉에서 영천 땅을 벗어나고(16:50), 한티터널 위에 도착하니 17시30분이다. 10시간의 산행을 마치고 가안마을로 내려와서 17시55분 포항행 버스로 기계에 나오고, 안강, 경주를 거쳐 귀가.

9. 낙동9차구간 (한티재 – 가사령, 7시간 40분)
2002년 3월16일 흐린 후 맑음. 침곡산

5시30분 부산을 출발, 경주에서 기계행 버스를 잘못 타서 기계에 도착하니 8시5분. 죽장행 버스가 방금 떠났고 9시15분에 다음 버스가 있다고 하여, 택시로 한티터널 입구에 도착하여(8:20), 가파른 길로 터널 위에 올랐다.

8시30분 종주산행을 시작하여 9시25분 422미터봉을 지나, 산불감시 초소가 있는 671미터봉(기계, 기북, 죽장의 경계)에 오르니 9시50분. 전망이 좋다. 비 온 뒤라 감시원은 없다. 오르는 길목에 토끼를 잡으려고 설치해 둔 올가미에 산비둘기가 걸려 퍼덕이는 것을 조심스럽게 풀어 날려보내니, 방금 걸린 듯 힘차게 날아간다. 30분만 늦었더라도 목이 졸려 죽었을 텐데 좋은 인연으로 살려줄 수 있어 기분이 좋다.

10시20분 서당골재에 내려섰다가 침곡산(725.4m)에 오르니 11시10

분. 또 492미터봉을 11시 55분에 통과하고 배실재에 내리니 12시20분이라 중식시간이다(20분 소요). 사관령 오르는 길은 상당히 힘이 들어 14시5분에 도착. 10분간 휴식.

709.1미터봉을 14시55분에 통과, 성법령 갈림 봉 헬기장 15시5분 도착, 10분간 휴식. 상옥분지를 돌아 599.7미터봉을 16시에 통과하고 가사령에 내리니 16시10분이다. 상옥 1리 고천부락에 내려서 노인정에서 1박. 83세나 되는 권유득씨가 총무를 맡고 있는데 너무 젊어 보였으며, 후한 인심에 감사를 드린다.

10. 낙동10차구간 (가사령 – 질고개 – 피나무재, 9시간 소요)

2002년 3월17일 맑음

라면으로 아침식사를 해결하고 6시30분 출발하여 지름길로 가사령에 올랐다. 6시50분에 가사령을 출발하여 청송 경계 능선에 접어드니 7시25분. 7시50분 776.1미터봉 어깨를 밟고 오른쪽으로 굽어내려 통점재에 도착하니 8시20분. 9시10분 간장현에 도착했는데 이름이 특이해서 살펴보니 양쪽에 협곡이 파고들어 칼날 능선이 재를 이루고 있는 것이 특징이다.

헬기장이 있는 785미터봉에 도착하여(10:00) 10분간 휴식. 계속 북상하여 내룡분지가 보이는 곳에서(10:55) 서쪽으로 꺾어 내룡분지를 오른쪽에 끼고 도는 기분으로 진행하다가 전망 좋은 봉에서 점심을 먹고(30분 소요), 질고개에 도착하니 12시55분이다.

새로운 마음으로 계속하여 14시30분 611.6미터봉에 올라 10분간 휴식을 취하고, 계속 북상해 670미터봉 어깨를 밟고(15:10), 동쪽으로 방향을 바꾸어 진행하면서 차동에서 넘어오는 차도를 건너 피나무재에 15시50분에 도착. 지나가는 승용차에 편승하여 하산. 이전리 상이전

(주산지 입구) 임용성 씨 집에서 민박(전화: 054-873-4093, 011-520-4093).

11. 낙동11차구간 (피나무재 – 황장재, 10시간 소요)

2002년 3월18일 맑음. 주왕산, 대둔산

라면으로 식사를 해결하고 민박집 주인의 오토바이에 편승하여 피나무재에 올랐다. 6시10분 산행을 시작하여 700미터봉을 통과하고 (7:05), 745.4미터봉에 도착하니 7시45분이다. 휴식을 취하면서 지형을 살펴보는데, 지형도에는 주산재 위에 별바위라고 표시되어 있지만, 이 봉우리가 바위로 이루어진 험악한 산으로서 주산못에서 바라보던 별바위임에 틀림없다.

동쪽에 위치한 662미터봉에서 영덕으로 접어들어 특징 없는 능선을 따라 북상하고, 북동진하여 묘는 없는데 비석만 남아있는 안부에 도착하니 8시30분. 북북서 쪽으로 방향을 틀어서 경사진 능선에 오르고, 큼직한 능선으로 북상하여 헬기장에 도착하니 9시25분. 북동진하여 큰 산마루에 올라서니 영덕지역이 펼쳐지고, 다시 북쪽으로 내려서니 대관령이다(10:10).

주왕산 가메봉(907m) 어깨를 밟고(11:00), 북쪽으로 방향을 바꾸어 느지미재로 내리고(11:30), 다시 북북서 쪽으로 능선을 올라 묵혀진 헬기장을 지나 명동재(재라고 이름은 붙었지만 재가 아니고 봉우리로서 정상에 헬기장이 있음)에 도착하니 12시가 되어 30분간 중식.

서쪽으로 진행하여 먹구등 두 번째 헬기장에서 오른쪽으로 굽어서 두고개 중 북쪽 고개 능선으로 내려 두고개에 이르니 13시5분이다. 여기서 길게 늘어진 능선을 따라서 732.6미터봉, 849미터봉을 오르내리고, 799.7미터봉에 오르니 14시가 되었다. 계속하여 대둔산(905m)을 오르는데 완전히 지쳐버렸다(14:30).

묘지가 있는 곳에서 북쪽으로 방향을 틀어서 황장재로 향한다. 능선이 쭉 뻗지 않고, 끊어질 듯 이어지면서 지루한 산행이었다. 황장재에 16시10분에 도착하니, 10시간이 걸렸다.

12. 낙동12차구간 (황장재 – 창수령, 11시간 30분)

2002년 3월30일 맑음. 명동산

6시 부산 출발, 포항, 영덕(8:50)을 거쳐 황장재에 9시35분에 도착. 9시40분에 산행을 시작하여 532미터봉(영덕, 청송, 영양 경계)에 오르니 10시10분, 동진하여 화매재에 11시10분 도착, 10분간 휴식. 장구메기 넘나드는 차도 고개를 12시10분에 통과하고, 충수염 꼬리 같이 생긴 지형의 끝 부분(632m)에 도착하니 13시10분, 20분간 중식.

13시30분에 출발하여 북상하다가 동쪽으로 꺾인 지점을 14시30분에 통과하고, 명동산(812.2m)에 오르니 15시50분이다. 잠깐 휴식을 취하고 북진하여 박점부락으로 하산하는 갈림길을 16시40분에 지나고 봉수대를 지나 헬기장에 도착하니 17시15분. 20분 정도 진행하니 석보면 삼의리와 영해면 대리를 넘나드는 고개다.

이곳에 밭이 개간되어 임도가 여러 방향으로 개설되어 임도사거리라고 하는데, 낙동정맥 6차 구간의 안내판이 설치되어 있다. 영양군을 거쳐가는 낙동정맥을 6개구간으로 나누고 등산로를 정비하여 종주자들에게 친절하게 길 안내를 하는 영양군의 배려가 엿보인다.

여기부터는 능선 위에 임도가 개설되어 있고, 807.8미터봉 근처에는 산불감시초소가 있으며, 우회하여 목장 안을 통과하고(18:30), 민둥봉을 옆으로 비켜 맹동산 근처에 이르니 18시50분 어둠이 깔린다.

밭 가운데로 나있는 차도가 여러 갈래이고 길이 잘 확인되지 않으므로 산행을 중지하고, OK농장(씨감자를 특약 재배하는 집)에 들어가서 묵

어 가기로 했다(19:00). 마침 방도 여유가 있고 주인이 친절하여 안락
한 밤이었다(영양군 석보면 삼의리 산30 OK농장 권노경 053-683-0883).

2002년 3월 31일 맑음.

저녁에 얻어놓은 밥과 라면으로 아침식사를 해결하고 6시10분에 산
행을 시작했다. OK농장에서 차도로 나와서 밭을 가로질러 능선에 올
라서니 어제 저녁 찾지 못했던 등산로가 확실히 잡힌다. 긴 능선을 오
르내리며 당집 있는 고개(옛날 울치재)를 지나고(7:30), 새로 차도를 개
설한 울치재에 이르니 7시40분.

한 숨을 돌리고 진행하는데 굴곡이 심하여 상당히 힘들었다. 영양군
경계를 버리고 영덕으로 접어드는 곳에서 창수령으로 바로 내리지 않
고, 깊은 안부에 내렸다가 다시 올라야 하는 어려움 때문에 도상거리
에 비하여 시간이 많이 걸렸다. 8시25분 창수령 도착.

이 구간은 원래 어제 저녁 늦더라도 야간산행으로 끝을 맺고, 영양
읍 무창리에 내려서 민박을 하기로 예정되어 있었는데 OK농장 주인
의 친절 덕분에 오늘 다시 와 보충하게 된 것이다. 길도 멀고 산행시작
이 늦어서 생긴 차질이었지만 오히려 잘 된 일이라고 생각한다.

13. 낙동13차구간 (창수령 – 삼승령 – 선시골 임도 차단기, 10시간 30분)
2002년 3월31일 맑음. 독경산, (백암산)

제11차 구간의 마무리를 위하여 2시간 이상 허비하고, 8시 30분에
산행을 시작하게 되었다. 독경산(683.2m) 헬기장에 오르니 9시5분.
'ㄷ'자 모양의 능선을 돌아서 밤남골로 이어지는 보림고개를 지나
(9:55) 10시15분 지경(영양 경계 봉)에 도착하여 15분간 휴식. 북상하여
680미터봉(10:55), 옷재(11:20)를 지나 저시재에 도착하니 12시30분이

344

다. 중식 겸 휴식 시간으로 30분 지체.

산행을 계속하여 쉰섬재에 이르니 13시25분. 718미터봉을 넘고 아래삼승령 차도에 도착하니 14시30분이라 예정보다 1시간 정도 더 걸린 것 같다. 오르내림으로 옛 삼승령을 지나 747.3미터봉(영덕, 울진, 영양의 경계)을 15시30분에 통과하고 윗삼승령에 도착하니 16시20분이다. OK농장과 이곳을 분할점으로 계획하는 것이 좋을 듯하다.

계속 북상하여 헬기장이 있는 910미터봉(17:05. 15분간 휴식), 950미터봉(17:50)을 지나고 죽파고개에 내려서니 18시15분. 10분간 휴식을 취하고, 힘을 돋구어 888미터봉에 오르고(18:50), 다시 내렸다가 백암산 갈림길(900m봉)에 오르니 19시10분이라 완전히 어두워졌다.

아껴둔 과일과 물을 모두 먹어 치우고 랜턴을 밝히고 조심스럽게 걸으니 진행이 다소 느려서 21시30분에야 차단기가 설치된 임도에 도착하여 13시간의 산행을 마쳤다. 날씨도 덥고 연일 산행에 지쳐서 예정보다 두 시간 이상 늦어진 것 같다.

이것으로 오늘 일정이 끝난 것이 아니다. 어디선가 물을 찾아 라면을 끓여 먹어야한다. 임도를 따라 서쪽 계곡으로 들어가서 물을 찾아 저녁 식사를 해결하니 피로가 다소 회복되었다.

능선으로 나와 야간산행을 강행할까 생각도 했지만 너무 어둡다. 비박을 결정하고 잠자리를 마련하고는 바로 잠에 빠져든다.

14. 낙동14차구간 (임도 차단기 – 휴양림 갈림길 – 한티재, 10시간 30분 소요)
2002년 4월1일 맑음. 검마산

심한 바람 소리에 잠이 깨어 눈을 뜨니 달빛이 대낮 같고 시간은 0시10분이다. 한기가 느껴져 더 잘 수 없으니 산행을 하는 것이 나을 것 같다. 준비하고 0시30분 산행을 시작했다. 검마산을 향해 오르는 능선은 남향이고 상록수가 없어 랜턴을 밝힐 필요가 없을 정도로 밝다.

918미터봉에 오르니 1시15분. 능선을 돌아서 1017.7미터봉에 오르니 헬기장이 거창하고 전망이 아주 좋다. 검마산이라고 생각하고서 20분간이나 밝은 야경을 즐겼다.

그러나 서쪽으로 또 다른 봉우리가 있어서 걸음을 재촉하여 2시30분에 올랐는데 검마산 정상을 알리는 간판이 있었다. 바로 안부로 내려오니 임도 갈림길이다(구지령, 3시 도착). 다시 힘들여 918.2미터봉 헬기장에 올랐다가(3:40), 내려오니 휴양림 갈림길이다(4:10).

여기는 신원리-죽파리를 돌아서 차단기 고개를 거쳐 울진으로 이어지는 임도의 시발점이고, 양양 제3차 구간의 시발점이며, 발리 쪽에 검마산 휴양림이 있다.

서쪽으로 진행하여 600.5미터봉을 4시35분에 통과하고 덕재에 내리니 5시25분이다. 남서진하여 최남단 봉우리에 오르니 6시50분. 방향을 서북서쪽으로 진행하여 안부를 지나고 635.6미터봉에 오르니 7시40분. 지금까지는 잘 왔는데, 갑자기 왼쪽 다리 장딴지에 근육통이 발생하여 걷기 힘들었다. 매년 지리산 당일종주와 야간종주를 하고 있지만 경련이 온 것은 처음이다.

추령에 내려서니 8시10분. 원두막 식으로 만들어진 휴식처에 걸터앉아 10분간 휴식. 날씨도 덥고 물이 모자라서 얼마 남지 않은 목표지점까지의 산행이 아주 힘들었다. 다행히 9시에 우천(외구목재)에 도착하니 바로 마을이다.

물을 보충하고 비상식으로 가지고 다니는 건빵으로 에너지를 보충하고 막바지 산행을 힘겹게 마치니 11시가 되었다. 덥고 다리경련 때문에 오기리 돌아가는 산행을 10시간 30분이나 걸려서 마쳤다.

15. 낙동15차구간 (한티재 – 애미랑재, 7시간 40분 소요)

2002년 4월 13일 맑음. 칠보산

부산에서 5시30분 출발. 경주, 포항(7시), 영덕(8:15), 진보(9:05), 영양(9:40)을 거쳐 한티재에 도착하니 10시가 되었다. 바로 산행을 시작하여 길동재(발리와 계리를 연결하는 임도)에 10시55분 도착. 5분간 휴식. 612미터봉을 통과하고(11시20분), 계속 고도를 높여서 850미터봉(발리 분지의 최북단 봉)에 도착하니 12시20분이라 중식과 휴식을 취하였다 (20분 소요).

슬슬 진행하여 884.7미터봉에 오르니(13:40) 헬기장이 있고 전망이 좋았다(10분간 휴식). 842미터봉을 지나고(14:20) 깃재에 내렸다가 올라서 일월면 경계를 밟고 다시 내렸다가 850미터봉(여기서 일월산 능선이 갈리는 곳)에 오르니 15시20분. 10분간 휴식.

북서진하여 새신고개(표고 520m 정도)에 내려섰다가(15:50) 표고차 450미터 정도를 다시 오르자니 새삼스럽고 겁이 난다. 그러나 쉬엄쉬엄 올라 오늘의 최고봉(974.2m봉: 사전마을 사람들은 이 산을 칠보산이라고 한다)에 이르니 16시30분이라, 오늘의 산행이 예정보다 빨라서 안도의 한숨이 나온다.

20분간 휴식을 취하고 애미랑재에 내려오니 17시40분. 1차 산행 때의 11시간에 비하여 2/3로 줄었다. 이것은 잡목을 제거하고 등산로를 잘 다듬어둔 덕분이다.

애미랑재에는 영양군에서 낙동정맥 안내판(제1차구간)을 설치해두어서 인상적이다. 영양군에 걸쳐있는 낙동정맥 구간을 6개구간으로 나누어서 안내판을 설치하고 등산로를 정비하여 종주자에게 도움을 주면서 군의 자랑으로 삼고있는 영양군 관계자에게 감사를 드린다.

재에는 새로 길을 확장하면서 100미터 이상 절개하여 오르내림이 어렵지만, 재에서 사전마을까지 가는데 7분 정도밖에 걸리지 않으므로 중간 기착지로 아주 좋다. 저녁에 신세를 진 집: 봉화군 소천면 남회룡리 사전마을 김호식 (054-672-7745)

16. 낙동16차 구간 (애미랑재 – 답운치 – 한나무재, 7시간 10분 소요)

2002년 4월14일 맑음. 통고산, 진조산

조금 늦잠을 자고, 라면으로 아침식사 후, 6시25분 사전마을을 출발하여 애미랑재에 올랐다. 애미랑재에서 6시40분에 산행을 시작하여 900미터봉까지 꾸준히 오르고(7:15), 방향을 동쪽으로 바꾸어 937.7미터봉 헬기장에 오르니 8시 정각.

커피 한 잔을 마시며 10분간 휴식. 동쪽 건너 봉에 올라 영양 땅을 벗어나면서 영양군 사람들의 「자연사랑 나라사랑」이라는 정신으로 등산로를 다듬어준 데 대하여 다시 한번 감사를 드렸다.

북동으로 방향을 바꾸어 왕피리 넘는 임도 고개를 통과하고(8시30분), 통고산(1,066.5m)에 오르니 9시10분이다. 정상의 옛 모습은 없어지고, 헬기장이 설치되어 있으며 새로운 표지석이 거창하다.

통고산 자연휴양림 때문에 등산로가 잘 정비되어 있지만 그 길을 따라가면 하산하게되므로 능선을 따라서 임도 고개를 건너고(9:50), 900미터봉을 통과하고(10:15) 홍이동 동쪽 능선을 타는데, 낙엽송 조림지역 가장자리에 잡목이 무성하여 산행에 불편을 준다. 북서쪽 능선을 타고 내려서 답운치(619.8m, 36번 국도)에 도착하니 11시20분이다.

충분한 휴식을 취한 후 11시40분에 산행을 시작하여 헬기장을 지나고 송전탑이 있는 봉우리에서 방향을 약간 틀어서 굴전 갈림 봉에 이르니 12시35분. 진조산 임도 고개를 지나(12:50), 진조산에 오르니 13시20분.

진조산 정상에는 표석이나 헬기장이 없으며, 분묘가 2기 있는데 업고 안고 있는 형상으로 배치되어 보기 흉했다. 10분간 휴식 겸 식사를 하고 북쪽으로 진행하는데, 정상에 없던 헬기장이 2곳이나 있었다. 한 나무재에 내리니 13시50분이라 7시간 10분 걸렸다.

재에서 소광리로 하산하여 울진으로 나오는데 어려움이 많았다. 빨리 한나무재의 차도포장이 완료되면(지금은 확, 포장 공사중임) 좋겠다.

17. 낙동17차구간 (한나무재 − 석개재, 9시간 30분 소요)
2002년 4월21일 맑음. 삿갓봉

전날 11시50분 부산 출발. 경주, 포항을 거쳐 울진에 도착하여, 소광리행 시내버스로 소광리에 18시10분 도착. 김진석(054-782-9293)씨 댁에서 1박 하고 라면으로 아침 식사 후, 김씨의 코란도 승합차로 한나무재에 올랐다.

6시에 한나무재에서 산행을 시작하여 헬기장 2개를 지나고 934.5미터봉에 도착하니 6시50분. 북진, 북동진, 동진으로 도면이 바뀌는 곳 동경216도 근방까지 진행하고(8:10), 북쪽으로 방향을 바꾸어서 임도를 건넌다.

북동진 방향으로 진행하여 1,136.3미터봉 암릉을 서쪽으로 우회하고 봉화군 경계에 이르니 9시15분이다. 동쪽으로 방향을 바꾸고 임도 능선으로 내려 진행하다가 다시 능선으로 올라 삿갓봉(1,119.1m)에 이르니 11시. 여기서 강원도로 접어든다.

북진하다가 적당한 곳에서 점심을 먹고(30분 소요), 997.7미터봉에 도착하니 13시이다. 13시30분 용인등봉(1,124m)에 올라 10분간 휴식. 묘봉(1,167.4m) 입구를 지나(14:10), 깊은 안부에 내려섰다가 997미터봉에 오르고(14:50), 북서진, 서진하여 석개재에 내리니 15시30분이다.

삿갓봉에서 건너다 본 응봉산 능선

삿갓봉 이후는 다리 근육통과 더위 때문에 1시간 이상 지체된 것 같다.

9시간 30분의 산행을 마치고 너뱅이 농장에 있는 농막에서 하루 밤 신세를 졌다.

18. 낙동18차구간 (석개재 – 통리 – 피재, 11시간 소요)

2002년 4월22일 맑음. 면산

4시에 일어나서 식사를 해결하고 너뱅이 농장에서 5시10분에 출발하여 석개재에 올랐다. 5시30분 석개재에서 산행을 시작하여 1,009.3 미터봉에 오르니 5시40분.

광평 능선을 돌아 면산 직전 안부에 도착하니 6시40분에 물 한 모금 마시면서 각오를 단단히 하고 꾸준히 올라 면산(1,245.2m)에 도착하니 7시30분이다. 면산은 낙동정맥에서 최고봉인데 산죽만 자욱하고 전망도 좋지 않으며 특징이 없다. 커피 한 잔 마시며 10분간 휴식.

여기서 경상도를 뒤에 버리고 완전히 강원도로 들어섰다. 가파른 길로 깊은 안부에 빠져들었다가(8:10), 다시 올라 구랄산(1,071.6m)에 이르니 8시40분이다. 또 토산령에 내려서니(9:20) 이름 값이라도 하는 듯 깊이 내려앉아 있으며 양쪽으로 깊이 파고든 계곡으로 넘나드는 오솔길이 있다.

다시 1,085미터봉을 넘고, 한개고디재에 내려섰다가(10:15), 철탑 능선으로 북상했다. 왼쪽으로 방향을 바꾸어서 갈림 능선 봉에 오르고 백병산 입구까지 가는데 무척 힘들었다.

11시45분에 도착하여 20분간 휴식과 중식을 해결하고 고비덕재에 내리니 12시20분. 면안등재를 지나고(12:40), 1,090미터봉에 올랐다가 통리역으로 내려오니 13시40분이 되었다. (8시간 10분 소요)

낙동정맥의 최고봉 면산 정상. 일대가 온통 산죽 천국이다

마침 14시26분발 부산행 열차가 있어서 일찍 귀가할 수 있었다.

2002년 5월11일 맑음. 구봉산

5월 10일 22시 부산 발 청량리 행 열차로 영주에 도착하니 새벽 2시 55분. 3시 발 강릉 행 임시열차로 갈아타고 통리역에 4시50분 도착하여 아침 식사를 했다. 통리역 인근 능선으로 5시20분에 산행을 시작하여 920미터봉에 올랐다가(5 : 50), 느름나무재(楡嶺:유령)에 내리니 6시가 되었다.

산신당이 있으며, 태백과 삼척에서 매년 제사를 올린다고 한다. 932.4미터봉(6 : 20), 930미터봉(6 : 40)을 넘고 예당골 임도 고개에 도착하니 6시50분. 계속 북상하여 주능선 나란히 임도를 닦고 있는 곳을 지나서 924미터봉(7 : 30)과 구봉산(930m)을 넘고(7 : 50), 작은피재(854.8m)에 도착하니 8시10분이어서 예정보다 빨랐다.

배낭을 벗어두고 휴식을 취하면서 피재에 가서 사진을 찍고 오는데 30분이 소요되었다. 작은피재에서 분수령 따라 백두대간 길까지 오르는 길은 개인농장 철책울타리 옆으로 나 있는데 사람이 별로 다니지 않아서 오르기에 힘든 길이었다.

9시5분에 낙동정맥을 마무리지었다. 낙동정맥 시발점 봉우리에는 소나무 한 그루가 있고, 그 옆에 돌탑이 만들어져 있었다. 15분간 휴식을 취하면서 마음을 가다듬어 백두대간에 도전할 각오를 다졌다.

3. 낙남정맥 단독 구간종주 일지

낙남정맥 단독종주 일람표

차수	날짜	소요시간	구 간	산 이 름	숙식 및 비용
1	8/24	06:50	영신봉-삼신봉-고운재	영신봉, 삼신봉	대간연속 9천
2	8/25	10:30	고운재-돌고지재-배토재	옥산 천왕봉	원묵산장민박 29
3	9/6	10:00	배토재-딱밭골재-솔티고개	야산지대	버스 당일 16
4	9/19	06:00	솔티고개-유수재-가운데재	실봉산	버스 당일 14
5	9/22	11:40	가운데재-개리재-부련이재	무선산, 봉대산	새벽 버스 7
6	9/23	11:00	부련이재-추계재-장박고개	천황산, 대곡산, 백운산	고봉리 비박 7
7	9/29	09:00	장박고개-배치고개-발산재	덕산, 필두봉, 깃대봉	새벽 승용차 15
8	10/12	09:30	발산재-오곡재-한치	여항산, 서북산, 봉화산	새벽 승용차 15
9	11/4	07:00	한치-쌀재고개-마티고개	광려산, 대산, 무학산	버스 당일 10
10	11/9	08:00	마티고개-신풍고개-소목재	천주산	버스 당일 10
11	11/10	07:00	소목재-비음령-장고개	봉림(정병)산, 대암산, 용지봉	버스 당일 9
12	11/12	07:20	장고개-삼계고개-나전고개	황새봉	버스 당일 5
13	11/16	06:00	나전고개-새명고개-동신어산	신어산, 동신어산	버스 당일 5
계		108:50			143,000원

|참고사항|

1. 제1차 구간은 화개재-영신봉 산행에 이어 속행한 것인데, 당일 새벽 승용차로 거림에 가서 영신봉에 오른 후(2시간 30분 소요) 산행을 한 것과 동일하다고 볼 수 있다.
2. 9월까지는 낙동강분수령 일주산행의 연속이었고, 10월은 백두대간 보충산행에 시간을 할애하고서 11월에 속행한 것이다.
3. 능선 접근 및 퇴로에 총 4시간 15분 소요(영신봉 2:30, 부련이재 35, 소목재 25, 동신어산 45)
4. 부산에서 가까운 남부지역이라 대부분 당일 산행이기 때문에 비용은 최소화되었다.

낙남정맥 종주일지

1. 낙남1차 구간 (영신봉 – 삼신봉 – 묵계재 – 고운재, 6시간 50분 소요)

2002년 8월24일 가끔 흐림. 영신봉, 삼신봉

아침 5시10분 화개재를 출발하여 10시50분 영신봉에 도착할 때까지 지리산 당일종주를 하는 기분으로 5시간 40분의 산행으로 백두대간 부분을 마무리하고, 30분간 중식을 겸한 휴식으로 몸과 마음을 가다듬은 후 새로운 기분으로 11시20분 영신봉(1,651.9m)에서 낙남정맥 산행의 첫 발을 내딛는다.

음양수 샘터를 지나(11:50) 대성골 갈림길에 이르니 12시10분. 통천문을 통과하고(12:25) 1,270미터 암봉을 넘어(12:50) 한벗샘에 이르니 13시20분, 세석 4.8킬로미터 청학동 5.2킬로미터라는 이정표를 보니 삼신봉까지 절반 정도는 온 것 같아 샘(40m 거리라고 되어 있으나 훨씬 멀다)에 내려가서 물을 마시고 미숫가루를 타서 마시고 돌아오는데 20분 걸렸다.

새로운 마음으로 출발하여 올라가다 보니 능선분기점 봉우리가 까마득히 앞을 막는다. 오른쪽 비탈 지름길로 주능선에 오르니 14시15분이다.

여기서 삼신봉 쪽 능선은 산불 피해를 입어 고사목의 잔해가 보기 흉하고 산죽과 싸리나무가 무성하여 산행이 힘들었지만 삼신봉(1,284m)에 오르니 15시. 생각보다 빨리 온 것이다. 10분간 휴식을 취하고 청학동 갈림길에 이르니(15:20) 세석 8킬로미터 청학동 2킬로미터라는 이정표가 있다.

여기서부터 등산로가 순탄치 않다. 외삼신봉(1,288m)을 지나고 (15:40) 1,230미터봉(16:00), 1,170미터봉(16:30)을 지나 암릉이 이어진 후 급경사길이다. 산죽밭 터널을 지나 묵계재(825m)에 이르니 17시.

다시 1,010미터봉을 넘어야 하는데 산죽이 앞을 막아 아주 힘든 산행이다. 봉을 17시50분에 넘고 고운재에 내려서니 18시10분이라 낙남 1차 구간은 6시간 50분이 소요되었고 민박집에 19시가 넘어 도착했으니 하루 산행이 14시간 이상 걸렸다. (원묵산장 주인: 노병화, 055-882-7209, 011-578-7209)

고운재에서의 하산과 고운재까지 올라가는 것은 주인이 승용차로 서비스해 주심.

2. 낙남2차 구간 (고운재 – 돌고지재 – 배토재, 10시간 30분 소요)
2002년 8월 25일 흐리고 가끔 맑음. 옥산 천왕봉

4시기상, 라면으로 식사, 원묵산장 주인의 승용차를 이용하여 고운재에 오르니 6시5분전. 안개가 끼어 지척이 보이지 않고 비가 오기 시작한다. 판초우의를 둘러쓰고 오르는데 산죽이 터널을 이루어 아주 힘든 길이었다.

안개 때문에 지형을 분간할 수 없어 몇 개의 봉을 오르내리고 묘역이 너른 묘지에 도착하니 7시. 다시 암봉을 지나고(7:35) 삼각점이 있는 봉우리(789m)에 이르니 8시. 다시 730미터봉을 지나(8:15) 길마재에 내려서니 8시40분이었다.

다시 올라 산불감시초소가 있는 553미터봉에 오르고(9:05) 오른쪽으로 방향을 틀어서 삼거리 안부에 내렸다가 563미터봉에 오르니 9시40분. 방향을 약간 틀어서 계속 능선을 타니 공터(봉분이 없는 묘: 며칠 전 벌초한 흔적이 있음)가 나타나고(10:00) 몇 봉을 오르내리고 안부로 내려서니 1998년도에 개설된 상이지구 임도(양이터재)이다(10시30분 도착. 10분간 휴식).

다시 643미터봉에 오르고(11:00) 오른쪽으로 방향을 틀어서 668미터
봉(방화고지)까지 진행하고(11:30), 다시 왼쪽 급경사 길로 안부에 내렸
다가 651미터봉에 오르니 12시10분. 암봉으로 이루어져서 이름이 있
을 법한데 없다. 중식 겸 휴식(30분간).

안부로 내렸다가 능선 분기점인 590미터봉에 오르고(13:00), 산불로
고사목이 즐비한 능선을 따라 진행하여 능선 분기점에 이르고(13:20)
급경사를 내려서니 옛 임도이다. 사거리 안부에 내려서고 차도를 따라
서 돌고지재에 이르니 13시50분. 10분간 휴식.

동남쪽 임도를 따라 올라가니 산불 감시초소가 있는 455미터봉이고
(14:20) 약간 내렸다가 526.7미터봉(14:30), 547미터봉(14:40)을 넘고 안
부 임도에 내렸다가 602미터(옥산 천왕봉)에 올라서니 15시20분. 왼쪽
으로 보이는 옥산을 비껴서 동남쪽으로 고도를 낮추면서 배토재에 이
르니 16시30분이었다.

산죽 터널, 잡목 길, 철쭉지대 등을 통과하는데 힘이 들어서 10시간
30분이나 걸리는 어려운 산행이었다.

3. 낙남3차 구간 (배토재 – 딱밭골재 – 솔티고개, 10시간 소요)
2002년 9월6일 흐리고 때때로 갬. 이름 없는 야산. 알밤 줍기

동래에서 진주행 첫차로 7시40분 진주 도착. 8시15분 곤양 경유 옥
종행 버스로 배토재에 도착하니 9시5분, 바로 산행 시작. 임도 2개를
지나 대밭 사이 임도로 오르고(10:20) 십자로 안부에 내려섰다가(10:50)
250미터봉에 오르니 11시.

밤 줍기, 길 찾기 등으로 산행이 다소 느려졌다. 콘크리트 도로가 있
는 고개(확·포장 공사 진행 중)에 내렸다가(12:20) 다시 올라 봉계리 국
도에 이르니 13시45분, 20분간 휴식 및 중식.

새로운 기분으로 능선 분기점을 넘고(13:40) 245.5미터봉 입구를 지나(13:50), 능선 임도를 따라서 송전 철탑까지 가고 오솔길로 접어들어 다음 철탑에 이르니 14시10분.

남동쪽으로 방향을 틀어서 성터 봉에 오르고(14:25) 성터에 이르니 14시35분. 몇 개의 봉우리를 오르내린 후 234.9미터봉에 이르니 15시 5분, 15분간 휴식.

방향을 북동쪽으로 틀어 봉 3개를 넘으니 파란 지붕으로 된 집 두 채가 있다(15:35). 안부에 내렸다가(15:45) 폐 임도를 따라 단풍나무 등 수목원을 지나고 딱밭골재에 내려서니 16시. 과수원 봉우리에 올랐다가 임도를 건너 밤 밭 봉우리(181m)를 넘고 선들재에 이르니 17시25분, 10분간 휴식.

송전탑이 있는 봉우리는 태풍으로 피해를 입은 송전선로를 보수중이고 나동공원묘원을 돌아 190.5미터 봉에 이르니 18시10분. 계속 북상하여 국도2호선 SK덕천주유소(솔티고개)에 내리니 19시5분. 10시간으로 산행을 끝내고 시내버스로 진주에 오고 20시 동래 행 막 버스로 집에 오니 22시가 넘었다.

4. 낙남4차 구간 (솔티고개 – 유수재 – 가운데재, 6시간 소요)

2002년 9월19일 맑음. 실봉산

동래에서 진주행 첫차로 8시 진주 도착. 8시15분발 옥종행 버스로 솔티고개(2번 국도 변 SK덕천주유소)에 내려서니 8시40분, 바로 산행을 시작했다.

연평마을 삼거리 애향탑까지 들어가서(8:50) 한 봉우리를 넘고 십자로 안부에 내렸다가 다시 올라 임도 종점(공터)을 지나고, 190.2미터 능선분기점에 오르니 9시30분. 계속 진행하여 2번 국도에 내려서니

10시. 예정보다 빨리 진행되어 커피 한 잔으로 숨을 돌린다.

국도 따라 유수교로 가화강을 건너서(10:15) 오른쪽 농로를 따라 좀 들어가서 대밭 사이로 작은 봉우리를 넘고(10:40) 몇 봉우리를 오르내리고 유수재에 이르니 11시50분. 다시 올라 감나무 과수원을 통과하면서 십자로 안부에 내렸다가 삼거리 능선분기점에 올랐다(12:30).

임도 돌아가는 안부에 내렸다가 능선분기점에 오르니 12시40분, 또 임도(내동 독산지구 임도; 앞에 만났던 임도)에 내렸다가(13:00) 실봉산(185m)에 오르니 13시15분. 10분간 휴식. 산불 감시초소에 내려서니 (10:35) 두릅나무 밭이 대단하다.

임도 삼거리를 지나고(13:40) 능선분기점 오른쪽 비탈길을 따라 방향을 남쪽으로 바꾸고 계속 진행하여 가운데재 화동 버스 정류장에 이르니 14시40분. 밤 줍기를 겸한 6시간의 가벼운 산행이었다.

5. 낙남5차 구간 (가운데재 – 개리재 – 부련이재, 11시간 40분 소요)
2002년 9월22일 흐림. 무선산, 봉대산

동래에서 첫 차로 진주에 도착하니 7시30분, 시내버스로 화동 정류소에 내리니 7시50분. 바로 산행을 시작하여 야산 능선으로 콘크리트 포장 임도를 3개, 십자로 안부 2개를 지나고 93.8미터 능선분기점에 오르니 8시50분.

대밭을 통과하는 임도를 지나고 산불감시초소를 통과하고(9:15) 죽봉고개(아스팔트길)에 도착하니 10시. 임도 따라 과수원길 – 임도 삼거리 – 소나무 숲 – 십자로 안부 – 배밭을 지나 능선분기점에 오르고 (10:30) 거리재(아스팔트길: 주민들은 개리재라고 한다)에 이르러 10분간 휴식(10:50~11:00).

또 170미터봉을 넘고(11:20) 210미터봉 – 임도 – 212미터봉을 넘으니 절개지에 아스팔트 차도가 나타난다(12:00). 길 건너 묘지가 있는 곳에서 30분간 중식 및 휴식.

무선산(277.5m)에 오르고(13:00) 290미터봉(사거리)을 넘어(13:30) 돌 장고개(아스팔트길)에 내리니(14:10) 진주 - 통영 간 고속도로 공사가 한창이다. 절개지 중간쯤 등산로를 찾아서 봉우리를 넘고 과수원 옆으로 임도를 따라 능선분기점 - 임도 안부 - 능선분기점을 거쳐 210미터봉에 이르니 16시.

안부에 내렸다가(16:20) 357미터봉에 오르니 16시50분, 또 능선분기점을 지나고(18:00) 봉대산(409m)에 오르니 18시30분. 걸음을 재촉하여 양전산(310,9m)을 넘어(19:05) 랜턴 불을 밝히고 부련이재(시멘트 포장길; 확장공사 중)에 내리니 19시30분. 11시간 40분의 산행을 마치고 고봉리로 내려가서(15분 소요) 마을회관에서 1박 했다.

6. 낙남6차 구간 (부련이재 - 추계재 - 큰재 - 장박고개, 11시간 소요)
2002년 9월 23일 흐림. 천황산, 대곡산, 백운산

4시40분 기상, 5시40분 출발. 6시 부련이재에 올라서 산행 시작. 245미터봉을 넘어 문고개(시멘트포장길)에 내려서고(6:25) 급경사 길을 올라 능선분기점을 넘고(7:00) 백운산(391m)에 이르니 7시20분.

405미터봉을 넘고(7:30) 수원 백씨 묘가 있는 안부에 내렸다가(8:10) 봉우리를 넘고 임도(공사 중)를 건너 송정고개(절골고개; 시멘트포장길)에 이르니 8시40분. 커피타임으로 10분간 휴식.

다시 천황산(342.5m)에 오르고(9:15) 능선분기점을 지나(9:35) 추계재 (아스팔트포장길)에 내리니 9시50분이다. 임도 따라 고압송전탑을 지나고 401미터능선분기점(10:10), 쌍무덤이 있는 능선분기점(10:35), 철조망이 보이는 안부에 내렸다가 대곡산(542.9m)에 오르니 11시35분.

급경사 길을 내려 철조망 따라 오른쪽 곁으로 진행하여 콘크리트 도로에 내려서고 마장이재에 오르니 12시, 30분간 중식 겸 휴식 시간.

철조망 밖으로 힘겹게 올라가다가 결국 철조망을 넘고, 2번 더 넘어 목장을 벗어나고 능선분기점에 이르니 13시30분. 마장이재 전후의 목장지대를 통과하는데 1시간 이상의 시간과 힘을 허비하고 나니 맥이 빠진다. 화리재 임도에 내렸다가(13:45) 무량산(581.4m) 입구 능선분기점에 오르니 14시20분.

힘이 빠져 무량산에 갔다오는 것을 포기하고 10분간 휴식을 취한 후에 암릉을 지나 568미터봉에 오르고(15:00) 큰재에 내리니 15시30분. 백운산(485m)을 넘어(16:00) 장박고개(아스팔트포장길)에 내리니(17:00) 통영 고속도로 공사가 한창이다.

배치고개까지 갈 예정이었으나 시간도 늦었고 노선버스가 바로 있어서 여기서 11시간 산행을 접고 고성으로 나가서 버스로 귀가했다.

7. 낙남7차 구간 (장박고개 – 배치고개 – 탐티재 – 발산재, 9시간 소요)
2002년 9월29일 맑음. 덕산, 필두봉, 깃대봉

승용차로 5시30분 출발하여 고성 버스터미널에 도착하니 7시10분. 7시35분 대가행 군내버스로 장박고개 장전정류장에 내리니 8시. 바로 산행을 시작하여 송전탑 능선을 따라서 310미터봉을 넘고(8:20), 455미터봉에 오르니 8시35분.

급경사 길을 내리고 다시 올라 좌우에 저수지가 보이는 능선분기점을 넘고(8:50), 송전탑이 있는 330미터봉에 오르니 9시15분. 먹고개에 내렸다가 덕산(278.3m)을 넘고(9:25) 배치고개(아스팔트포장길)에 이르니 9시35분, 커피타임으로 10분간 휴식.

계속하여 십자로 안부를 지나(10:10) 매봉산 입구를 거쳐 신고개(시

멘트포장길)에 이르니 10시35분. 다시 369미터봉을 넘고(11:05) 새터재
(아스팔트길)에 내리니 11시40분.

또 사거리 안부를 지나(12:00) 필두봉에 오르고(12:40) 급경사 길을
내려 탐티재에 도착하니 13시이라 예정대로 순조롭게 진행됨을 확인.
30분간 중식 및 휴식.

용암산(399.5m)에 오르고(13:50) 송전탑 공터에서 능선 방화선 임도
를 따라 작은 봉을 몇 개 오르내리고 남성재(시멘트포장길)에 이르니
14시15분. 다시 418.5미터봉에 올랐다가(15:15) 옹내무재(일반임도)에
내리니 15시25분.

깃대봉에 오르고(15:55) 암릉 따라 넓은 암반이 있는 능선분기점을
지나(16:15) 전망대 바위, 암릉, 급경사 길을 내려 발산재에 도착하니
17시. 9시간의 산행을 무사히 마치고 버스로 고성터미널 도착(18시).
승용차에 약간의 문제가 발생하여 고쳐서 귀가하니 21시가 넘었다.

8. 낙남8차 구간 (발산재 – 오곡재 – 미산령 – 한치, 9시간 30분)
2002년 10월12일 맑고 흐림. 여항산, 서북산, 봉화산

5시30분 승용차로 출발. 6시40분 진동 도착. 6시55분 진주행 버스로
7시20분 발산재에 도착. 간단히 준비를 끝내고 산행시작. 능선분기점
(326m봉 입구)을 넘고(8:00), 송전탑 안부에 내리니 임도가 나타났다.

임도 따라 300미터쯤 가다가 왼쪽 능선을 타고 290미터능선분기점
에 올라(9:00) 10분간 커피타임. 느티나무 안부 공터에 내리니 오른쪽
에 임도가 보인다.

다시 335미터봉을 넘고(9:35) 안부에 내렸다가(9:45) 묘지가 있는 능
선분기점에 오르니 10시20분. 522.9미터봉에 올라(10:30) 오른쪽으로
방향을 틀고 오곡재(비포장 임도)에 내리니 10시50분. 10분간 휴식.

봉 네 개를 넘으며 고도를 높여 능선분기점(654m; 미산령 입구)에 오르니 11시40분. 북쪽에 미산령(661m)이 지척이고 동쪽에 여항산이 버티고 다가선다.

미산재(십자로임도 안부, 200여평 공터)에 내렸다가(11:45) 능선분기점인 산성터에 오르고(12:20) 암릉 따라 여항산(770m)에 이르니 12시45분. 30분간 중식 및 휴식.

암벽 삼거리(13:30), 헬기장(13:45)을 지나 전망대 봉 두 개를 10분 간격으로 넘고 십자로안부에 내렸다가 서북산(738m)에 오르니 14시35분. 전적비가 있고 넓은 헬기장이 있으며 전망이 좋고 남해 바다 섬들이 도열하고 있다. 10분간 휴식.

급경사 길을 따라 임도 안부에 내리고(15:05) 임도 갈림길을 지나(15:25) 능선분기점에 오르니 15시50분. 650미터봉을 넘고(16:10) 봉화산(649.2m)에 올라 마지막으로 10분간 휴식(16:15~16:25). 급경사를 내려오면서 5가지 소나무를 보니 한가지가 죽어서 4가지로 되었고, 안부에 내리니(16:45) 표고 차 100미터 넘는 봉이 앞을 가로막는다.

마지막 힘을 내어 봉을 넘고 한치에 도착하니 17시. 예상보다 일찍 산행을 마쳤으며 젊은 분의 도움으로 쉽게 진동까지 나왔는데, 승용차로 귀가하는 길은 주말 교통량 폭주로 정체가 심했다.

9. 낙남9차 구간 (한치 – 쌀재고개 – 마티고개, 7시간 소요)
2002년 11월4일 맑음. 광려산, 대산, 대곡산, 무학산

일찍 아침 식사를 하고 5시45분에 집을 출발. 서부터미널에서 7시 버스를 탔지만 출근길 정체가 심하여 남마산에 도착하니 8시10분. 8시4분에 출발하는 함안행 버스를 놓치고 9시20분 버스를 기다리면서 지나치게 빠듯이 계산한 게 잘못이라는 후회를 하게 된다. 결국 9시

55분 한치에 도착하여 간단히 준비를 끝내고 10시에 산행을 시작했다.

급경사를 오르고 암릉을 지나 광려산(720.2m)에 이르니 11시. 계속하여 삿갓봉(750m)을 넘고 암봉과 암릉을 지나 몇 개의 봉을 넘으며 삼거리안부에 내리고(11:45) 대산(727m)에 오르니 12시10분.

다시 안부에 내리고 568미터봉(산불감시초소)을 넘어(12:40) 바람재(대산으로 이어지는 임도가 북쪽 옆으로 지나감)에 이르니 12시55분. 다시 446미터봉을 넘고(13:05) 쌀재고개에 내리니 13시15분. 25분간 중식 및 휴식.

새로운 기분으로 급경사를 올라 대곡산(516m)을 넘고(14:05) 학룡사 갈림길(14:20), 완월폭포 갈림길(14:30), 약수터(14:40)를 지나 715미터봉을 넘고(14:50) 무학산(761.4m)에 오르니 15시. 10분간 휴식. 650미터능선분기점을 지나(15:30) 500미터봉에 이르니 15시55분.

송전탑고개를 지나(16:40) 마티고개에 내리니 17시. 출발이 늦어서 계속 진행하였으므로 7시간 정도로 산행이 빨리 끝났으며, 버스편이 빨라서 마산터미널 근처에서 목욕도 할 수 있었다.

10. 낙남10차 구간(마티고개 – 굴현고개 – 신풍고개 – 소목재, 8시간 소요)
2002년 11월9일 맑음. 천주산

5시45분 집을 나서 동래에서 6시15분 버스로 7시 마산 도착. 완행버스로 마티고개에 내리니 7시25분. 7시30분 산행을 시작하여 245미터봉을 넘어 임도에 도착하니 8시10분. 또 능선마루를 넘어 콘크리트포장 임도에 내리니 8시30분. 묘가 있는 능선분기점에 오르고(8:55) 430미터봉을 넘고 470미터봉에 오르니 9시20분, 10분간 휴식.

십자로 안부에 내리고(9:50) 억새가 무성한 능선분기점을 넘어

(10:10) 십자로 안부에 내렸다가(10:20) 천주산(638.8m)에 오르니 10시 35분. 10분간 휴식. 중계 안테나 봉과 헬기장 3개를 지나 안부에 내리니 11시10분. 전망대를 지나 천주봉(539m)을 넘고(11:20) 굴현고개에 내리니 11시40분. 이른 시각이지만 중식 및 휴식(30분 소요).

288미터봉에 오르고(12:40) 되돌아와서 능선 따라 송전탑에 이르니 13시. 고속도로에 내려 옆길로 동진하여 굴다리를 통과하고 철길 건널목을 건너 마을 도로로 신풍고개 용강검문소에 이르니 13시30분.

과수원 진입로로 능선에 오르고 봉을 넘어(13:50) 안부에 내리고 (14:05) 창원컨트리 관리동 옆 봉을 지나(15:20) 삼거리 안부(컨트리 철망 쪽문)에 내리니 14시30분.

산죽 터널을 지나 293.8미터봉에 올라(15:10) 10분간 휴식하고 소목재에 내리니 15시30분. 등산로가 양호하여 비교적 빨리 종주를 마쳤으며, 10분 정도 걸려 사격장에 내려와서 일찍 귀가할 수 있었다.

11. 낙남11차 구간 (소목재 – 비음령 – 장고개, 7시간 소요)
2002년 11월10일 맑음. 봉림산(정병산), 대암산, 용지봉

시간을 맞추지 못해서 동래에서 창원행 버스를 타지 못할 것 같아 서부터미널에서 출발하여 창원에 도착하니 8시10분. 택시로 사격장까지 가고(8:40) 소목재에 오르니 8시55분. 9시에 산행을 시작하여 봉림산(=정병산; 566.7m)에 오르니 9시30분, 10분간 커피타임.

암릉 따라 십자로 안부에 내리고(10:10) 길상사 갈림길을 지나(10:20) 내정병봉(493m)에 오르니 10시25분. 또 우곡사 갈림길을 지나(10:35) 용추계곡 갈림길에 내리고(10:40) 능선분기점(510m)에 오르니 10시50분.

용추고개를 지나고(11:05) 전망대봉(490m)을 넘어(11:20) 안부에 내

리니(11:30) 진례산성 성문 흔적이 완연하다. 비음산 입구를 지나 (11:35) 진례산성 능선분기점을 넘어 비음산 청라봉(517m)에 이르니 11시40분. 15분간 중식 겸 휴식.

남산치 십자로 안부에 내려(12:05) 급경사 길을 오르고 암릉 따라 565미터봉, 607.4미터봉을 넘어 대암산(699m)에 오르니 12시55분. 다시 안부에 내리고(13:05) 신정산(707m)을 넘어(13:20) 용지봉(723m)에 오르니 13시50분. 20분간 휴식.

암봉을 거쳐 사거리 안부(장유사, 용전마을 갈림길)에 내리고(14:35) 능선분기점(515m봉)을 넘어 능선을 타고 임도 안부에 이르니 14시55분. 급경사 길로 한 봉우리를 넘고 471.3미터봉을 지나(15:15) 송전탑에서 왼쪽으로 방향을 틀고 다음 송전탑 옆으로 하산하고 능선 따라 내려가다가 능선 분기점 직전에서 왼쪽 급경사 비탈길로 접어든다.

시멘트 포장 임도를 만나고 전투경찰대 정문 옆을 지나 장고개 국도에 내리고 냉정 버스정류장에 이르니 16시.

오늘 구간은 김해시에서 등산로를 잘 정비해두어서(잡목 및 잡초제거, 가지치기 등 2m정도 정리) 길을 잘못 들 염려가 없으며, 출발시간이 늦어 산행을 빨리 진행하였기 때문에 예정(10시간 이상)보다 훨씬 단축되어 7시간에 산행을 마치고 일찍 귀가했다.

12. 낙남12차 구간 (장고개 – 삼계고개 – 나전고개, 7시간 20분 소요)
2002년 11월12일 맑음(황사). 황새봉

부산 서부시외버스터미널에서 진례행 버스를 타고 장고개에 내리니 9시30분. 바로 산행을 시작하여 134.9미터봉을 넘고 오른쪽 수로를 통과하여(9:50) 송전탑 능선분기점에 이르니 10시10분. 330미터봉을 지나(10:35) 불티재에 내리고(10:45) 396미터능선분기점에 오르니 11시.

10분간 커피타임. 330미터능선분기점(15번 송전탑)에서 오른쪽으로 방향을 틀어서(10:20) 황새봉(392.6m)에 오르니 11시40분.

355미터능선분기점을 지나(12:00) 영락공원묘지 십자로안부에 내리고(12:20) 350.8미터봉을 넘어(12:40) 376.1미터봉에 이르니 12시50분. 20분간 중식 및 휴식.

방향을 오른쪽으로 틀어서 낙원공원묘지 십자로안부에 내리고(13:40) 다시 올라 28번 송전탑을 지나(13:55) 밤나무 밭 옆 능선을 따라 폐자재 처리공장 입구에 내리니 14시10분. 공장을 통과하여 30번 송전탑 옆으로 오르고 다른 선로의 송전탑(8번) 능선분기점을 넘어 급경사 길로 삼계고개에 내리니 14시40분.

다시 송전탑 봉을 넘어 절개지 시멘트포장 임도를 건너(15:00) 송전탑 능선분기점에 오르고(15:30) 오른쪽으로 방향을 틀어서 인공으로 절개한 것 같은 안부(아스팔트 차도)에 내리니 15시40분.

다시 급경사 길을 올라 394.8미터봉을 넘고(16:10) 능선분기점에서 방향을 틀어서(16:25) 나전고개에 내리니 16시50분. 예정보다 빨리 종주를 마치고 고마운 청년의 복서 화물차에 편승하여 김해로 나와서 시내버스로 귀가했다.

13. 낙남13차 구간 (나전고개 – 새명고개 – 동신어산, 6시간 소요)
2002년 11월16일 맑음. 신어산, 동신어산

일찍 출발하여 시내버스로 집 앞 – 부산대학 앞 – 김해 금강병원 앞까지 가서(7:25) 7시40분에 지나가는 생림행 버스를 타고 8시쯤 나전고개에 도착할 예정이었으나, 가는 길에 화물차끼리 정면충돌하는 대형사고가 나서 정체되어 9시 나전고개에 내렸다. 바로 산행을 시작하여 370미터봉을 넘고(9:20) 몇 개의 봉을 더 넘은 후에 능선분기점에서 방향을 바꾸어(9:50) 송전탑 임도를 지나(10:00) 영운리고개에 내리니 10시10분이다.

재에 놓인 육교를 건너 가야컨트리로 들어서고 관리소를 지나(10:30) 컨트리 안부에 이르니(10:40) 관리인이 차에 타고 나가자고 한다. 사정 이야기를 하고 급경사 길을 올라 630미터봉(능선분기점)에 이르니 11시10분.

15분간 새참을 겸하여 휴식. 능선을 따라 헬기장과 출렁다리를 지나 신어산 정상(630.4m)에 오르니 11시45분. 많은 사람들이 올라와 있어서 기념촬영을 하고 바로 능선분기점을 돌아 새명고개(시멘트포장 임도)로 내렸다(12:20).

고개에서 임도를 따라 오르다가 오른쪽으로 능선분기점에 오르고 왼쪽으로 꺾어 내리고 임도를 건넌다. 다시·올라 능선분기점 2개를 지나 522.2미터봉에 오르니 13시10분. 왼쪽으로 방향을 틀어 십자로안부에 내리고(13:20) 470미터봉(백두산 능선분기점)에 오르니(13:50) 낙동강이 시야에 들어온다.

십자로안부 2개를 지나 490미터봉(능선분기점)에 오르고(14:30) 십자로안부에 내렸다가(14:40) 동신어산에 오르니 15시. 낙남정맥 종주의 종지부를 찍고 15분간 휴식. 동신어산 전후의 능선은 낙동강과 어울려 경치가 아주 좋다. 전망 좋은 암릉(15:25)과 능선분기점(15:40)을 지나 고암마을에 내리니 16시. 예정보다 빨리 7시간의 산행으로 낙남정맥 종주의 최종구간을 마무리지었다.

4. 낙동강 분수령 일주 구간 단독산행

개괄

이제 평생을 걸어온 교직생활의 종착역인 정년퇴임이 얼마 남지 않았다. 그래서 연구실 밖에서 일어난 일들 – 취미생활에서 얻은 자료들을 정리하여 정년퇴임의 기념으로 산문집을 출간하기로 했다. 마침 2002학년도에는 마지막 기회로 안식년 휴가를 받게 되어 자료를 정리할 좋은 기회를 얻었다.

또한 건강증진에도 시간을 투자하기로 하고 일주일에 2일(토요일과 일요일)은 산에 가는 날로 정하여 '낙동강 분수령 일주' 라는 이벤트 산행을 생각하게 되었다. 즉 낙동강 분수령을 구간으로 나누어 혼자 일주하면서 걸어간 발자취를 실시간으로 기록하여 문집의 말미에 부록 형식으로 덧붙이려 한다.

따라서 이 기록은 문학성도 예술성도 없으며, 초등학교 학생들의 일기장처럼 반복되는 딱딱한 자료에 불과하지만, 내가 살아온 인생행로의 축소판이며, 백두대간, 낙동정맥, 낙남정맥을 종주하는 사람들에게 참고자료 구실을 할 수 있을 거다.

나는 1993년 초부터 1994년 전반까지 태백산맥 구간 종주를 하였다. 아무개 산악회를 따라서 진부령에서 출발했지만 그 후로는 시간이 잘 맞지 않아서 대부분 혼자서 하게 되었다. 그 때 산행 중 기록한 것을 정리해서 책으로 내려고 원고를 만들었다가 차일피일 미루다 출판하지 못하고 원고파일과 자료들을 지금까지 그냥 가지고 있었다.

그 무렵(1995년)부터 백두대간 개념이 도입되고 「산경표」에 따라 산줄기 타기가 유행하면서 태백산맥종주라는 말 자체가 없어지는 형편이어서 책을 내더라도 관심을 끌지 못하고 다른 산악인에게 별로 도움이 될 것 같지 않았기 때문에 그냥 둔 것이다. 미흡한 부분을 보완하고 다른 패턴의 산행기록으로 바꿔 출판하는 것도 생각해왔으나 뜻을 이루지 못했다.

태백산맥 종주로서 피재 위쪽의 백두대간과 낙동정맥을 종주한 셈이었고, 1994년 중반부터 95년에 걸쳐서 피재 남쪽의 백두대간 종주를 마무리하고, 바로 이어서 낙남정맥 종주를 마쳤다. 결국 백두대간과 낙동정맥, 낙남정맥을 연결하여 낙동강 분수령을 일주한 것이다.

그런데 짧은 구간이지만 연결시키지 못한 능선이 남았고, 접근과 퇴출의 편의성을 위하여 상행과 하행을 임의로 바꾼 곳이 있었다. 그래서 이번 산행은 순방향으로 종주하면서 최근의 변화된 모습을 확인하는 것을 목표로 잡고, 아울러 옛날 원고도 다시 정리할 기회를 만들고 싶었다.

종주산행에는 연속산행과 구간종주가 있다. 연속산행은 타인의 중간지원을 받거나 자신이 조달하면서 계속하여 진행하는 것이므로 다른 생업을 전폐하고 장기간 산행을 하게 된다.

구간종주는 적당히 구간을 나누어서 업무에 지장이 없는 시간에 산행을 하는 것으로서 시·종점에 접근하고 퇴각하는 번거로움이 따른다. 그래서 일반교통편이 가능한 고개를 택하여 대개 1일 산행이 가능한 거리로 나눈다.

또 거주지(부산)에서 멀리 떨어진 지역의 경우는 접근과 퇴출에 시간과 경비가 많이 들기 때문에 2, 3일 연속산행을 계획하고, 중간에서의 대피방법을 강구한다. 즉 고개에서 가장 가까운 마을에 민박을 정해서 오토바이나 간단한 교통 수단의 지원을 받아 접근한다. 그것마저 어려운 경우는 샘터가 있는 곳에서 비박해야 하므로 라면 등 대용식을 준비한다.

다음은 단독산행의 문제이다. 깊은 산 능선을 혼자서 종주한다는 것은 쉬운 일이 아니며 모험심, 탐구정신, 극기와 사색의 자세 등이 요구된다. 가족과 친구들은 그 나이에 무리이고 위험하다고 염려한다. 그러나 실제로 위험요소는 거의 없다.

처음 종주 때는 지도와 나침반을 가지고 길을 찾으면서 다녔는데, 이제 많은 사람들이 지나가서 대로가 되어 있고 위험한 곳에는 안전시설이 되어 있으므로 별 문제가 없다.

다만 무수한 봉우리들을 오르내리는 일은 충분한 체력과 많은 인내심이 요구되는데, 한국 나이로 65세가 된 나의 체력이 문제이다.

그러나 혼자이기 때문에 나 자신의 체력에 맞는 산행이 가능하며, 항상 조심스러운 산행으로 안전에 대비한다. 또 특별한 경우를 제외하고는 낮 시간을 이용하며, 가끔은 퇴출 시간을 고려하여 달밤을 이용하는 경우도 있다.

하루에 10시간 이상 걸으면서 한사람도 만나지 못하는 경우가 많으므로 무서움과 외로움이 걱정되지만, 등산로에 달아둔 시그널을 보면 그것을 달고 지나간 모든 사람들이 함께 산행을 하고 있다는 생각을 가지게 되며, 오히려 스님이나 신부님의 구도 과정을 공감하면서 사색하는 시간을 가지게 되어 좋다.

종주 결과

- 처음부터 끝까지 완전 단독종주였으며 완전히 순차적으로 이루어
  진 것이다.
- 처음 출발할 때는 완료할 수 있을까 의문이었는데 예상보다 빨리
  끝났다.
- 낙동강 일주산행에 백두대간의 피재 위 부분을 보충하였으므로 백
  두대간이 완성되었다.
  결국 백두대간, 낙동정맥, 낙남정맥을 10개월만에 완료하게 됐다.
- 낙동강 일주산행은 55일 488시간에 이루어졌으며 경비도 1백만 원
  정도밖에 들지 않았다.
- 낙동강 일주산행은 산행 날짜 순서로 표로 정리하였으며, 산행 내
  용은 백두대간, 낙동정맥, 낙남정맥으로 나누어 구간별로 정리하
  였다.

낙동강 분수령 일주 단독종주 일람표

차수	날짜	소요시간	구 간	산 이 름	숙식 및 비용
1	2/3	09:00	냉정고개-산성고개-노포고개	백양산, 금정산	시내버스 2천원
2	2/9	07:20	노포동고개-느티(주남)고개	원효산, 천성산	시내버스 3
3	2/10	03:30	느티고개-지경고개(방기리)	정족산	시내버스 3
4	2/13	06:00	지경고개-간월재-배내고개	취서산, 신불산, 간월산	버스 당일 7
5	2/17	06:00	배내고개-운문령-와항고개	가지산	버스 당일 6
6	3/1	09:00	와항고개-소호고개-당고개	고헌산, 백운산, (단석산)	버스 당일 9
7	3/2	07:30	당고개-숙재-애기재(아화)	사룡산	버스 당일 10
8	3/3	09:30	애기재-남사고개-시티재	관산, 어임산	버스 당일 13
9	3/10	10:00	시티재-이리재-한티재	도덕산, 운주산	버스 당일 16
10	3/16	07:40	한티재-가사령	침곡산	새벽 버스 14
11	3/17	09:00	가사령-질고개-피나무재	-	상옥 노인정 10
12	3/18	10:00	피나무재-느지미재-황장재	주왕산, 대둔산	이전리 민박 42
13	3/30	11:30	황장재-OK농장-창수령	명동산	새벽 버스 16
14	3/31	10:30	창수령-윗삼승령-선시골 임도	독경산, (백암산)	OK농장 민박20
15	4/1	10:30	임도차단기-휴양림-한티재	검마산	임도 비박 18
16	4/13	07:40	한티재-애매랑재	칠보산	새벽 버스 20
17	4/14	07:10	애매랑재-답운치-한나무재	통고산, 진조산	사전마을민박39
18	4/21	09:30	한나무재-석개재	삿갓봉	소광리 민박 45
19	4/22	08:10	석개재-통리	면산	너뱅이 농장 30
20	5/11	11:00	통리-피재-싸리재-화방재	구봉산, 매봉산, 함백산	야간열차 45
21	5/12	10:30	화방재-도래기재	태백산, 구룡산	화방재민박 20
22	6/1	10:10	도래기재-마구령-고치령	옥석산, 선달산, 갈곳산	야간열차 20
23	6/2	09:30	고치령-죽령	소백산	고치령비박 12
24	6/8	11:30	죽령-저수재-벌재	도솔봉, 묘적봉, 시루봉,문복대	야간열차 35
25	6/9	12:30	벌재-차갓재-하늘재	황장산, 댐산, 포암산	오목내민박 20
26	6/10	09:40	하늘재-조령-이화령	탄항산, 마패봉, 조령산	미륵리민박 47
27	6/15	13:00	이화령-은치재-버리미기재	백화산, 이만봉, 고왕봉,장성봉	이화령민박 35
28	6/16	11:30	버리미기재-늘재-밤티재	대야산, 조항산, 청화산	벌바위민박 26
29	7/7	08:10	밤티재-갈령삼거리	속리산(문장대, 천황봉,형제봉)	새벽승용차 30천
30	7/8	09:30	갈령삼거리-화령재-신의터재	봉황산, 윤지미산	주유소 민박 30
31	7/13	09:00	신의터재-지기재-큰재	백학산	새벽승용차 20

차수	날짜	소요시간	구 간	산 이 름	숙식 및 비용
32	7/14	08:00	큰재-작점고개-추풍령	국수봉, 용문산	큰재민박 41
33	7/25	11:40	추풍령-궤방령-우두령	눌의산, 황악산	새벽열차 12
34	7/26	11:30	우두령-부항령-덕산재	화주봉, 삼도봉	우두령비박 8
35	8/2	08:00	덕산재-소사고개-빼재	대덕산, 삼도봉, 덕유 삼봉산	새벽열차 10
36	8/3	09:10	빼재- 동엽령-삿갓골재	덕유 백암봉, 무룡산	빼재 비박 10
37	8/4	06:00	삿갓골재-육십령	장수 덕유산	삿갓골산장 13
38	8/17	08:00	육십령-중재	영취산, 백운산	새벽버스 19
39	8/18	09:00	중재-사치재-매요마을	봉화산	중기말비박 16
40	8/22	07:30	매요마을-여원재-고기리	고남산, 수정봉	새벽버스 30
41	8/23	09:15	고기리-정령치,성삼재-화개재	고리봉, 만복대, 종석대,삼도봉	고기리민박 18
42	8/24	12:40	화개재-영신봉,삼신봉-고운재	토끼봉, 형제봉, 영신봉,삼신봉	뱀사골산장 25
43	8/25	10:30	고운재-돌고지재-배토재	옥산 천왕봉	원묵산장민박 29
44	9/6	10:00	배토재-딱밭골재-솔티고개	야산지대	버스 당일 16
45	9/19	06:00	솔티고개-유수재-가운데재	실봉산	버스 당일 14
46	9/22	11:40	가운데재-개리재-부련이재	무선산, 봉대산	새벽 버스 7
47	9/23	11:00	부련이재-추계재-장박고개	천황산, 대곡산, 백운산	고봉리 비박 7
48	9/29	09:00	장박고개-배치고개-발산재	덕산, 필두봉, 깃대봉	새벽 승용차 15
49	10/12	09:30	발산재-오곡재-한치	여항산, 서북산, 봉화산	새벽 승용차 15
50	11/4	07:00	한치-쌀재고개-마티고개	광려산, 대산, 무학산	버스 당일 10
51	11/9	08:00	마티고개-신풍고개-소목재	천주산	버스 당일 10
52	11/10	07:00	소목재-비음령-장고개	봉림(정병)산, 대암산, 용지봉	버스 당일 9
53	11/12	07:20	장고개-삼계고개-나전고개	황새봉	버스 당일 5
54	11/16	06:00	나전고개-새명고개-동신어산	신어산, 동신어산	버스 당일 5
55	11/19	08:00	냉정고개-대티고개-몰운대	엄광산, 구덕산, 응봉봉수대	시내버스 2
계		488:15			1,009,000원

백 인 환

무인년(1938) 섣달, 경주 서면 도리에서 출생
아화와 건천에서 성장
1958년 경주고등학교 졸업
1962년 경북대학교 사대 수학과 졸업(이학사)
1966년 부산대학교 공대 기계공학과 졸업(공학사)
1985년 한국해양대 대학원 수료(공학박사)

경주고등학교를 비롯 고등학교에서 교직생활 10여년,
부산대학교 공대 교수(현직)로 30년

취미생활로 산사랑 20년
부산 상봉산악회, 명승산악회 회원
수봉산우회(경주고 동문산악회) 창립
현 명예회장으로 봉사

산을 오르며 생각하며
–기계공학박사의 산사랑 이야기

초판인쇄 | 2003년 12월 26일
초판발행 | 2003년 12월 31일

지은이 | 백인환
펴낸이 | 이수용
펴낸곳 | 수문출판사
제판·인쇄 | 홍진프로세스

등록 | 1988년 2월 15일 제7-35호
주소 | 132-890 서울 도봉구 쌍문1동 512-23
전화 | 904-4774, 994-2626
팩스 | 906-0707
e-mail | smmount@chollian.net

ⓒ사단법인 한국농아인협회
ISBN 89-7301-079-4 03980